초능력

구구단 동영상 강의

빠르게 암기하는 구구단 송♪

♫ 눈으로 보면서 노래로 익히기

화면에 나오는 구구단을 눈으로 보면서 신나는 노래를 따라 부르게 해 주세요. 반복해서 보고, 듣고, 따라 부르다 보면 어느새 구구단을 외우고 있답니다.

▶ 바로 부르면서 원리 이해하기

같은 수가 계속해서 더해지는 구구단의 원리를 '커지는 구구단' 노래를 따라 부르며 자연스럽게 익힐 수 있습니다.

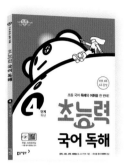

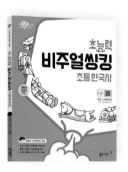

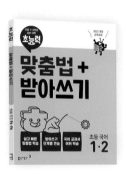

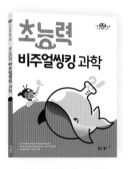

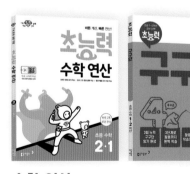

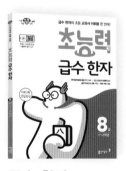

초능력

구구단 표

4단

4×1 = 4
4×2 = 8
4×3 = 12
4×4 = 16
4×5 = 20
4×6 = 24
4×7 = 28
4×8 = 32
4×9 = 36

4씩 커지는 4단 ♬

5단

5×1 = 5
5×2 = 10
5×3 = 15
5×4 = 20
5×5 = 25
5×6 = 30
5×7 = 35
5×8 = 40
5×9 = 45

5씩 커지는 5단 ♬

8단

8×1 = 8
8×2 = 16
8×3 = 24
8×4 = 32
8×5 = 40
8×6 = 48
8×7 = 56
8×8 = 64
8×9 = 72

8씩 커지는 8단 ♬

9단

9×1 = 9
9×2 = 18
9×3 = 27
9×4 = 36
9×5 = 45
9×6 = 54
9×7 = 63
9×8 = 72
9×9 = 81

9씩 커지는 9단 ♬

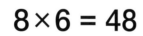

2단

2×1 = 2
2×2 = 4
2×3 = 6
2×4 = 8
2×5 = 10
2×6 = 12
2×7 = 14
2×8 = 16
2×9 = 18

2씩 커지는 2단♬

3단

3×1 = 3
3×2 = 6
3×3 = 9
3×4 = 12
3×5 = 15
3×6 = 18
3×7 = 21
3×8 = 24
3×9 = 27

3씩 커지는 3단♬

6단

6×1 = 6
6×2 = 12
6×3 = 18
6×4 = 24
6×5 = 30
6×6 = 36
6×7 = 42
6×8 = 48
6×9 = 54

6씩 커지는 6단♬

7단

7×1 = 7
7×2 = 14
7×3 = 21
7×4 = 28
7×5 = 35
7×6 = 42
7×7 = 49
7×8 = 56
7×9 = 63

7씩 커지는 7단♬

활동지 구구단 놀이판

놀이판 만드는 방법

1. 공룡이 그려진 판, 2단~9단 판의 빨강 실선을 따라 오려요.
2. 공룡이 그려진 판의 입 부분에 있는 빨강 실선을 칼로 잘라요.
   * 칼을 사용할 때는 부모님께서 도와주세요.
3. 공룡이 그려진 판과 ★단 판의 가운데 점을 맞춰 핀을 꽂아요.
4. ★단 판을 돌리면서 입 부분에 있는 식의 곱을 생각하고, 공룡이 그려진 판의 점선을 접어 생각한 곱이 맞는지 확인해요.

완성된 놀이판

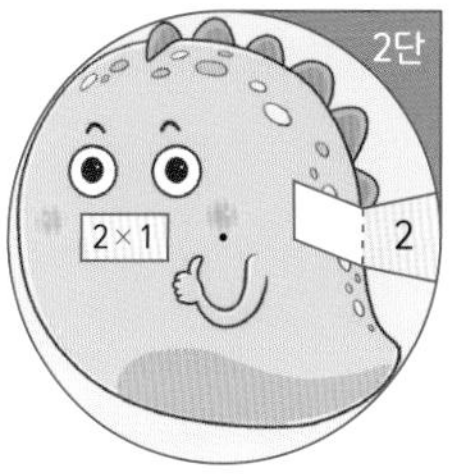

공룡이 그려진 판

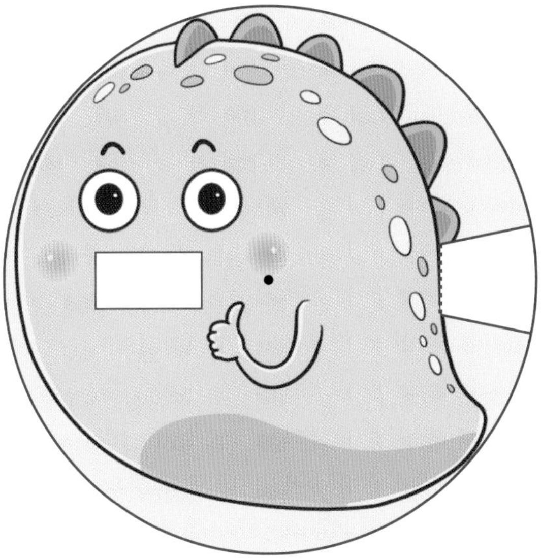

2단~9단 판

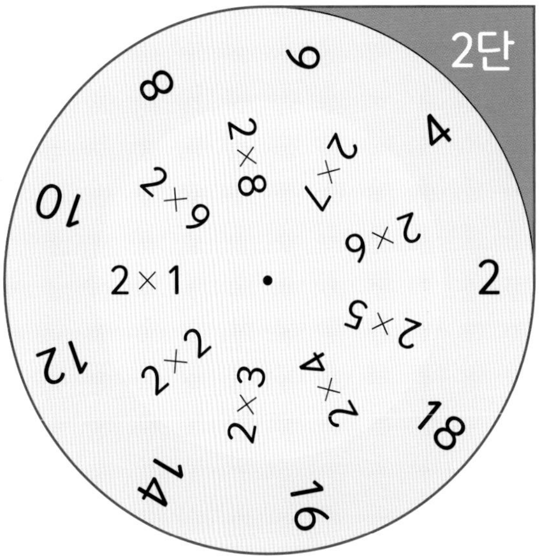

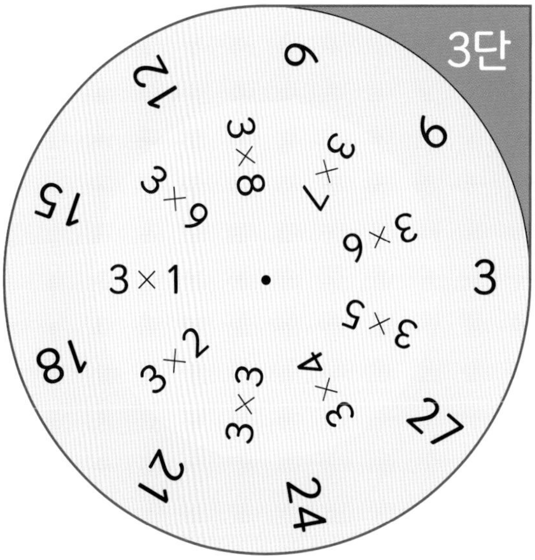

활동지 구구단 놀이판

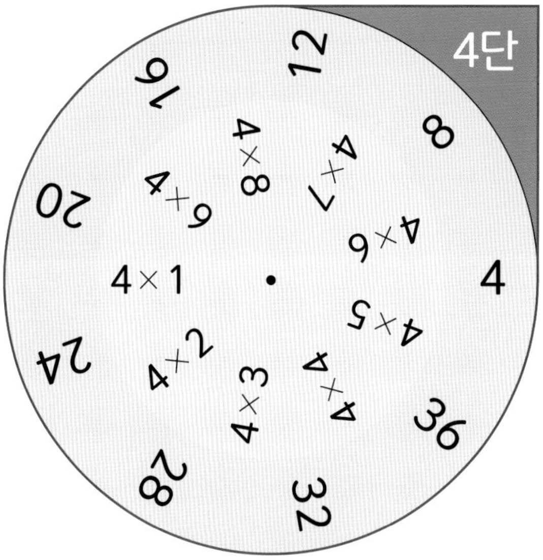
4단
4×1
4×2
4×3
4×4
4×5
4×6
4×7
4×8
4×9
4
8
12
16
20
24
28
32
36

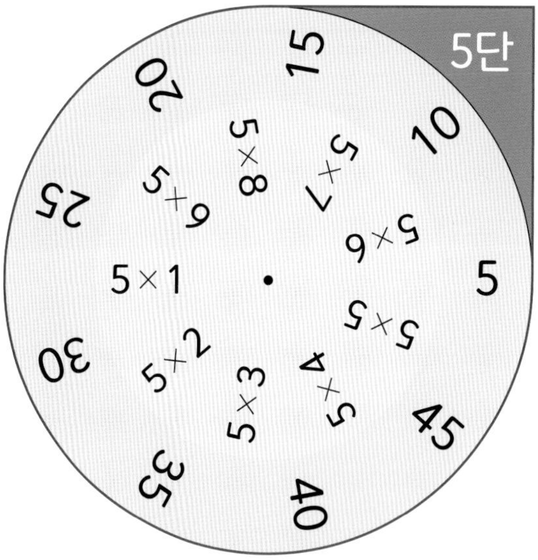
5단
5×1
5×2
5×3
5×4
5×5
5×6
5×7
5×8
5×9
5
10
15
20
25
30
35
40
45

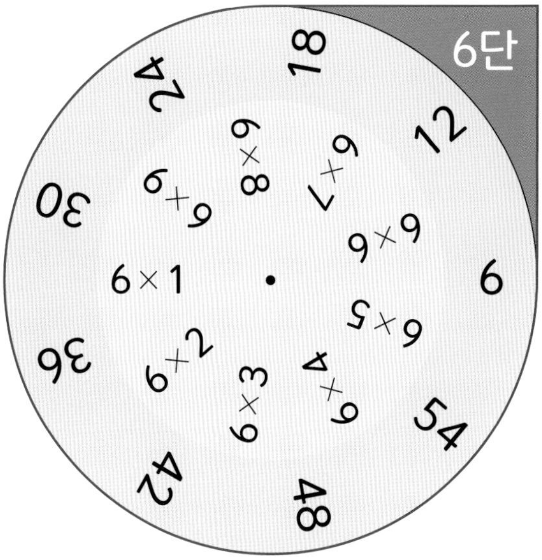
6단
6×1
6×2
6×3
6×4
6×5
6×6
6×7
6×8
6×9
6
12
18
24
30
36
42
48
54

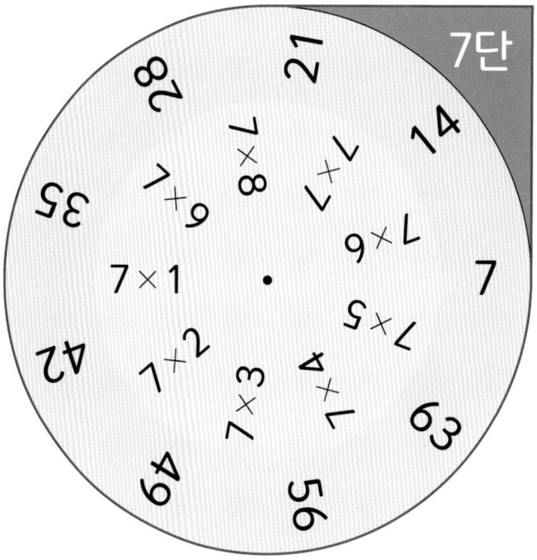
7단
7×1
7×2
7×3
7×4
7×5
7×6
7×7
7×8
7×9
7
14
21
28
35
42
49
56
63

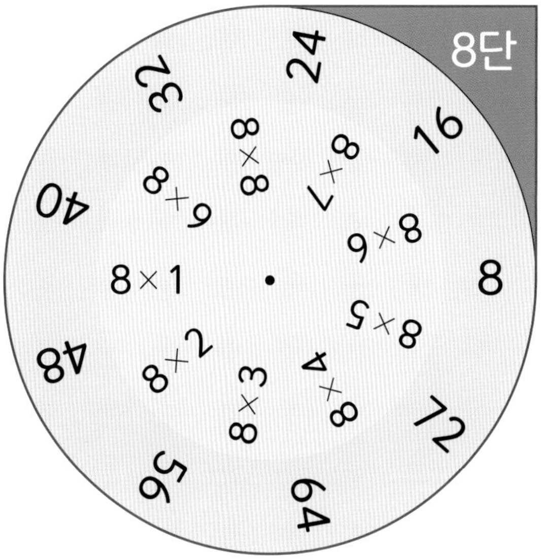
8단
8×1
8×2
8×3
8×4
8×5
8×6
8×7
8×8
8×9
8
16
24
32
40
48
56
64
72

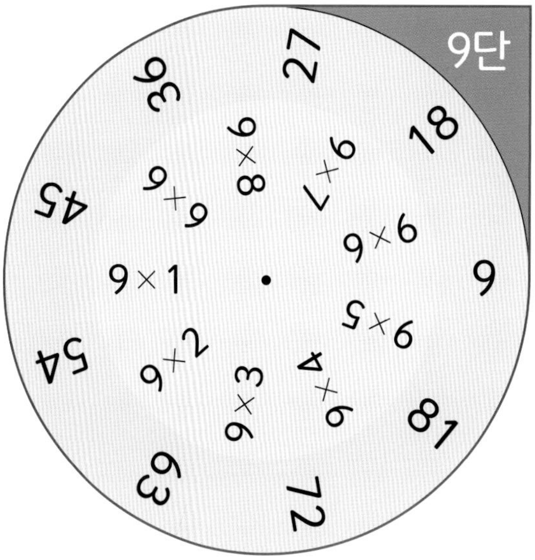
9단
9×1
9×2
9×3
9×4
9×5
9×6
9×7
9×8
9×9
9
18
27
36
45
54
63
72
81

초능력 구구단

구구단이 완벽해지는

3단계 학습법

1단계 구구단 이해

01 뛰어 세기와 묶어 세기

02 곱셈식으로 나타내기

곱셈의 기초 원리를 바탕으로 구구단의 원리를 이해합니다.

2단계 구구단 외우기

03 2단 구구단

04 5단 구구단

05 2단, 5단 한 번 더!

06 3단 구구단

07 6단 구구단

08 3단, 6단 한 번 더!

09 확인 2단, 5단, 3단, 6단 평가

10 4단 구구단

각 단의 원리를 알고 충분한 연습과 복습으로 구구단을 암기합니다.

1단계 기초

구구단 원리 이해

2단계 학습

충분한 연습을 통해 구구단
암기 및 장기 기억화

3단계 활용

구구단 유창성과 적용력을 향상
곱셈과 나눗셈의 기초 다지기

3단계 구구단 활용

곱셈 문제 해결에 활용할 수 있는 능력을 기릅니다.

+ 구구단 학습지

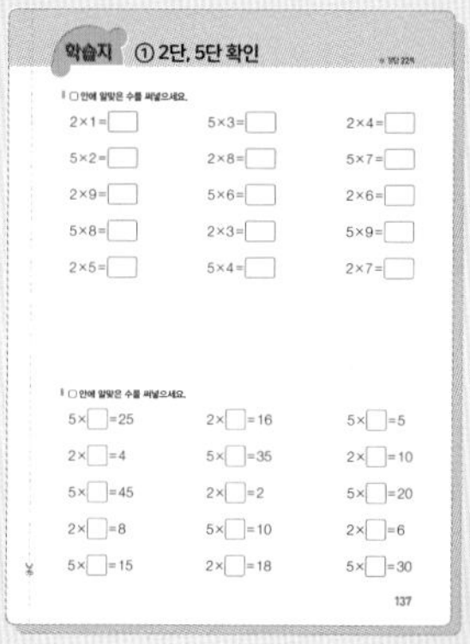

초능력 구구단의

특징과 구성

1 재미있게 구구단 원리 이해

학생 눈높이에 맞는 재미있는 그림과 노래로 구구단의 핵심 원리를 쉽게 이해할 수 있습니다.

그림으로 구구단 원리를 쉽게 이해 × 재미있게 따라 부르는 **구구단 노래**

2 구구단 완벽 암기

3회 누적 학습을 통해 구구단을 장기 기억하고 구구단 학습지를 풀며 한 번 더 실력을 점검할 수 있습니다.

한 단씩 학습 + **2개 단씩** 섞어 복습 + **4개 단씩** 섞어 평가 + 구구단 학습지

3번 누적 학습

3 구구단 유창성과 적용력 향상

다양한 유형의 문제로 구구단의 유창성을 기르고 곱셈에 적용·확장하여 생각하는 능력을 키울 수 있습니다.

구구단 유창성 암기 → 연습 → 응용 × **구구단 적용력** 곱셈 응용·활용 문제

4 활동지 2가지 수록

구구단 표와 구구단 놀이판으로 지속적인 구구단 학습이 가능합니다.

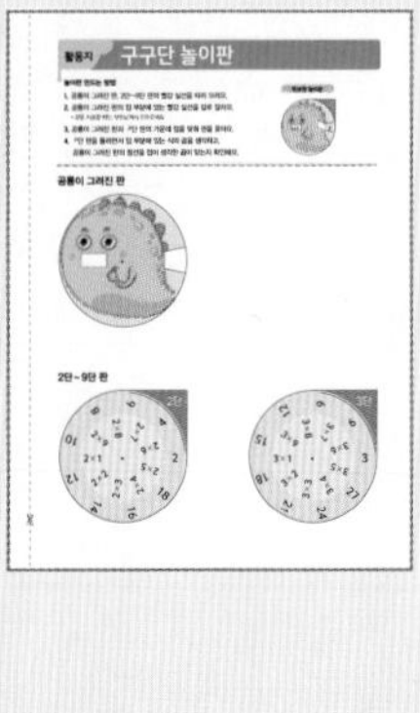

개념 – 암기 – 연습 – 응용으로 **구구단 완결 학습**

개념: 구구단 원리를 시각화하여 쉽게 이해

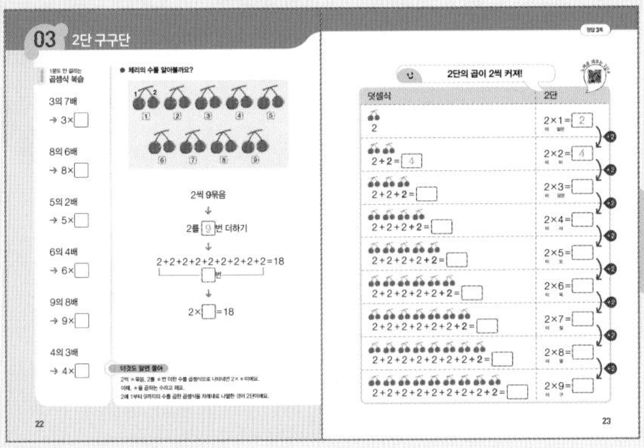

암기: 바로/거꾸로/끊어 외우기 등 다양한 방법

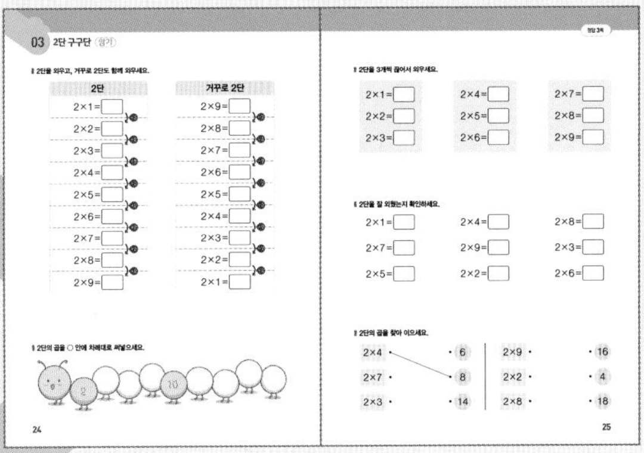

연습: 다양한 문제로 구구단 적용력 향상

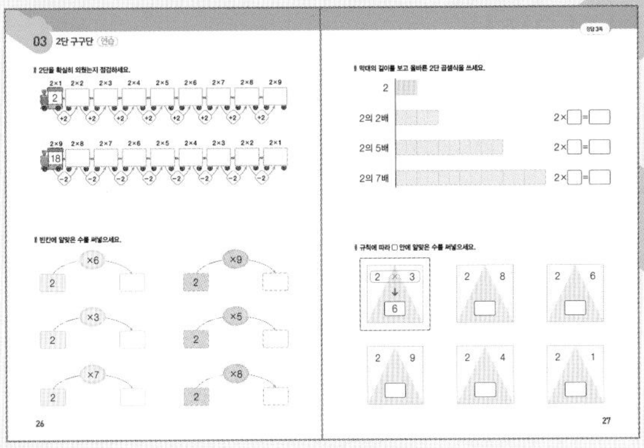

응용: 실생활 문제로 구구단 유창성 함양

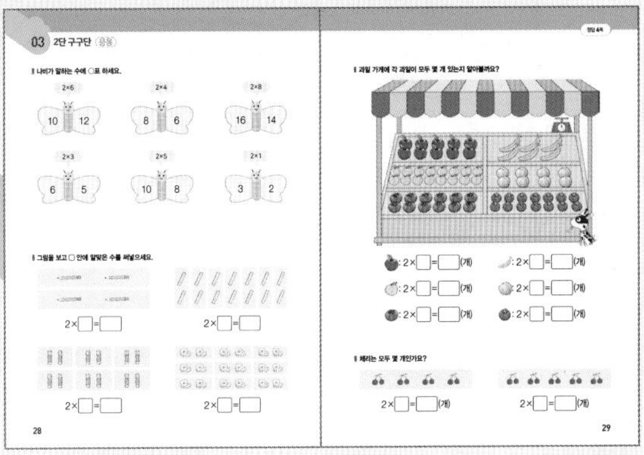

한 번 더! 복습

구구단을 2개 단씩 섞어
풀며 한 번 더 복습

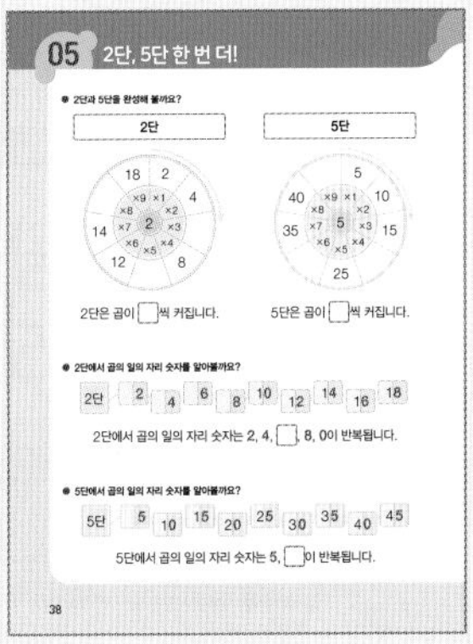

구구단 평가

구구단을 4개 단씩 섞어
풀며 실력 확인

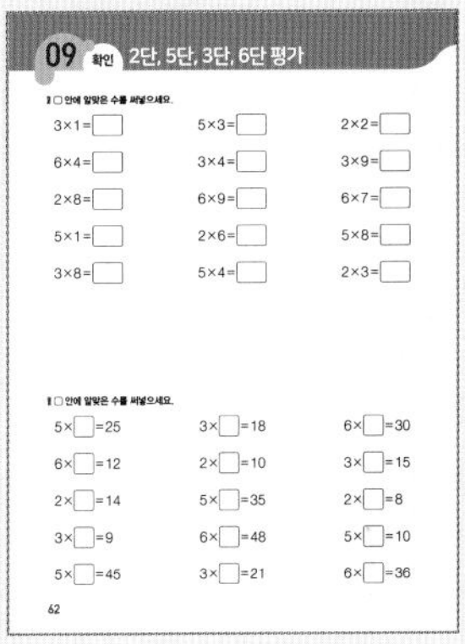

1단계 구구단 이해

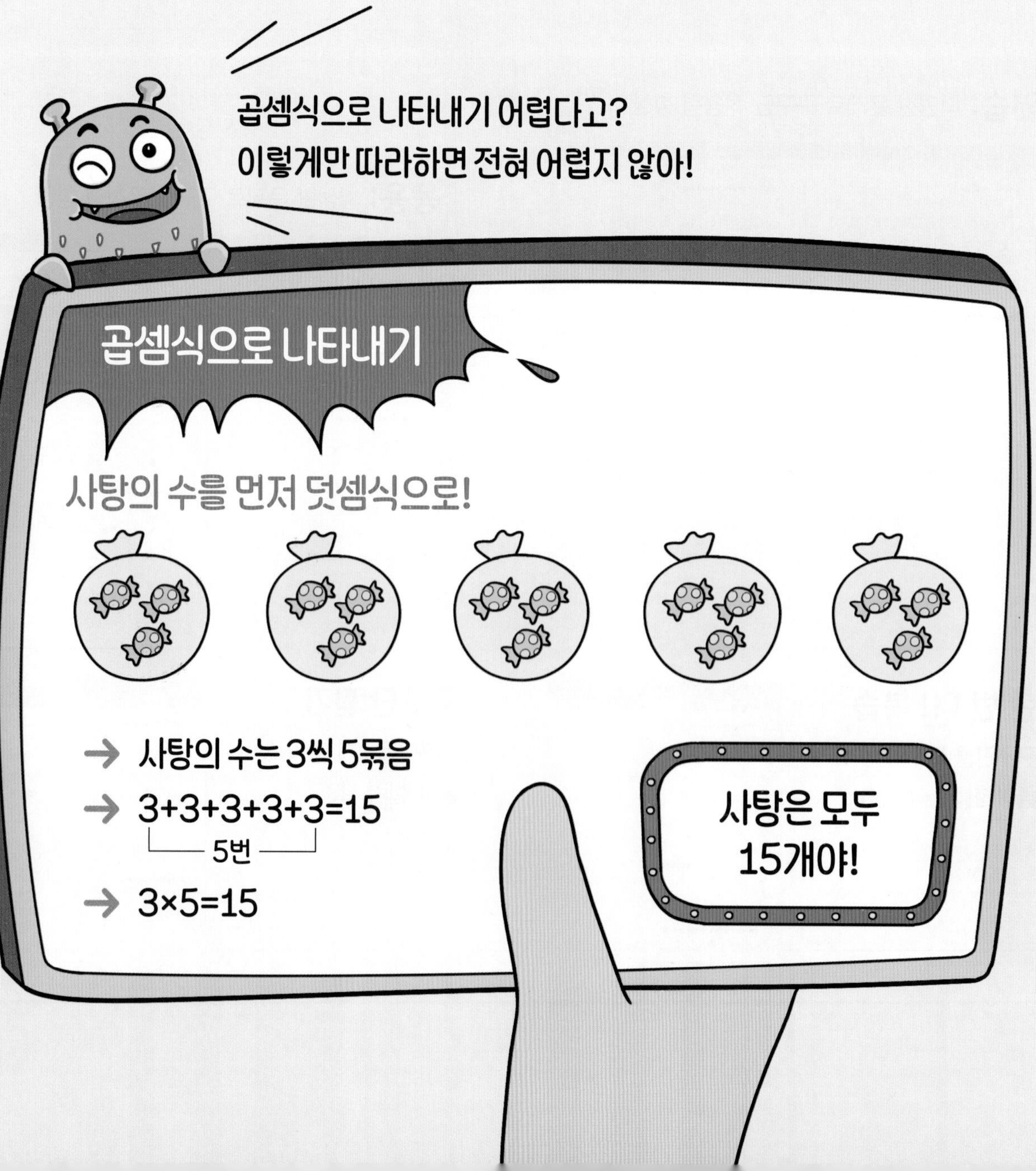

곱셈식으로 나타내기 어렵다고?
이렇게만 따라하면 전혀 어렵지 않아!
곱셈식으로 나타내기
사탕의 수를 먼저 덧셈식으로!
→ 사탕의 수는 3씩 5묶음
→ 3+3+3+3+3=15
5번
→ 3×5=15
사탕은 모두 15개야!

학습 계획표

학습 내용	학습 날짜
01 뛰어 세기와 묶어 세기	월 일
02 곱셈식으로 나타내기	월 일

01 뛰어 세기와 묶어 세기

뛰어 세기, 묶어 세기로 수를 세어 봐!

● 공룡의 수를 여러 가지 방법으로 세어 볼까요?

[방법 1] 하나씩 세기

→ 하나씩 세면 ☐입니다.

[방법 2] 2씩 뛰어 세기

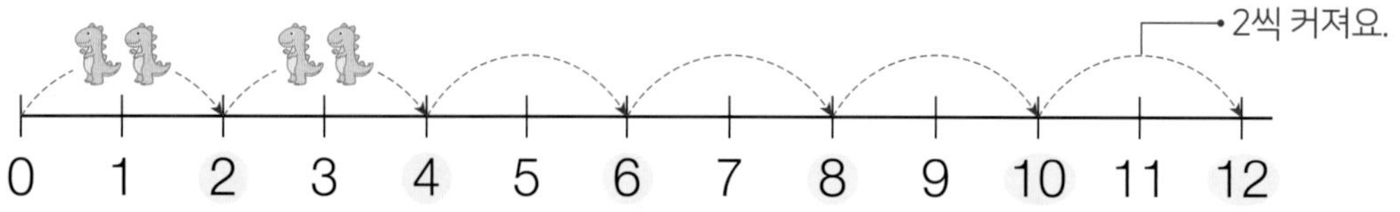

→ 2씩 6번 뛰어 세면 ☐입니다.

[방법 3] 2씩 묶어 세기

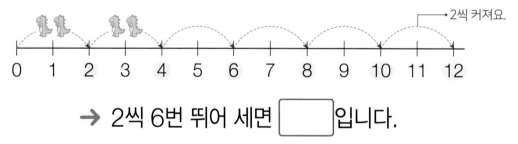

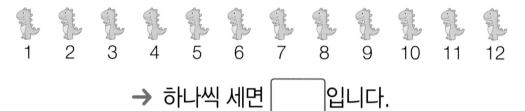

→ 2씩 6묶음은 ☐입니다.

정답 1쪽

수직선을 보고 알맞게 뛰어 세어 보세요.

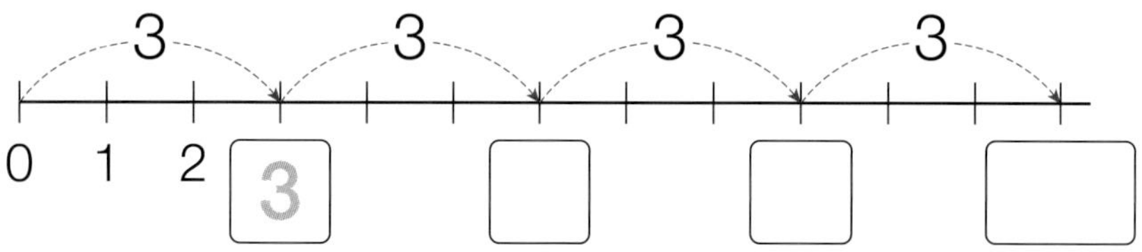

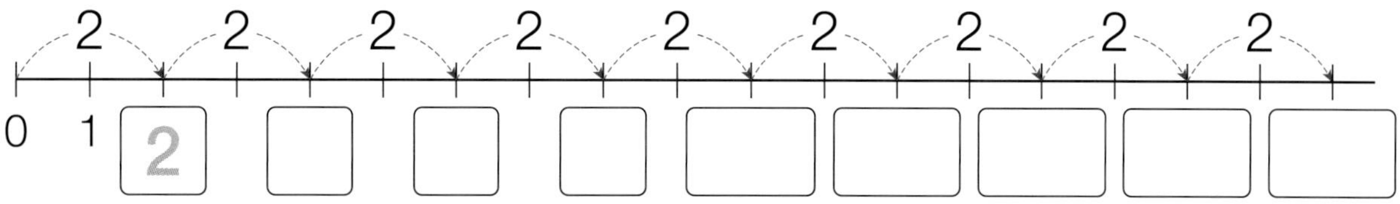

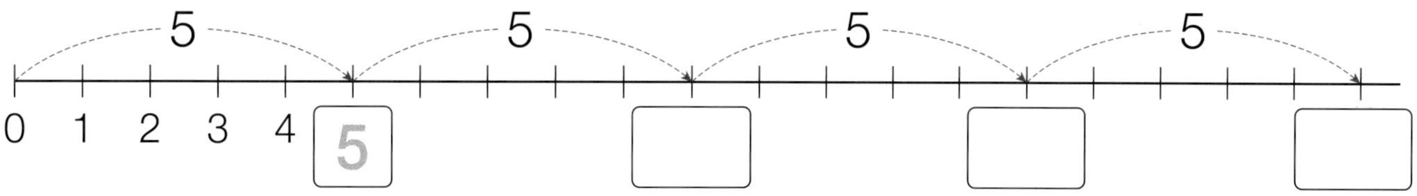

그림을 보고 ▢ 안에 알맞은 수를 써넣으세요.

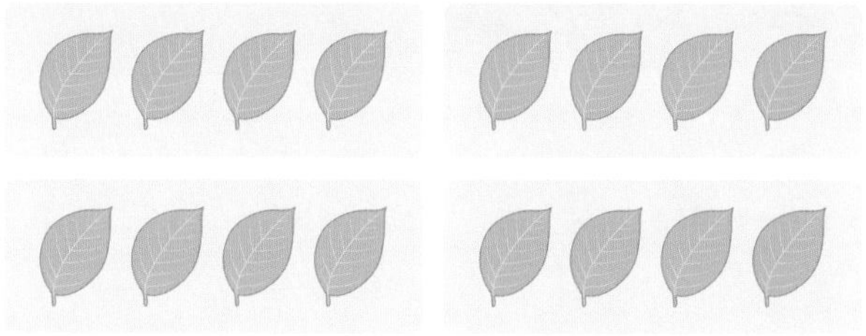

4씩 ▢ 묶음

3씩 ▢ 묶음

2씩 ▢ 묶음

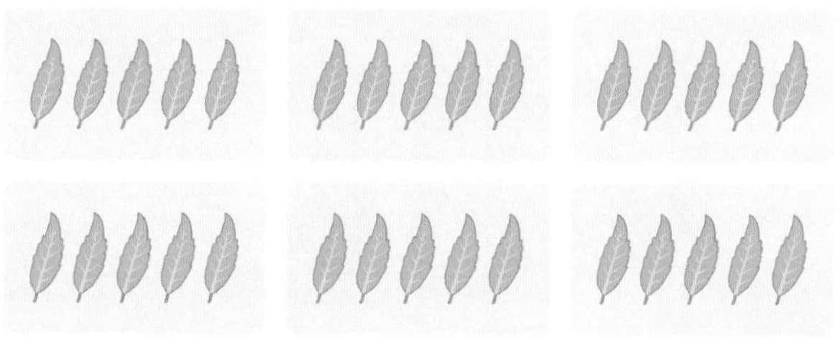

5씩 ▢ 묶음

01 뛰어 세기와 묶어 세기 (연습)

▌사탕은 모두 몇 개인지 뛰어 세어 보세요.

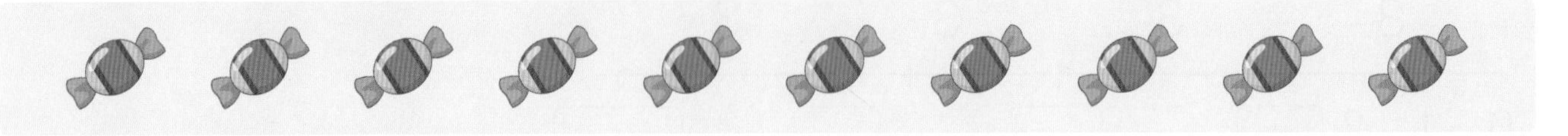

2씩 뛰어 세면 2, 4, 6, □, □입니다. → □개

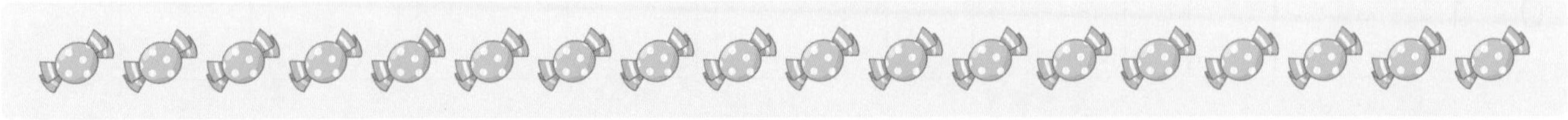

3씩 뛰어 세면 3, 6, 9, 12, □, □입니다. → □개

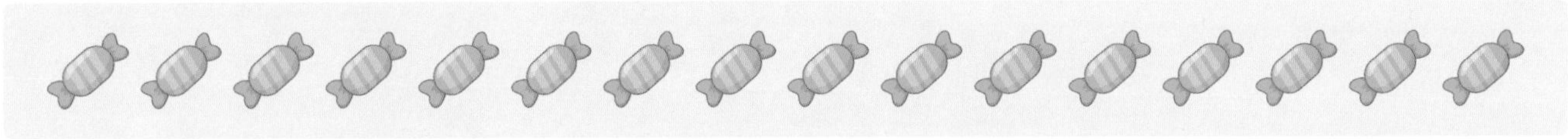

4씩 뛰어 세면 4, 8, □, □입니다. → □개

▌단추를 주어진 수만큼 묶고, □ 안에 알맞은 수를 써넣으세요.

2씩 묶기	3씩 묶기	4씩 묶기
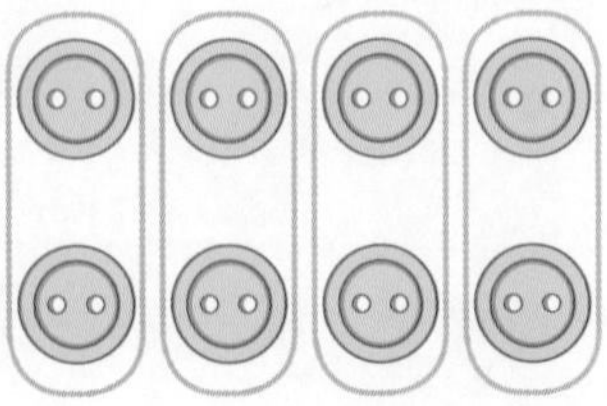	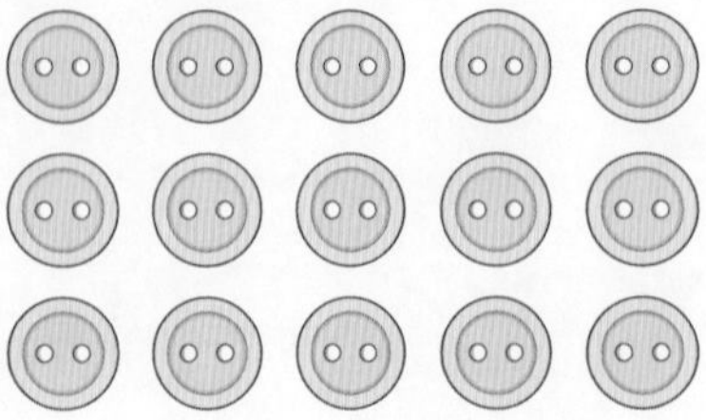	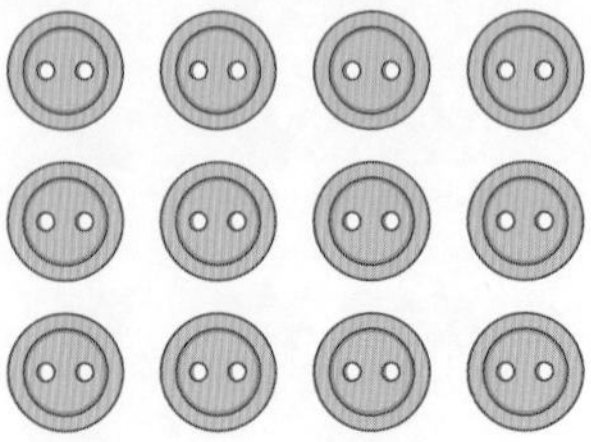
2씩 4 묶음	3씩 □ 묶음	4씩 □ 묶음

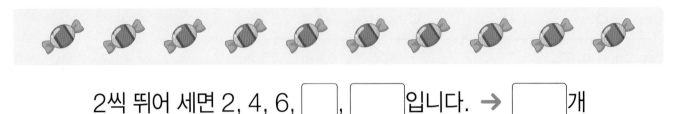

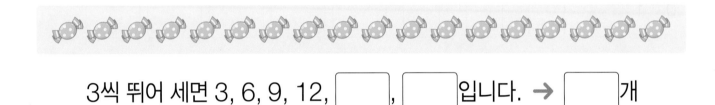

공은 모두 몇 개인지 묶어 세어 보세요.

5 — 10 — ☐ — ☐ — ☐

5씩 ☐ 묶음 → ☐ 개

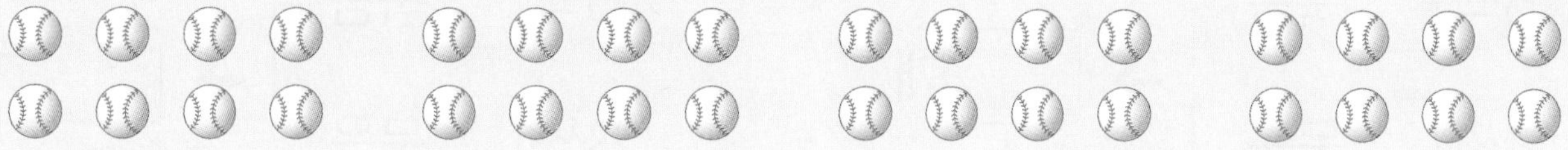

8 — ☐ — ☐ — ☐

8씩 ☐ 묶음 → ☐ 개

3 — 6 — 9 — ☐ — ☐ — ☐ — ☐

3씩 ☐ 묶음 → ☐ 개

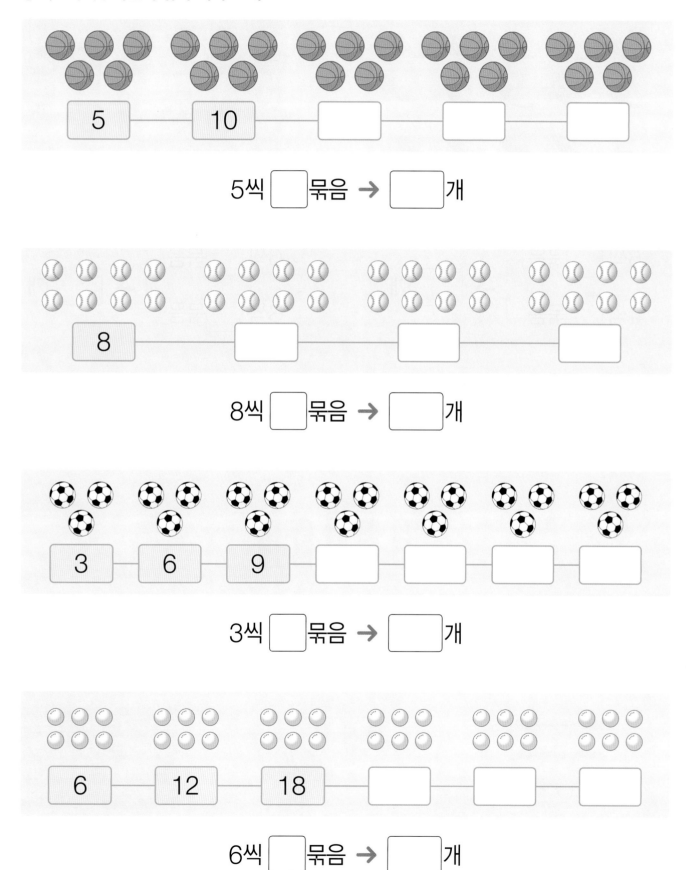

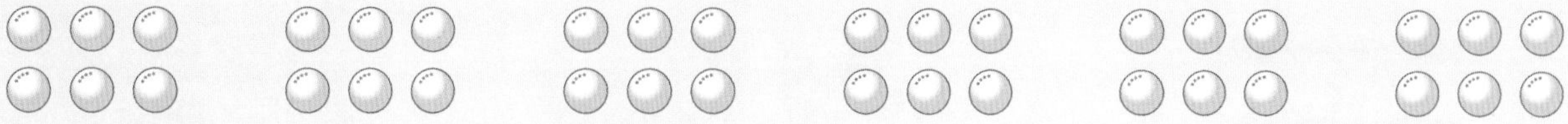

6 — 12 — 18 — ☐ — ☐ — ☐

6씩 ☐ 묶음 → ☐ 개

01 뛰어 세기와 묶어 세기 (응용)

두 가지 방법으로 묶어 세어 보세요.

5씩 ☐ 묶음
4씩 ☐ 묶음
→ ☐ 개

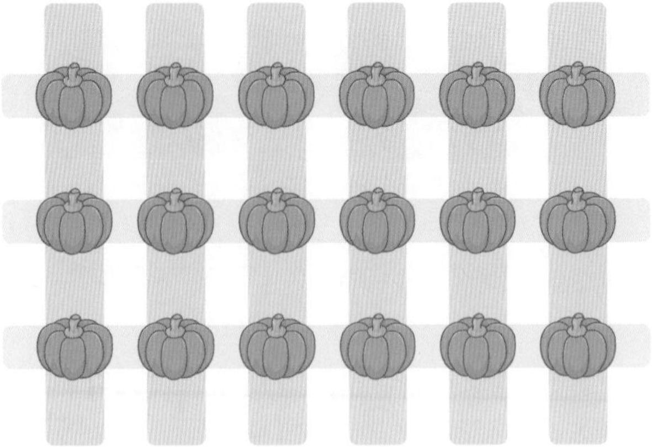

6씩 ☐ 묶음
3씩 ☐ 묶음
→ ☐ 개

그림을 보고 수를 세어 보세요.

☐ 개

☐ 개

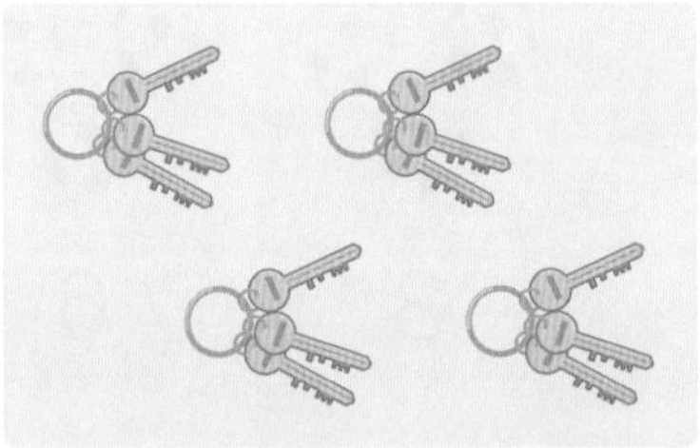

☐ 개

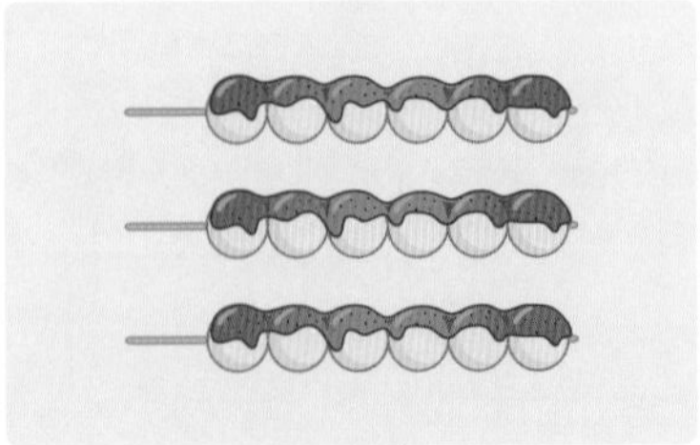

☐ 개

☐ 개

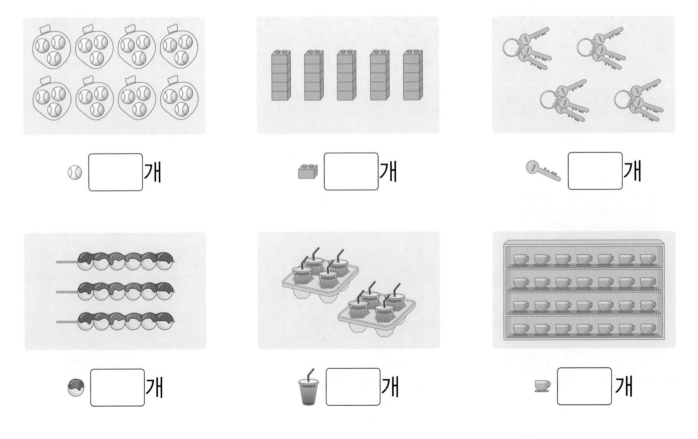

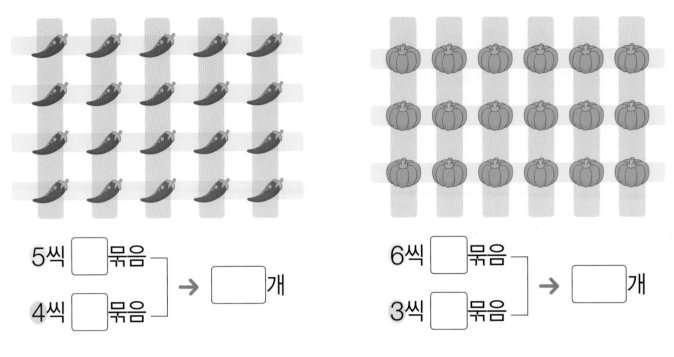

☐ 개

정답 1쪽

종이에 적힌 재료의 수만큼 ○표 하세요.

샐러드에 방울토마토를
3씩 3묶음 넣어 주세요.

케이크에 초를
2씩 4묶음 꽂아 주세요.

피자에 햄을
4씩 2묶음 올려 주세요.

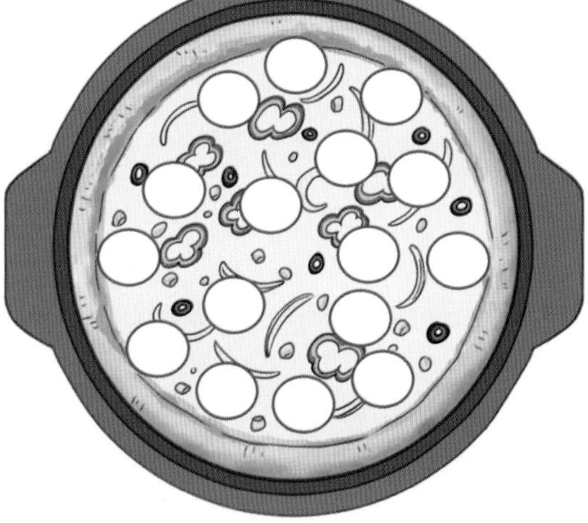

파스타에 새우를
5씩 3묶음 놓아 주세요.

02 곱셈식으로 나타내기

몇씩 몇 묶음은 '×'를 사용하여 곱셈으로 나타내!

● 우산의 수를 알아볼까요?

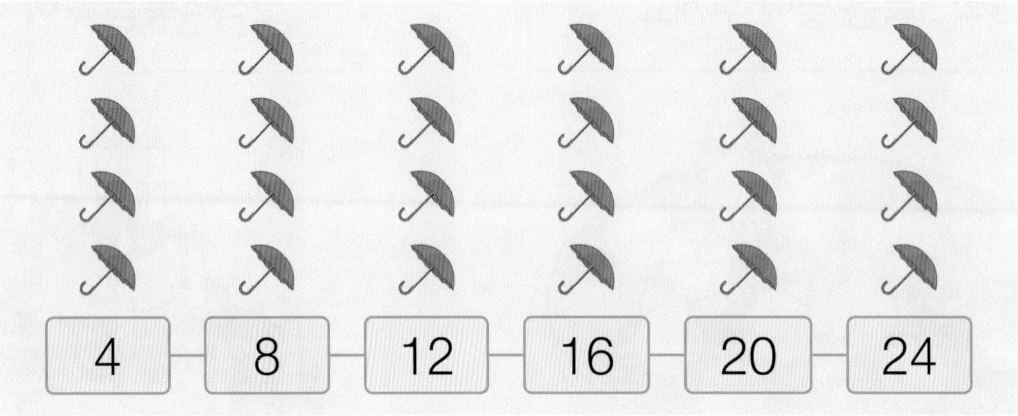

묶어 세기 4씩 6묶음

↓

몇 배 4의 6배

↓

덧셈식 4+4+4+4+4+4=☐ (6번)

↓

곱셈식 4×6=☐

'곱하기'라고 읽어.

이것도 알면 좋아

같은 수를 여러 번 더하면 식이 길어지기 때문에 기호 '×'를 사용하여 식을 간단히 나타내기로 약속했어요. 이렇게 곱셈이 탄생했어요!

7+7+7+7+7+7+7+7+7 (9번) → 7×9 (9: 7을 여러 번 더한 횟수)

정답 2쪽

■ 그림을 보고 □ 안에 알맞은 수를 써넣으세요.

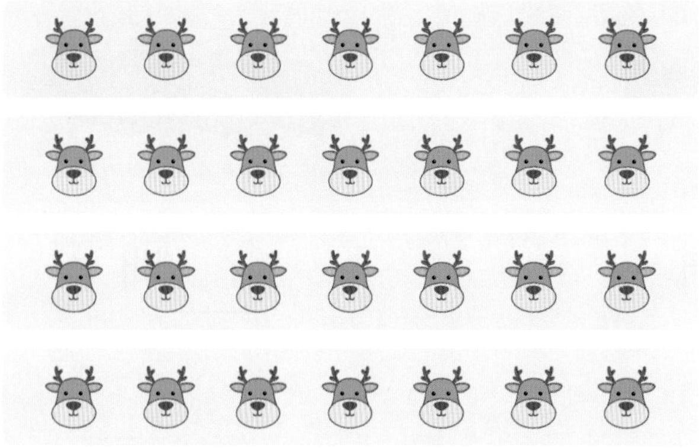

7씩 □묶음 → 7의 □배

5씩 □묶음 → 5의 □배

■ 구슬의 수를 덧셈식과 곱셈식으로 나타내세요.

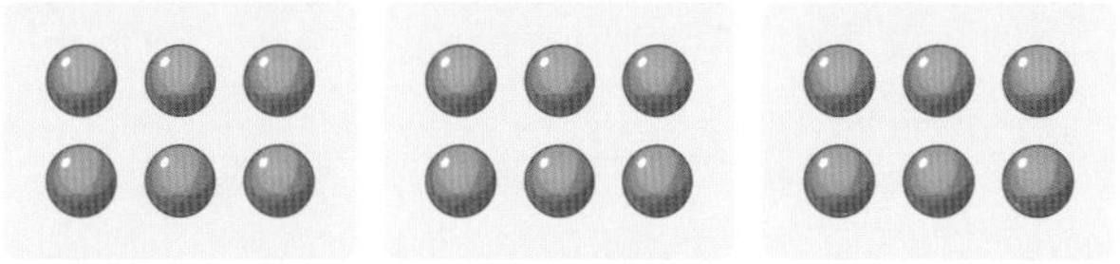

덧셈식 6+□+□=□

곱셈식 6×□=□

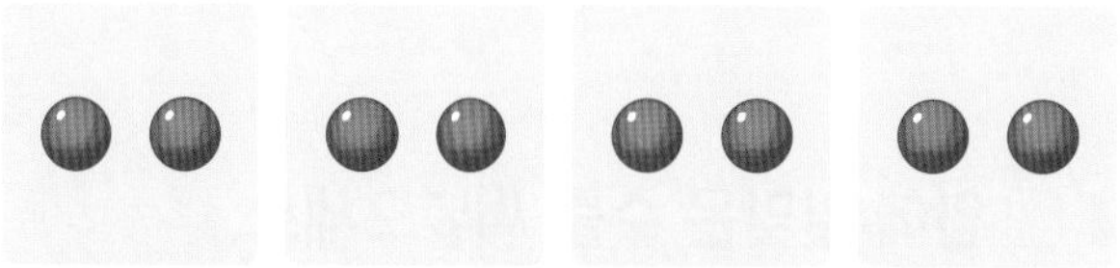

덧셈식 2+2+□+□=□

곱셈식 2×□=□

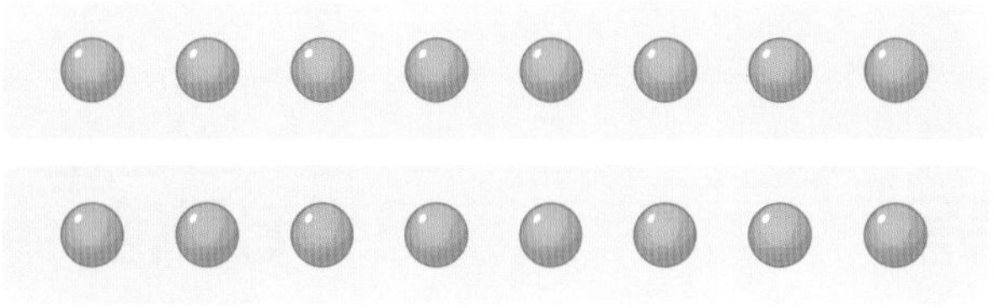

덧셈식 8+□=□

곱셈식 8×□=□

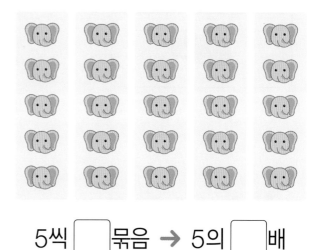

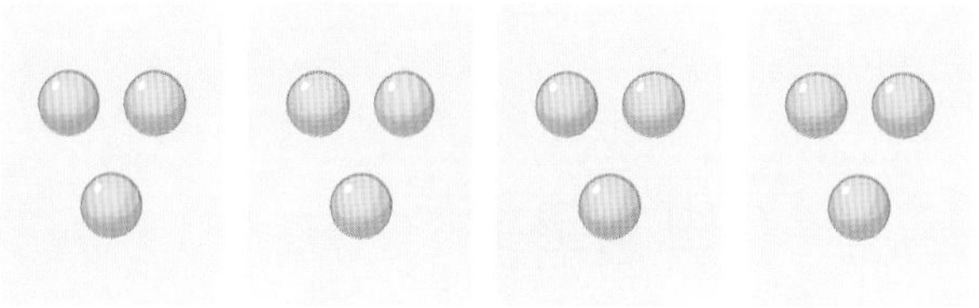

덧셈식 3+3+□+□=□

곱셈식 3×□=□

빨간색 쌓기나무의 수는 노란색 쌓기나무 수의 몇 배인지 구하세요.

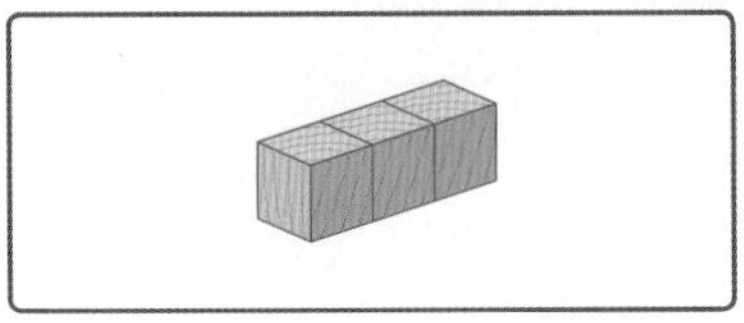

□배

□배

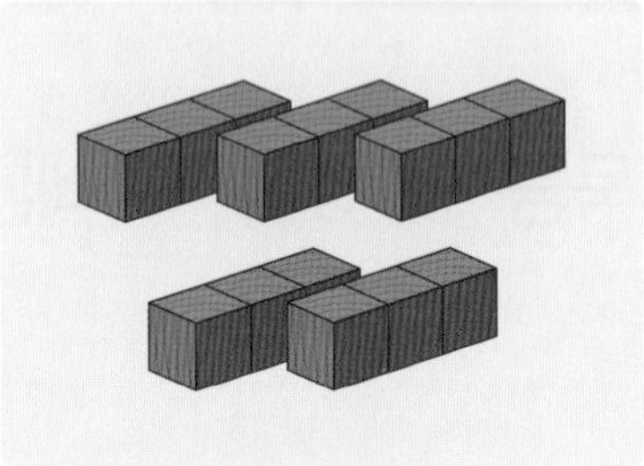

□배

□배

□ 안에 알맞은 수를 써넣으세요.

7씩 2묶음

→ 7의 □배
→ 7×□

4씩 5묶음

→ 4의 □배
→ 4×□

5씩 7묶음

→ □의 7배
→ □×7

2씩 9묶음

→ 2의 □배
→ 2×□

3씩 8묶음

→ 3의 □배
→ 3×□

8씩 6묶음

→ □의 □배
→ □×□

정답 2쪽

▢ 안에 알맞은 수를 써넣으세요.

5+5+5+5=▢ → 5×▢=▢

9+9+9+9+9+9=▢ → 9×▢=▢

8+8+8+8+8+8+8=▢ → 8×▢=▢

4+4+4+4+4+4+4+4+4=▢ → 4×▢=▢

덧셈식과 곱셈식으로 나타내세요.

7의 3배

덧셈식 ______________________

곱셈식 ______________________

6의 6배

덧셈식 ______________________

곱셈식 ______________________

2의 8배

덧셈식 ______________________

곱셈식 ______________________

02 곱셈식으로 나타내기 응용

■ 같은 수를 나타내는 것끼리 이으세요.

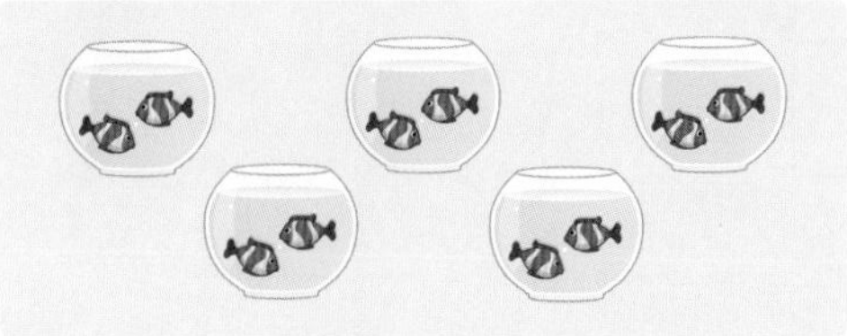 • • 2의 5배 • • 8×4

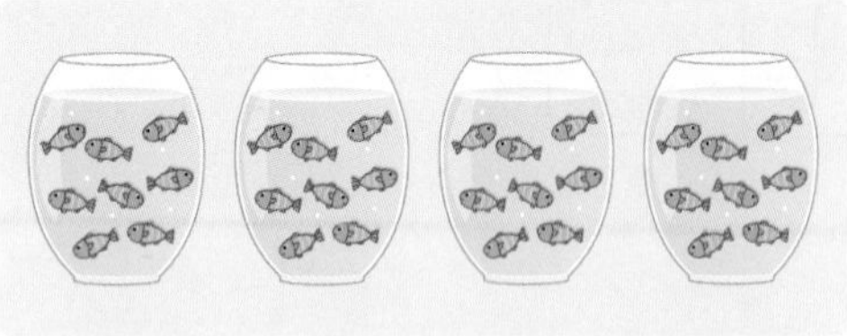 • • 5의 3배 • • 2×5

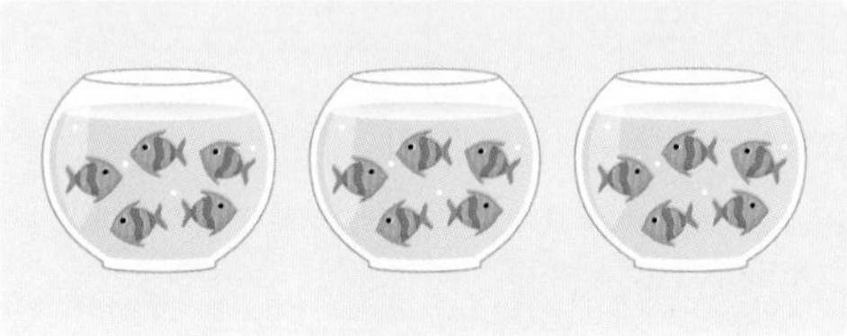 • • 8의 4배 • • 5×3

■ 그림을 보고 곱셈식으로 나타내세요.

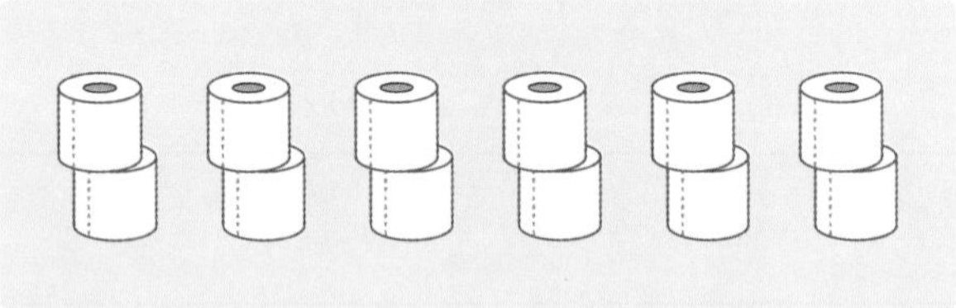

2×☐=☐

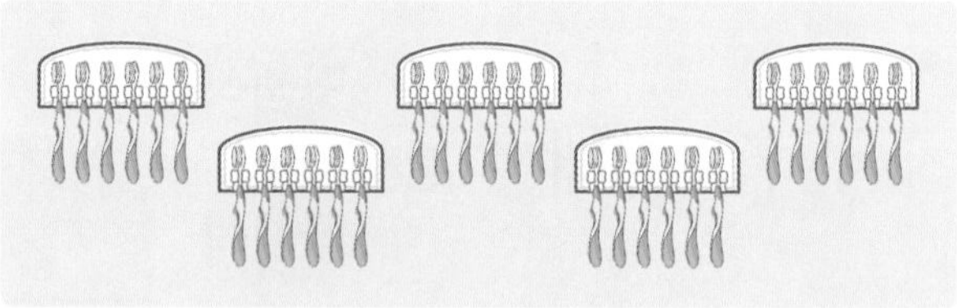

6×☐=☐

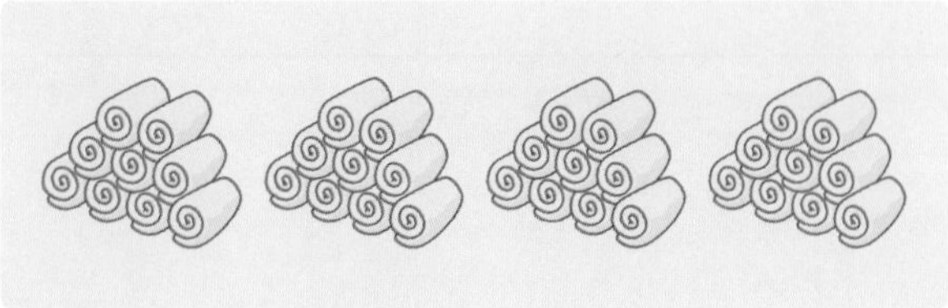

9×☐=☐

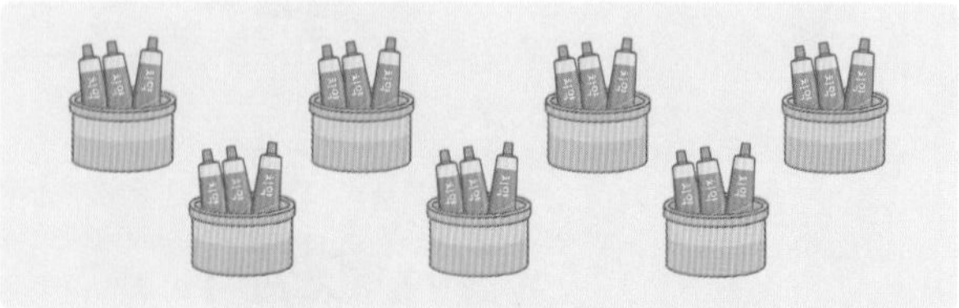

3×☐=☐

정답 2쪽

❚ 같은 수를 나타내는 길을 따라가 만나게 되는 동물을 찾아보세요.

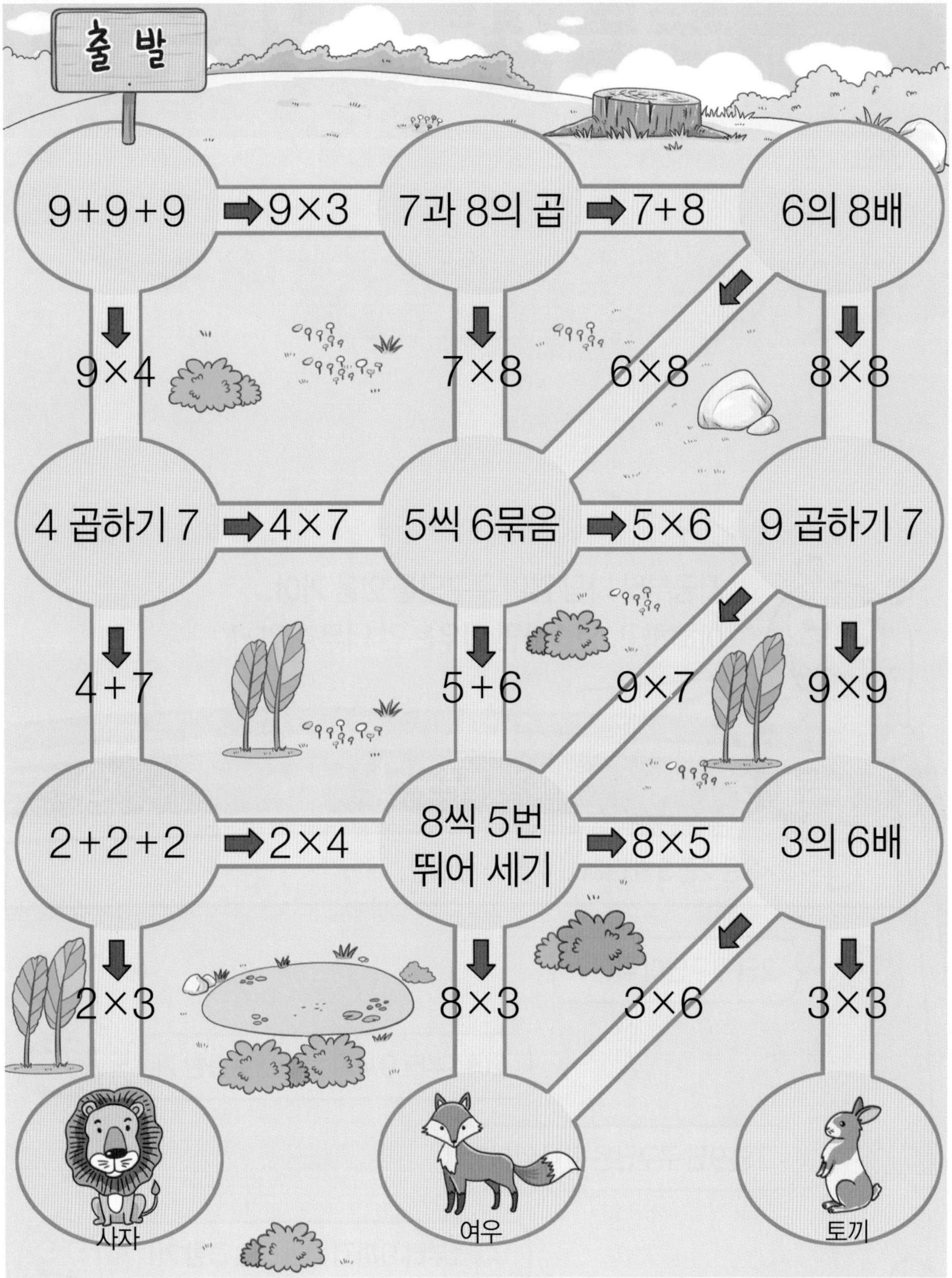

만나게 되는 동물은 [ ] 입니다.

2 단계 구구단 외우기

지금부터 나랑 같이 구구단을 외울 거야.
이해하고, 연습하면 외우는 건 너무 쉬워~!
2
구구단
2×3은 2를 3번 더해서 구할 수 있어요.
2단 구구단이 뭐야?
2에 1부터 9까지 차례대로 곱한 거.
그럼 9단 구구단은 뭔지 알아?
9에 1부터 9까지 차례대로 곱한 거!
9까지의 수에 9까지의 수를 곱하니까 구구단이라고~.

학습 계획표

학습 내용	학습 날짜
03 2단 구구단	월 일
04 5단 구구단	월 일
05 2단, 5단 한 번 더!	월 일
06 3단 구구단	월 일
07 6단 구구단	월 일
08 3단, 6단 한 번 더!	월 일
09 (확인) 2단, 5단, 3단, 6단 평가	월 일
10 4단 구구단	월 일
11 8단 구구단	월 일
12 4단, 8단 한 번 더!	월 일
13 7단 구구단	월 일
14 9단 구구단	월 일
15 7단, 9단 한 번 더!	월 일
16 (확인) 4단, 8단, 7단, 9단 평가	월 일
17 0단, 1단, 10단	월 일
18 (확인) 구구단 마무리 평가	월 일

03 2단 구구단

1분도 안 걸리는
곱셈식 복습

3의 7배

→ 3×☐

8의 6배

→ 8×☐

5의 2배

→ 5×☐

6의 4배

→ 6×☐

9의 8배

→ 9×☐

4의 3배

→ 4×☐

● **체리의 수를 알아볼까요?**

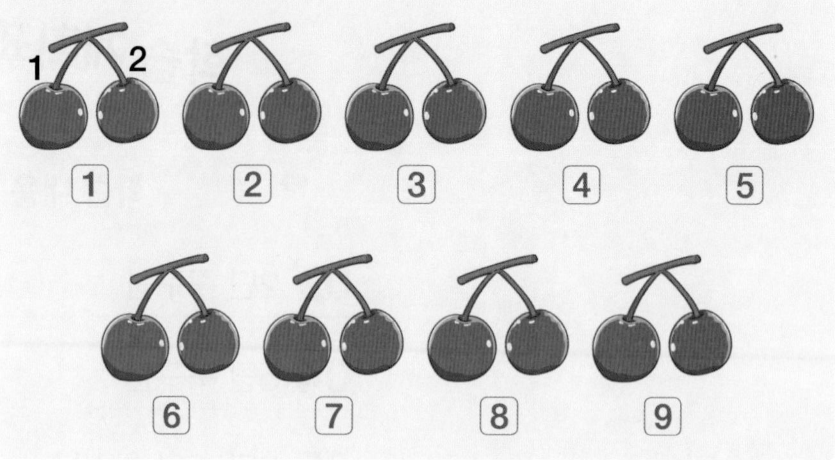

2씩 **9**묶음

↓

2를 [9]번 더하기

↓

2+2+2+2+2+2+2+2+2=18

☐번

↓

2×☐=18

이것도 알면 좋아

2씩 ★묶음, 2를 ★번 더한 수를 곱셈식으로 나타내면 2×★이에요.
이때, ★을 곱하는 수라고 해요.
2에 1부터 9까지의 수를 곱한 곱셈식을 차례대로 나열한 것이 2단이에요.

정답 3쪽

노래로 외우는 2단♬

2단의 곱이 2씩 커져!

덧셈식	2단
2	2×1= 2 이 일은
2+2= 4	2×2= 4 이 이
2+2+2= □	2×3= □ 이 삼은
2+2+2+2= □	2×4= □ 이 사
2+2+2+2+2= □	2×5= □ 이 오
2+2+2+2+2+2= □	2×6= □ 이 육
2+2+2+2+2+2+2= □	2×7= □ 이 칠
2+2+2+2+2+2+2+2= □	2×8= □ 이 팔
2+2+2+2+2+2+2+2+2= □	2×9= □ 이 구

+2 +2 +2 +2 +2 +2 +2 +2

03 2단 구구단 (암기)

▌2단을 외우고, 거꾸로 2단도 함께 외우세요.

2단		거꾸로 2단	
2×1=	+2	2×9=	−2
2×2=	+2	2×8=	−2
2×3=	+2	2×7=	−2
2×4=	+2	2×6=	−2
2×5=	+2	2×5=	−2
2×6=	+2	2×4=	−2
2×7=	+2	2×3=	−2
2×8=	+2	2×2=	−2
2×9=		2×1=	

▌2단의 곱을 ○ 안에 차례대로 써넣으세요.

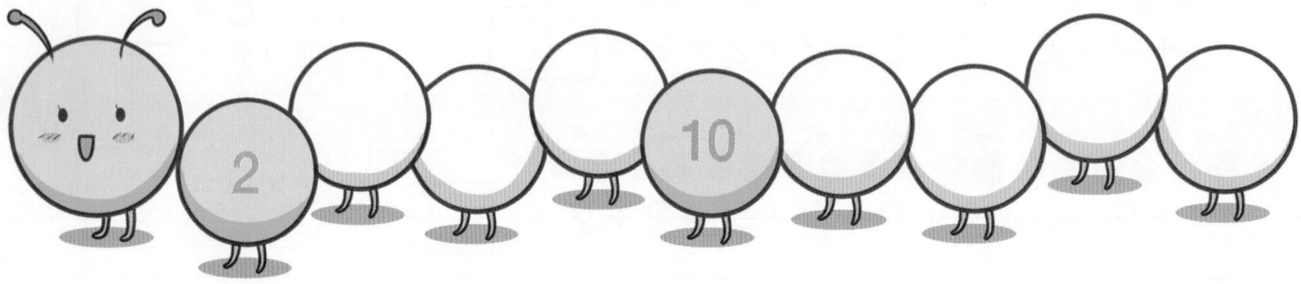

정답 3쪽

■ **2단을 3개씩 끊어서 외우세요.**

$2\times1=\square$
$2\times2=\square$
$2\times3=\square$

$2\times4=\square$
$2\times5=\square$
$2\times6=\square$

$2\times7=\square$
$2\times8=\square$
$2\times9=\square$

■ **2단을 잘 외웠는지 확인하세요.**

$2\times1=\square$	$2\times4=\square$	$2\times8=\square$
$2\times7=\square$	$2\times9=\square$	$2\times3=\square$
$2\times5=\square$	$2\times2=\square$	$2\times6=\square$

■ **2단의 곱을 찾아 이으세요.**

2×4 •	• 6	2×9 •	• 16
2×7 •	• 8	2×2 •	• 4
2×3 •	• 14	2×8 •	• 18

■ 2단을 확실히 외웠는지 점검하세요.

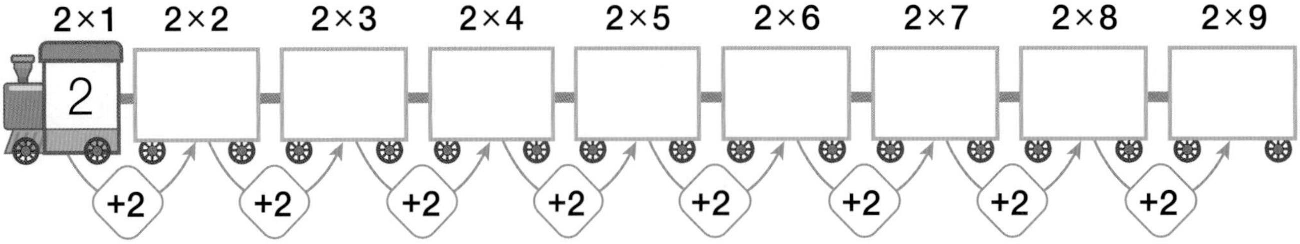

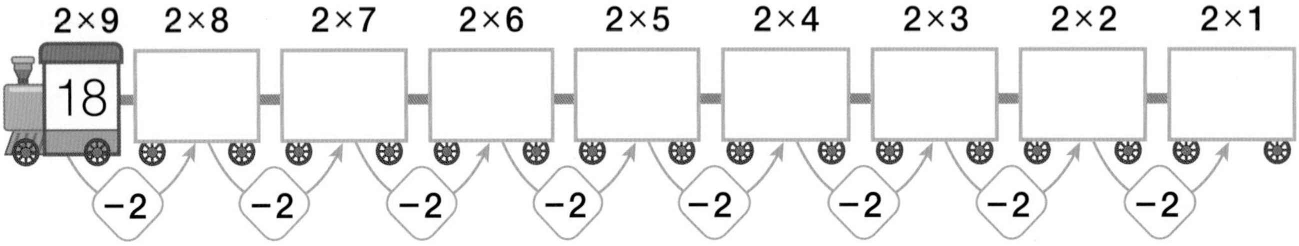

■ 빈칸에 알맞은 수를 써넣으세요.

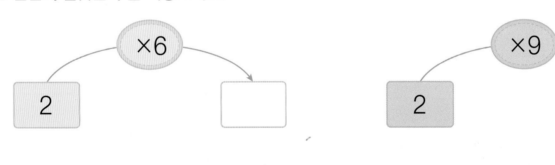

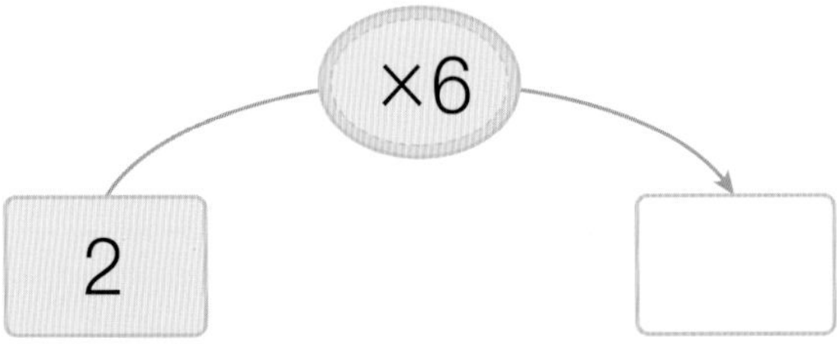

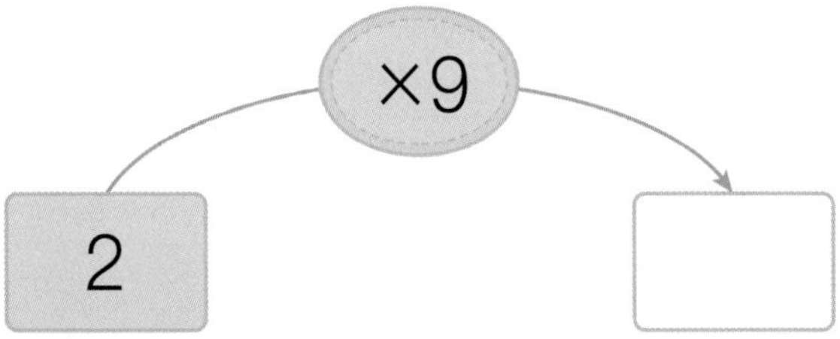

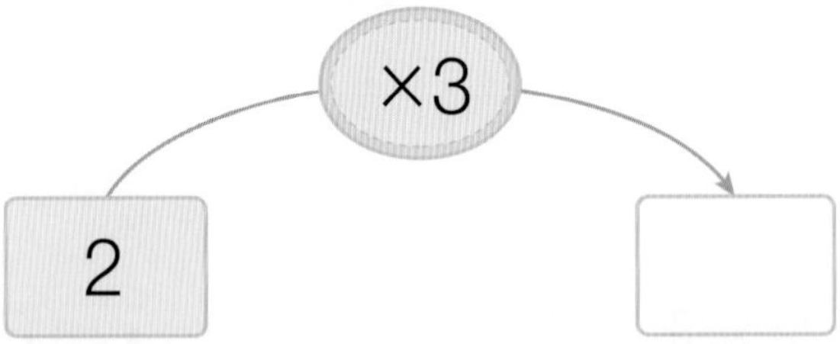

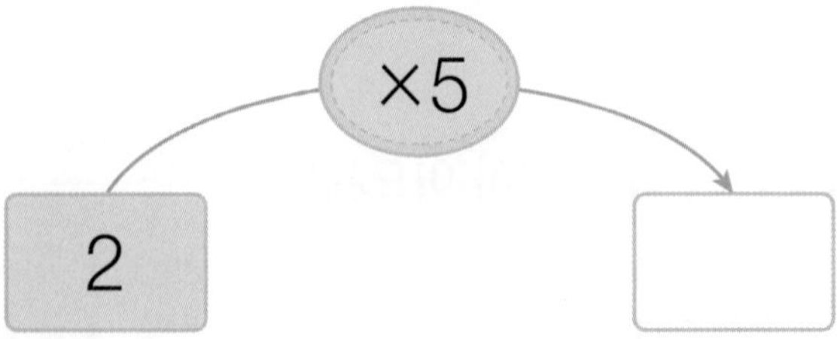

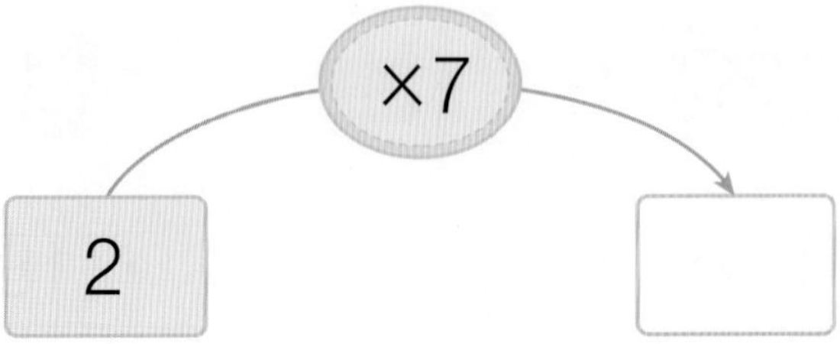

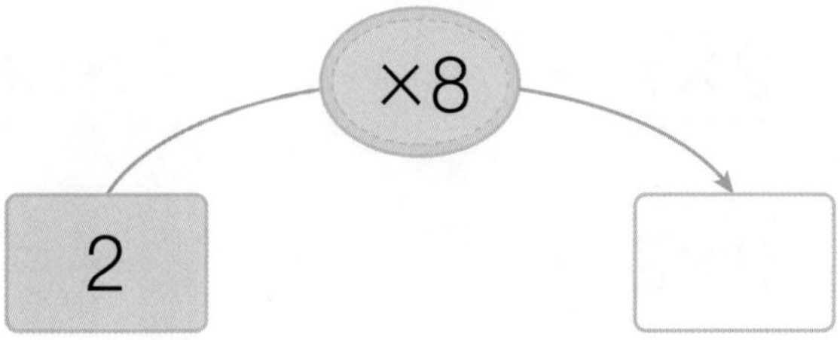

정답 3쪽

막대의 길이를 보고 올바른 2단 곱셈식을 쓰세요.

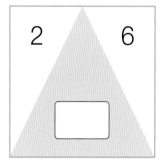

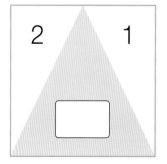

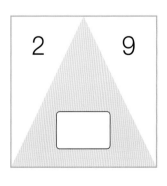

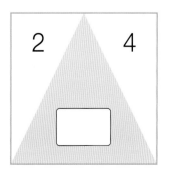

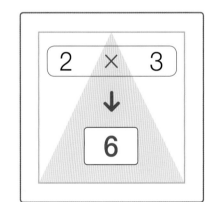

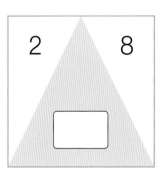

2

2의 2배 — 2×☐=☐

2의 5배 — 2×☐=☐

2의 7배 — 2×☐=☐

규칙에 따라 ☐ 안에 알맞은 수를 써넣으세요.

2 × 3 → 6

2 8 → ☐

2 6 → ☐

2 9 → ☐

2 4 → ☐

2 1 → ☐

■ 나비가 말하는 수에 ○표 하세요.

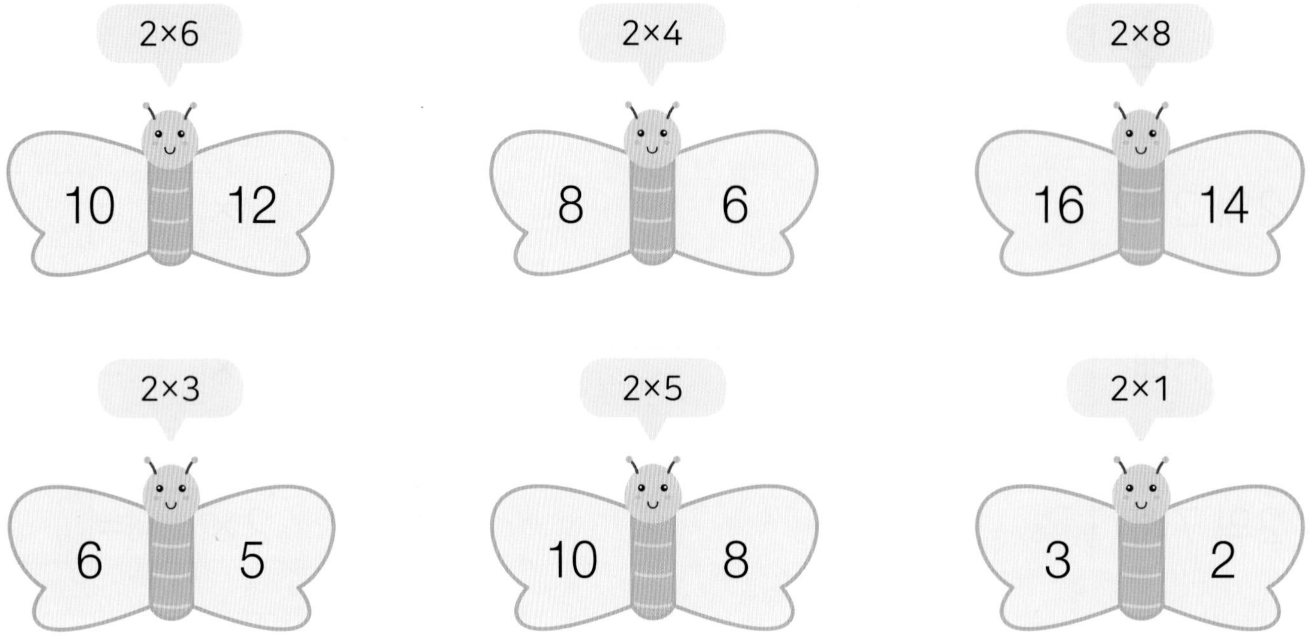

■ 그림을 보고 □ 안에 알맞은 수를 써넣으세요.

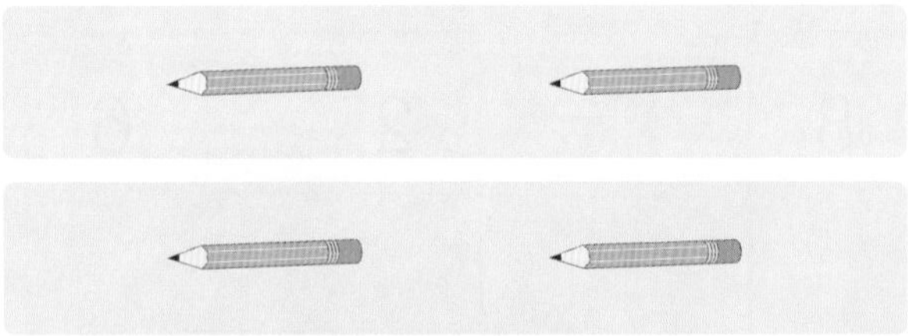

2×□=□

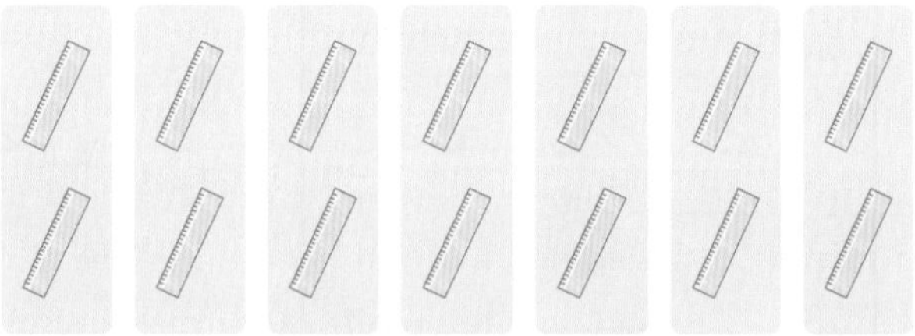

2×□=□

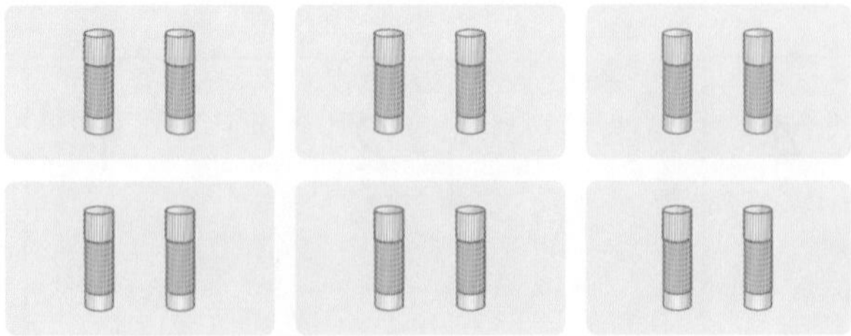

2×□=□

2×□=□

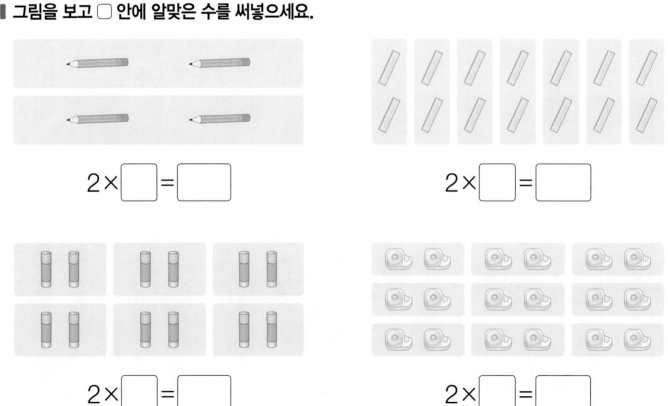

정답 4쪽

과일 가게에 각 과일이 모두 몇 개 있는지 알아볼까요?

: 2×☐=☐(개)

: 2×☐=☐(개)

: 2×☐=☐(개)

: 2×☐=☐(개)

: 2×☐=☐(개)

: 2×☐=☐(개)

체리는 모두 몇 개인가요?

2×☐=☐(개)

2×☐=☐(개)

04 5단 구구단

1분도 안 걸리는
2단 복습

2×8=☐

2×2=☐

2×9=☐

2×6=☐

2×3=☐

2×7=☐

2×1=☐

2×5=☐

2×4=☐

● **손가락의 수를 알아볼까요?**

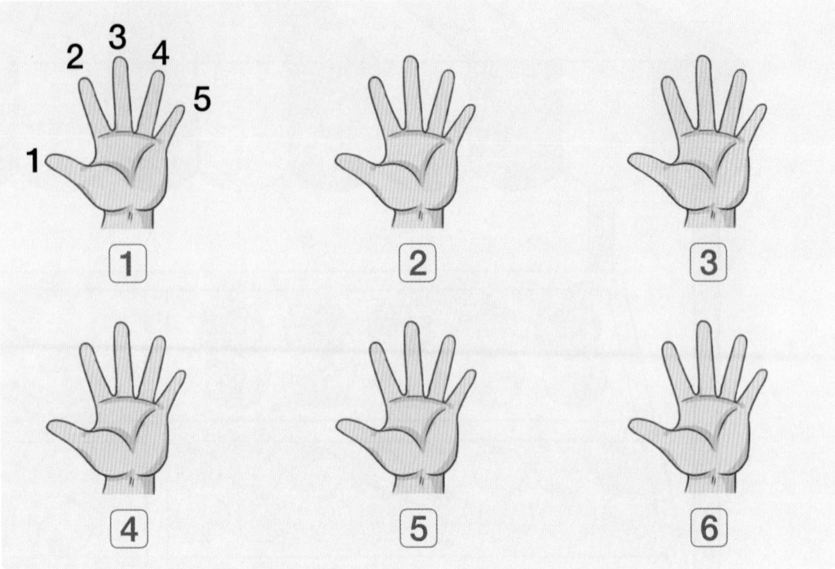

5씩 **6**묶음

↓

5를 [6]번 더하기

↓

5+5+5+5+5+5=30

└── ☐번 ──┘

↓

5×☐=30

이것도 알면 좋아

5×★은 시계의 '분'을 생각하면 쉽게 외울 수 있어요.

긴바늘이 가리키는 숫자가 1이면 5분, 2이면 10분, … , 9이면 45분을 나타내요.

5×1=5　5×2=10　5×9=45

정답 4쪽

5단의 곱이 5씩 커져!

노래로 외우는 5단♪

덧셈식	5단
5	5×1= 5 (오 일은)
5 + **5** = 10	5×2= 10 (오 이)
5 + 5 **+ 5** = □	5×3= □ (오 삼)
5 + 5 + 5 **+ 5** = □	5×4= □ (오 사)
5 + 5 + 5 + 5 **+ 5** = □	5×5= □ (오 오)
5 + 5 + 5 + 5 + 5 **+ 5** = □	5×6= □ (오 육)
5 + 5 + 5 + 5 + 5 + 5 **+ 5** = □	5×7= □ (오 칠)
5 + 5 + 5 + 5 + 5 + 5 + 5 **+ 5** = □	5×8= □ (오 팔)
5 + 5 + 5 + 5 + 5 + 5 + 5 + 5 **+ 5** = □	5×9= □ (오 구)

+5 +5 +5 +5 +5 +5 +5 +5

04 5단 구구단 암기

■ 5단을 외우고, 거꾸로 5단도 함께 외우세요.

5단	거꾸로 5단
$5\times1=$ □	$5\times9=$ □
+5	−5
$5\times2=$ □	$5\times8=$ □
+5	−5
$5\times3=$ □	$5\times7=$ □
+5	−5
$5\times4=$ □	$5\times6=$ □
+5	−5
$5\times5=$ □	$5\times5=$ □
+5	−5
$5\times6=$ □	$5\times4=$ □
+5	−5
$5\times7=$ □	$5\times3=$ □
+5	−5
$5\times8=$ □	$5\times2=$ □
+5	−5
$5\times9=$ □	$5\times1=$ □

■ 노란색을 따라가며 5단의 곱을 □ 안에 차례대로 써넣으세요.

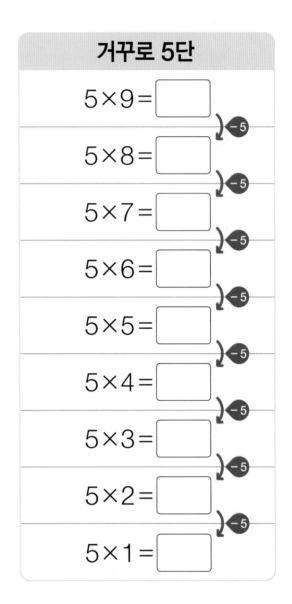

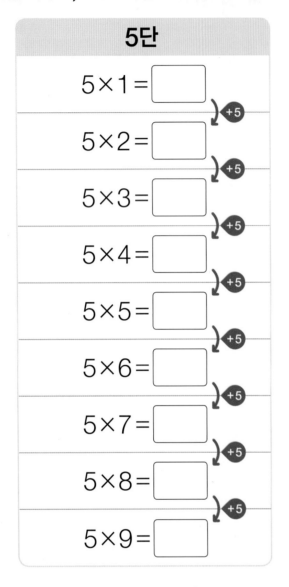

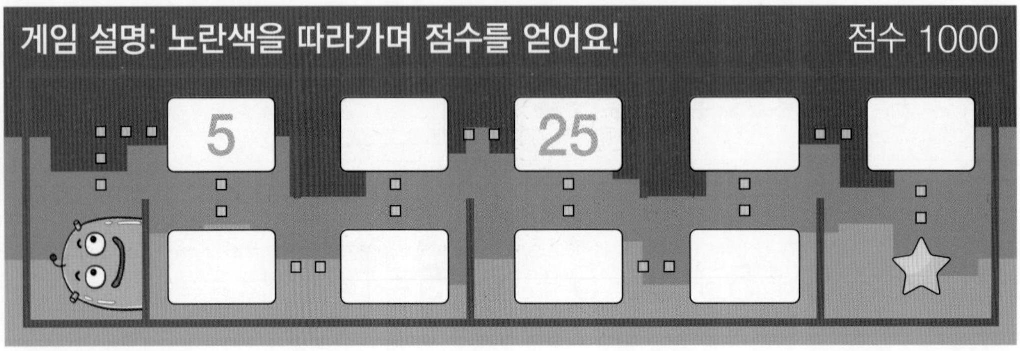
게임 설명: 노란색을 따라가며 점수를 얻어요!
점수 1000
5
25

정답 4쪽

5단을 3개씩 끊어서 외우세요.

$5\times1=\square$	$5\times4=\square$	$5\times7=\square$
$5\times2=\square$	$5\times5=\square$	$5\times8=\square$
$5\times3=\square$	$5\times6=\square$	$5\times9=\square$

5단을 잘 외웠는지 확인하세요.

$5\times7=\square$	$5\times2=\square$	$5\times8=\square$
$5\times9=\square$	$5\times6=\square$	$5\times1=\square$
$5\times5=\square$	$5\times3=\square$	$5\times4=\square$

5단의 곱을 찾아 이으세요.

5×3

5×8 20

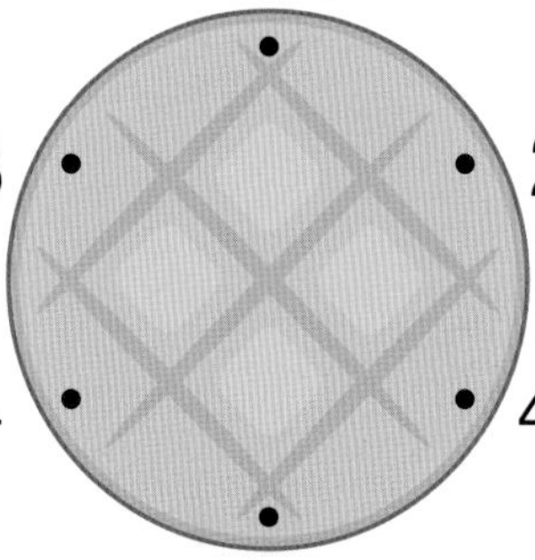

5×4 40

15

5×7

5×5 35

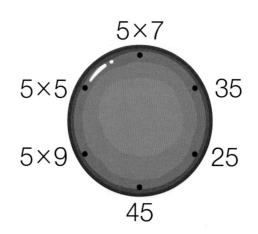

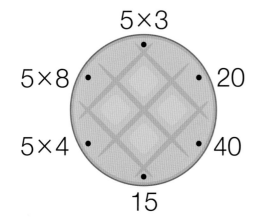

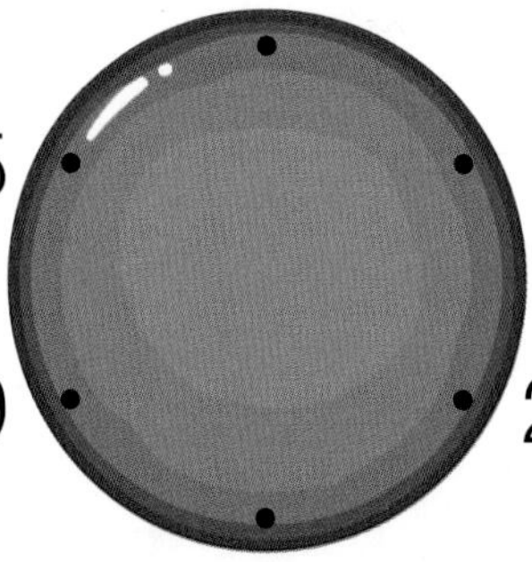

5×9 25

45

04 5단 구구단 연습

5단을 확실히 외웠는지 점검하세요.

5×1	5×2	5×3	5×4	5×5	5×6	5×7	5×8	5×9
5								

+5 +5 +5 +5 +5 +5 +5 +5

5×9	5×8	5×7	5×6	5×5	5×4	5×3	5×2	5×1
45								

−5 −5 −5 −5 −5 −5 −5 −5

빈칸에 두 수의 곱을 써넣으세요.

5 1 → ☐

5 4 → ☐

5 9 → ☐

5 8 → ☐

5 6 → ☐

5 7 → ☐

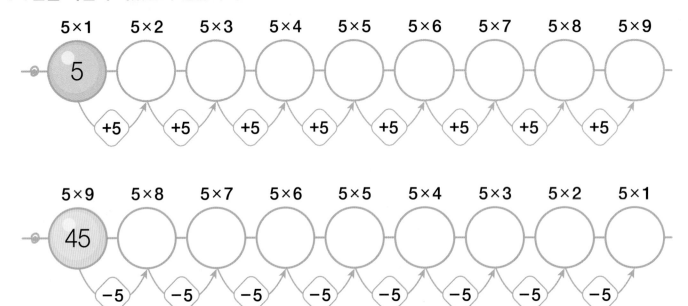

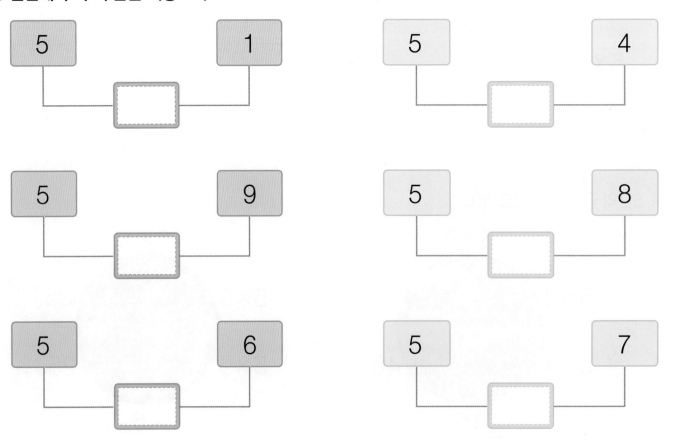

▌수직선을 보고 올바른 5단 곱셈식을 쓰세요.

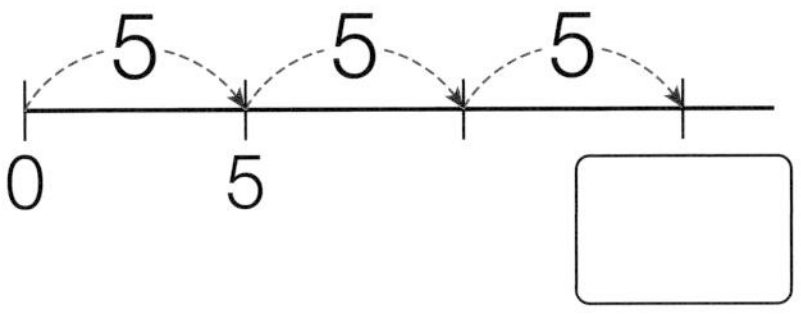

5×☐=☐

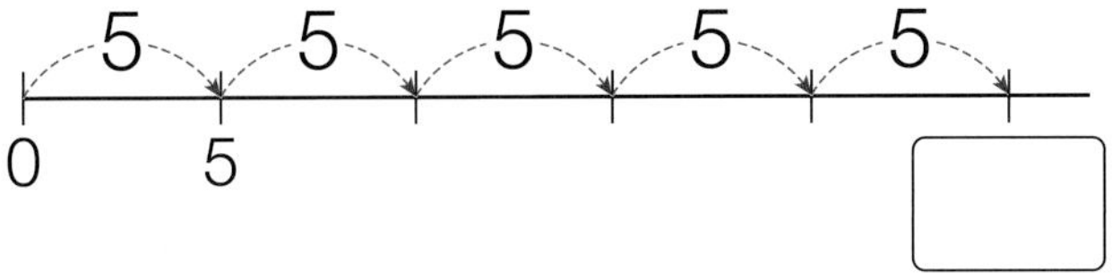

5×☐=☐

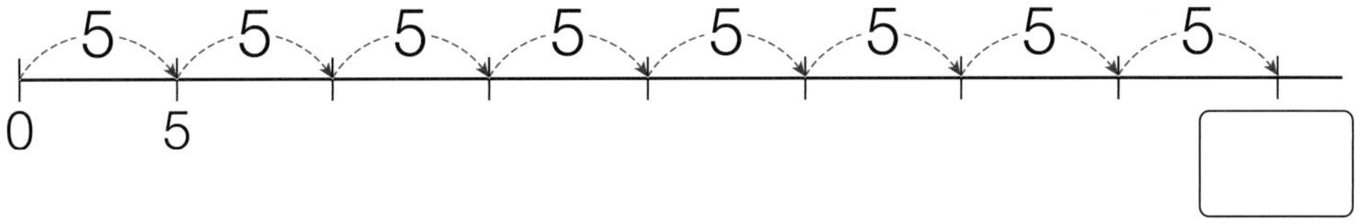

5×☐=☐

▌올바른 곱셈식이 되도록 길을 따라 가세요.

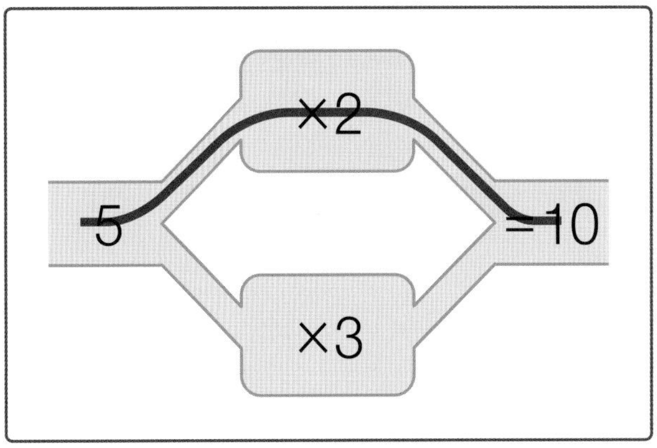

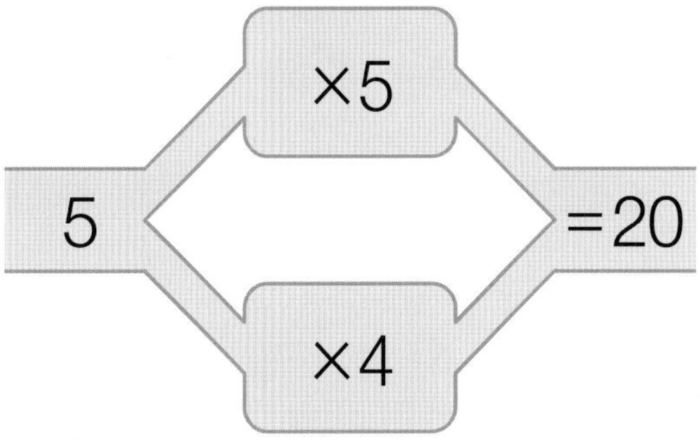

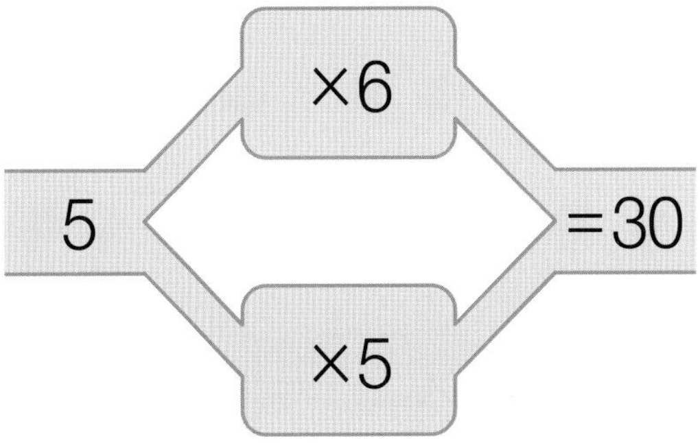

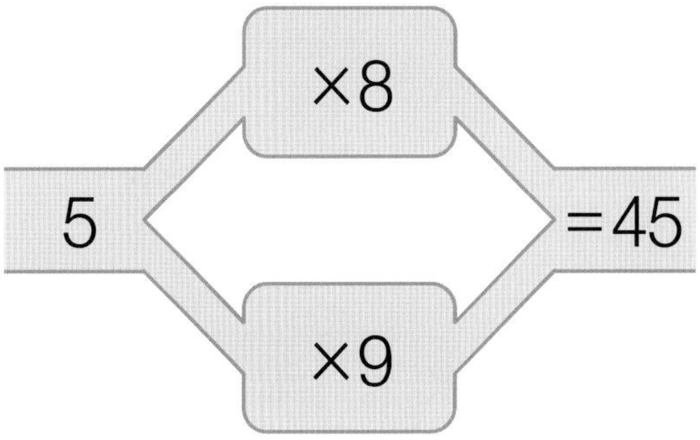

■ 더 큰 수에 ○표 하세요.

5×5	20
5×2	15
5×8	43
17	5×3
40	5×9
18	5×4

■ 그림을 보고 □ 안에 알맞은 수를 써넣으세요.

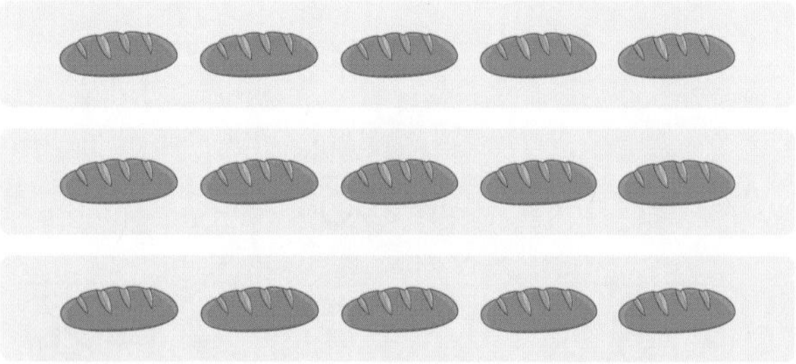

5×□=□

5×□=□

5×□=□

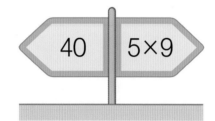

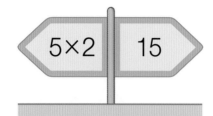

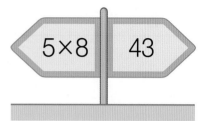

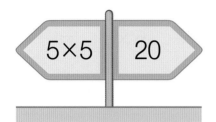

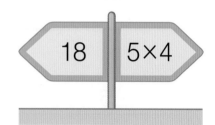

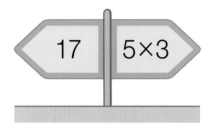

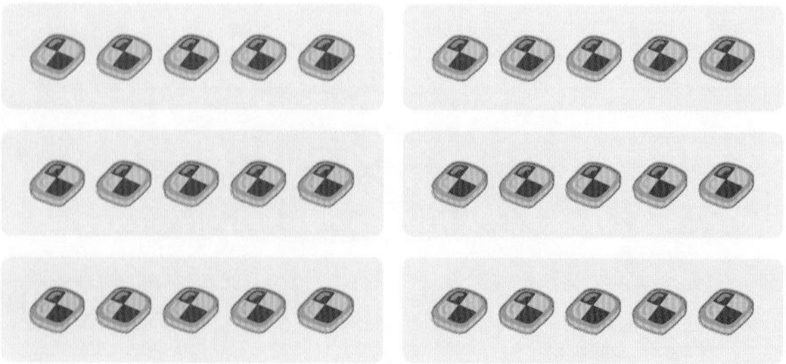

5×□=□

정답 5쪽

곧 도착하는 버스의 번호를 구하고, 그 번호의 버스를 찾아 ○표 하세요.

1000	13분	1400	5분
1100	8분	2000	2분

5×7

곧 도착: □□00

2357	9분	2407	20분
2457	5분	2317	4분

5×9

곧 도착: 3□□7

4015	15분	4035	5분
4025	13분	4045	9분

5×1　5×3

곧 도착: □0□□

손가락은 모두 몇 개인가요?

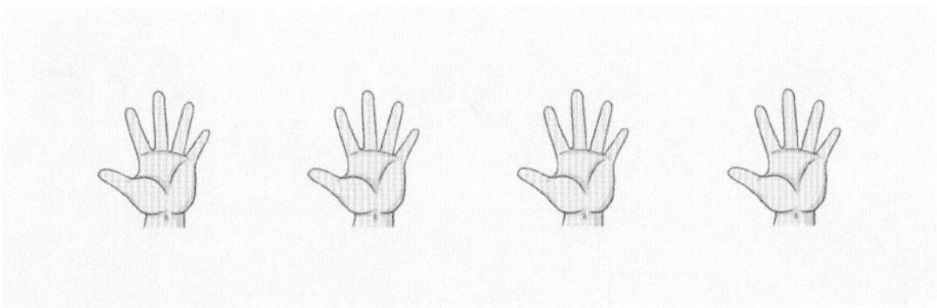

5×□=□(개)

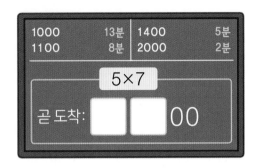

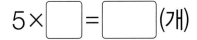

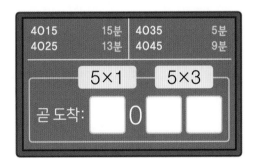

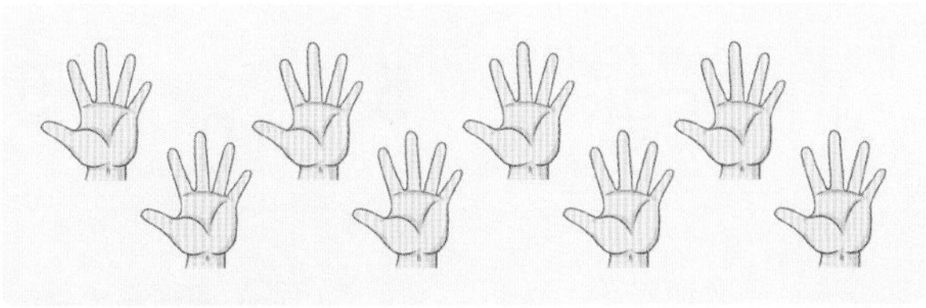

5×□=□(개)

05 2단, 5단 한 번 더!

● 2단과 5단을 완성해 볼까요?

2단	5단

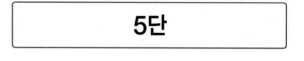

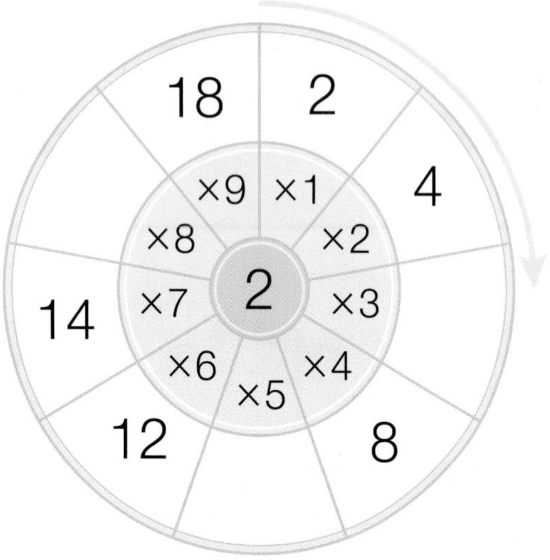

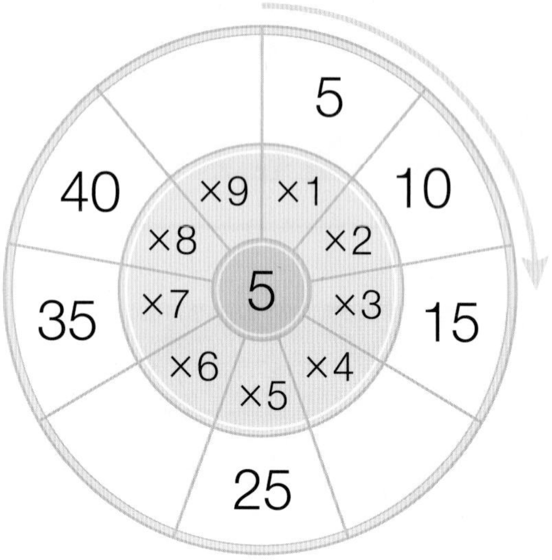

2단은 곱이 ☐ 씩 커집니다.

5단은 곱이 ☐ 씩 커집니다.

● 2단에서 곱의 일의 자리 숫자를 알아볼까요?

2단 → 2 → 4 → 6 → 8 → 10 → 12 → 14 → 16 → 18

2단에서 곱의 일의 자리 숫자는 **2**, **4**, ☐, **8**, **0**이 반복됩니다.

● 5단에서 곱의 일의 자리 숫자를 알아볼까요?

5단 → 5 → 10 → 15 → 20 → 25 → 30 → 35 → 40 → 45

5단에서 곱의 일의 자리 숫자는 **5**, ☐ 이 반복됩니다.

정답 5쪽

▌▢ 안에 알맞은 수를 써넣으세요.

$2\times7=\square$	$5\times8=\square$	$2\times5=\square$
$5\times6=\square$	$2\times6=\square$	$5\times3=\square$
$2\times4=\square$	$5\times1=\square$	$2\times9=\square$
$5\times7=\square$	$2\times8=\square$	$5\times5=\square$
$2\times3=\square$	$5\times4=\square$	$2\times2=\square$

▌▢ 안에 알맞은 수를 써넣으세요.

$5\times\square=20$	$2\times\square=10$	$5\times\square=40$
$2\times\square=6$	$5\times\square=35$	$2\times\square=18$
$5\times\square=25$	$2\times\square=2$	$5\times\square=15$
$2\times\square=8$	$5\times\square=10$	$2\times\square=16$
$5\times\square=45$	$2\times\square=12$	$5\times\square=30$

05 2단, 5단 한 번 더!

올바른 곱을 찾아 ○표 하세요.

2×4		
4	6	8

5×6		
30	33	35

2×9		
16	18	20

5×2		
5	10	15

2×7		
12	14	16

5×8		
40	45	48

빈칸에 알맞은 수를 써넣으세요.

2 → ×3 → □
2 → ×5 → □

5 → ×5 → □
5 → ×1 → □

5 → ×3 → □
5 → ×9 → □

2 → ×8 → □
2 → ×2 → □

2 → ×□ → 8
2 → ×□ → 12

5 → ×□ → 35
5 → ×□ → 20

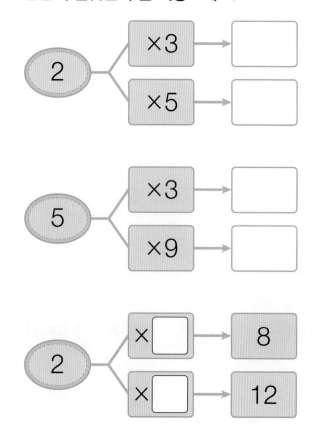

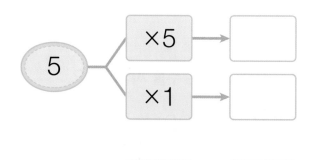

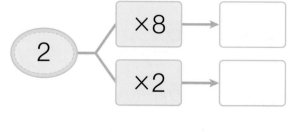

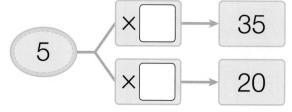

▌ 각 단의 곱을 가장 작은 수부터 차례대로 도착점까지 선으로 이으세요.

2단			
4	6	16	13
2	8	10	14
6	9	12	18
8	10	14	16

5단			
30	25	40	45
15	20	35	45
5	20	25	40
10	15	30	35

▌ 0부터 시작하여 각 단의 일의 자리 숫자를 차례대로 이으세요.

5가지 모양 중에 하나야~!

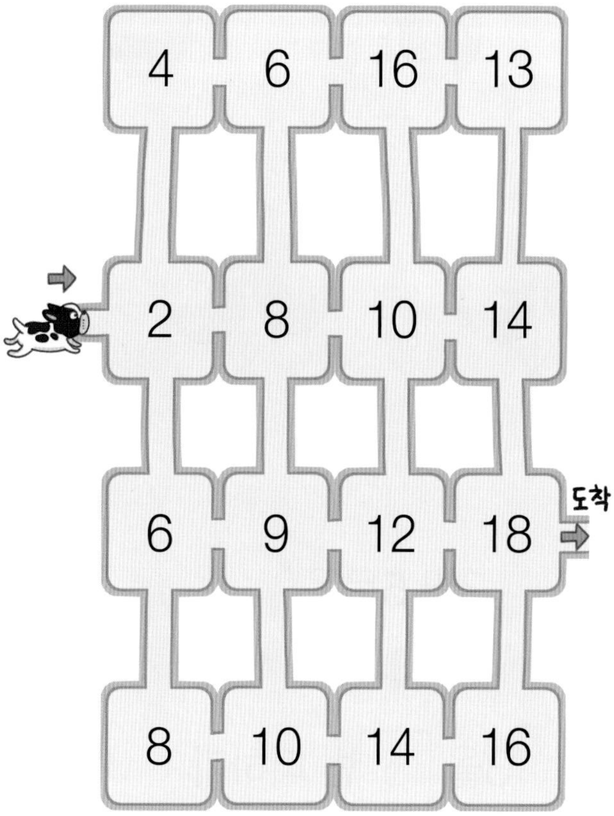

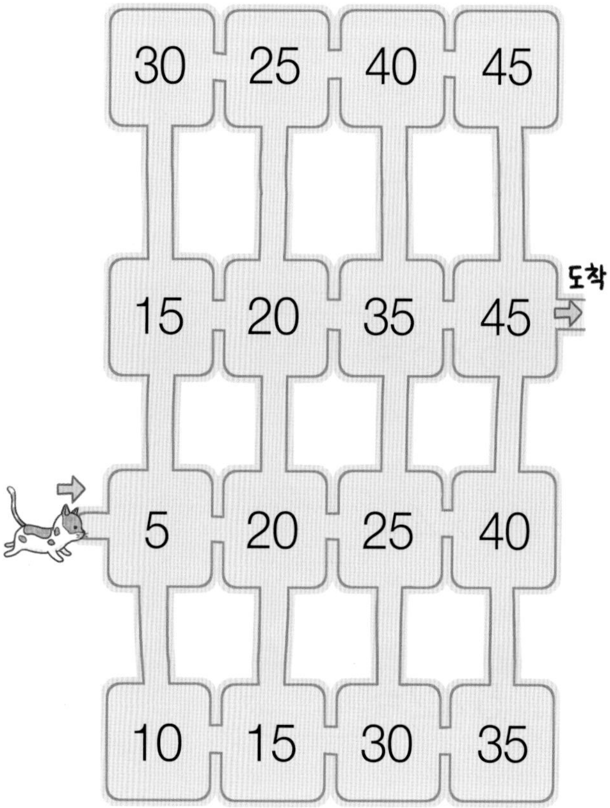

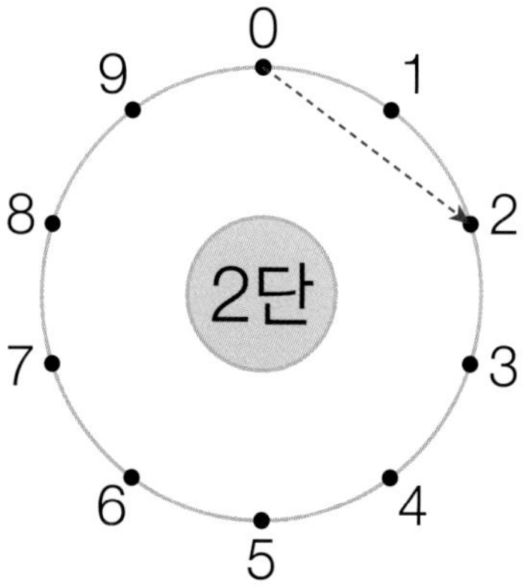

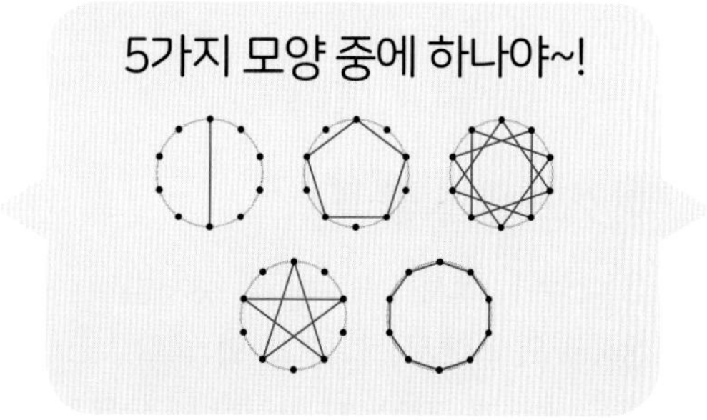

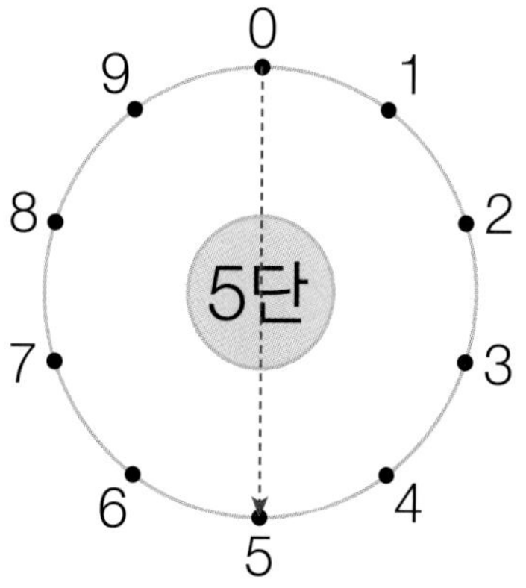

06 3단 구구단

1분도 안 걸리는
5단 복습

5×9=☐

5×1=☐

5×6=☐

5×4=☐

5×2=☐

5×5=☐

5×8=☐

5×3=☐

5×7=☐

● **풍선의 수를 알아볼까요?**

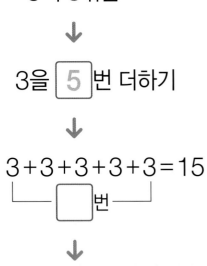

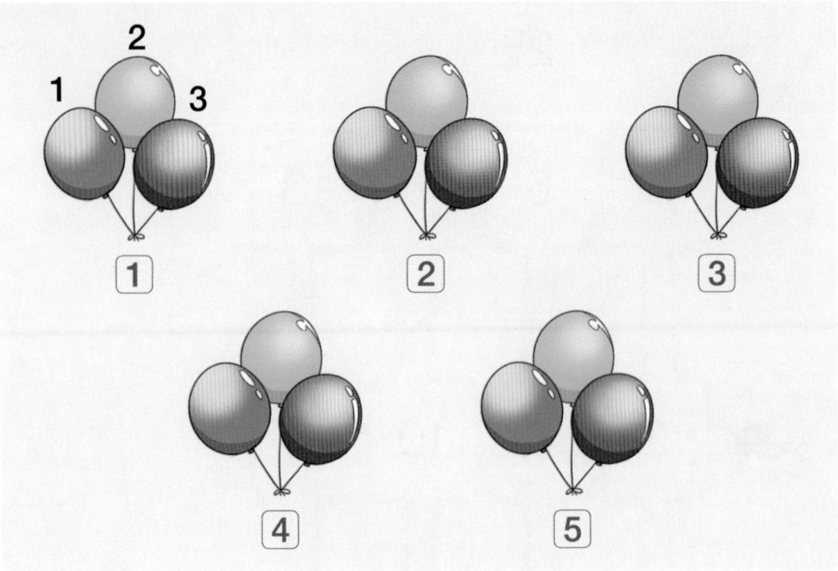

3씩 **5**묶음

↓

3을 5 번 더하기

↓

3+3+3+3+3=15

☐번

↓

3×☐=15

이것도 알면 좋아

3×5=15에서 1+5=6인 것처럼
3×★의 곱에서 십의 자리와 일의 자리 수의 합은 3, 6, 9 중 하나예요.
곱을 바르게 구했는지 확인할 때 유용한 규칙이니 기억하면 좋아요!

정답 6쪽

노래로 외우는 3단♬

3단의 곱이 3씩 커져!

덧셈식	3단
3	3×1= 3 (삼 일은)
3 + **3** = 6	3×2= 6 (삼 이)
3 + 3 + **3** = □	3×3= □ (삼 삼은)
3 + 3 + 3 + **3** = □	3×4= □ (삼 사)
3 + 3 + 3 + 3 + **3** = □	3×5= □ (삼 오)
3 + 3 + 3 + 3 + 3 + **3** = □	3×6= □ (삼 육)
3 + 3 + 3 + 3 + 3 + 3 + **3** = □	3×7= □ (삼 칠)
3 + 3 + 3 + 3 + 3 + 3 + 3 + **3** = □	3×8= □ (삼 팔)
3 + 3 + 3 + 3 + 3 + 3 + 3 + 3 + **3** = □	3×9= □ (삼 구)

+3 +3 +3 +3 +3 +3 +3 +3

06 3단 구구단 (암기)

3단을 외우고, 거꾸로 3단도 함께 외우세요.

3단	거꾸로 3단
3×1= ☐	3×9= ☐
+3	−3
3×2= ☐	3×8= ☐
+3	−3
3×3= ☐	3×7= ☐
+3	−3
3×4= ☐	3×6= ☐
+3	−3
3×5= ☐	3×5= ☐
+3	−3
3×6= ☐	3×4= ☐
+3	−3
3×7= ☐	3×3= ☐
+3	−3
3×8= ☐	3×2= ☐
+3	−3
3×9= ☐	3×1= ☐

3단의 곱을 ○ 안에 차례대로 써넣으세요.

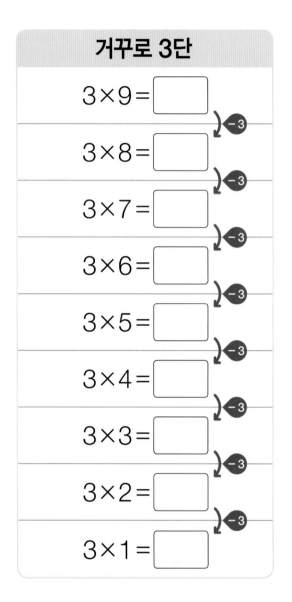

정답 6쪽

3단을 3개씩 끊어서 외우세요.

3×1=☐	3×4=☐	3×7=☐
3×2=☐	3×5=☐	3×8=☐
3×3=☐	3×6=☐	3×9=☐

3단을 잘 외웠는지 확인하세요.

3×5=☐	3×1=☐	3×3=☐
3×8=☐	3×9=☐	3×7=☐
3×2=☐	3×4=☐	3×6=☐

3단의 곱을 찾아 이으세요.

3×2 •	• 18	3×8 •	• 9
3×6 •	• 6	3×5 •	• 24
3×4 •	• 12	3×3 •	• 15

06 3단 구구단 (연습)

■ 3단을 확실히 외웠는지 점검하세요.

3×1	3×2	3×3	3×4	3×5	3×6	3×7	3×8	3×9
3								

+3 +3 +3 +3 +3 +3 +3 +3

3×9	3×8	3×7	3×6	3×5	3×4	3×3	3×2	3×1
27								

−3 −3 −3 −3 −3 −3 −3 −3

■ 빈칸에 알맞은 수를 써넣으세요.

3	×4	
3	×6	
3	×2	
3	×5	
3	×9	
3	×3	

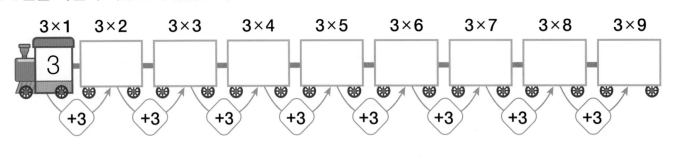

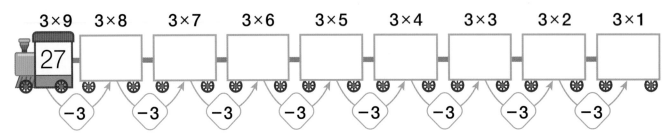

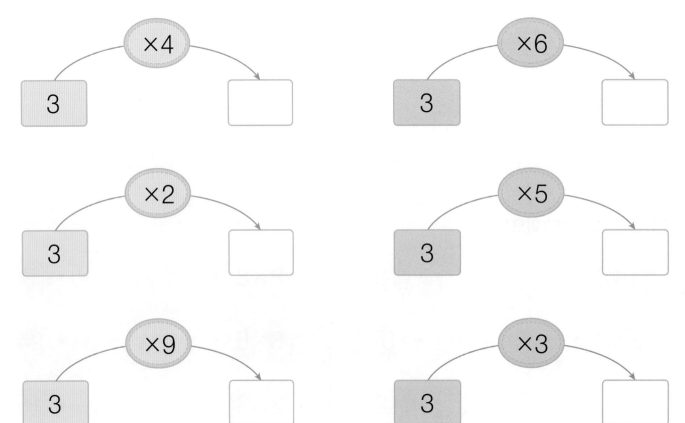

정답 7쪽

■ **막대의 길이를 보고 올바른 3단 곱셈식을 쓰세요.**

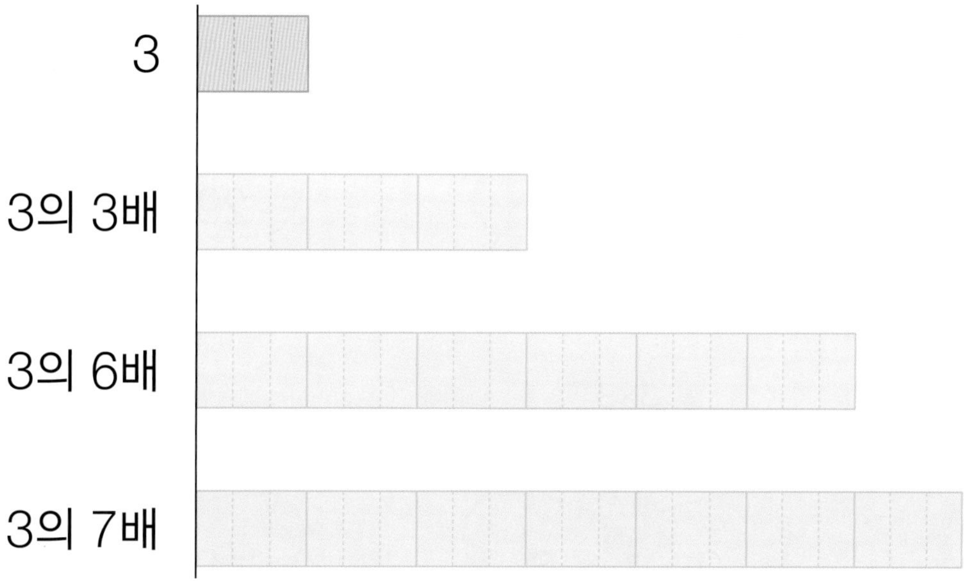

3×☐=☐

3×☐=☐

3×☐=☐

■ **규칙에 따라 ☐ 안에 알맞은 수를 써넣으세요.**

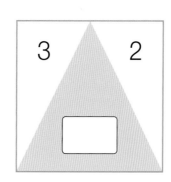

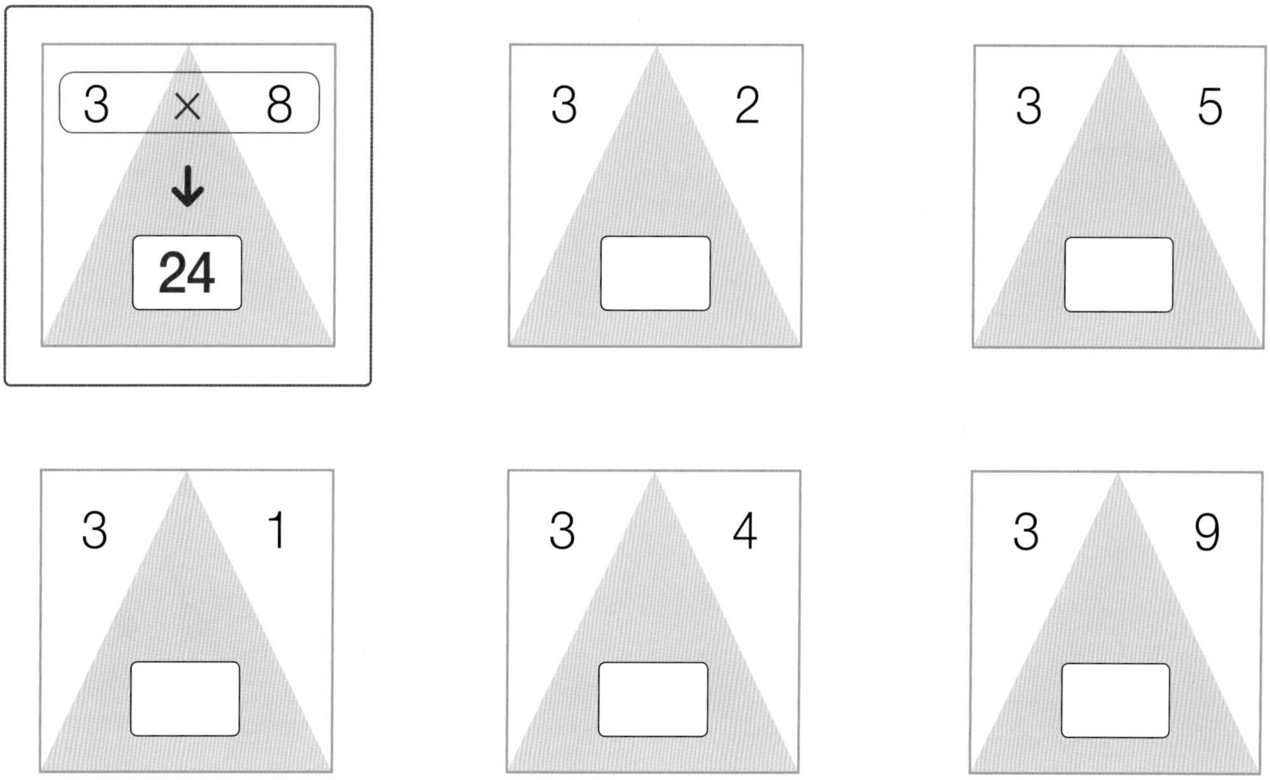

■ 나비가 말하는 수에 ○표 하세요.

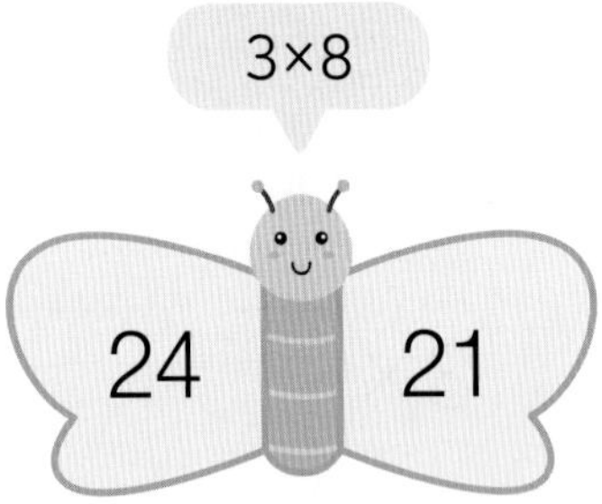

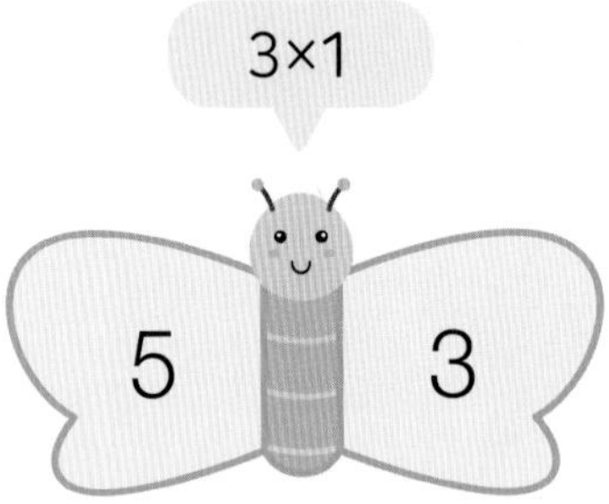

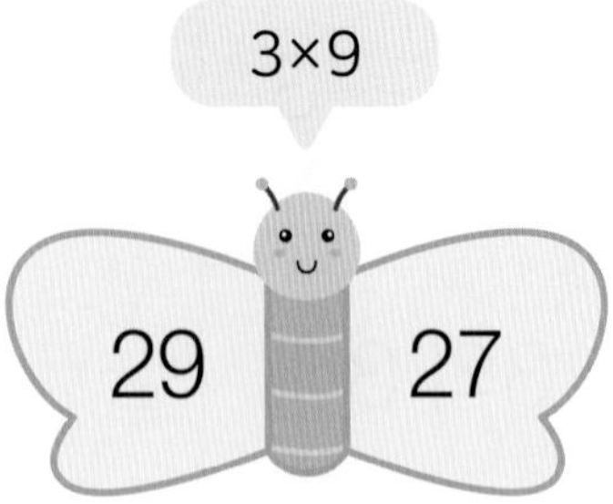

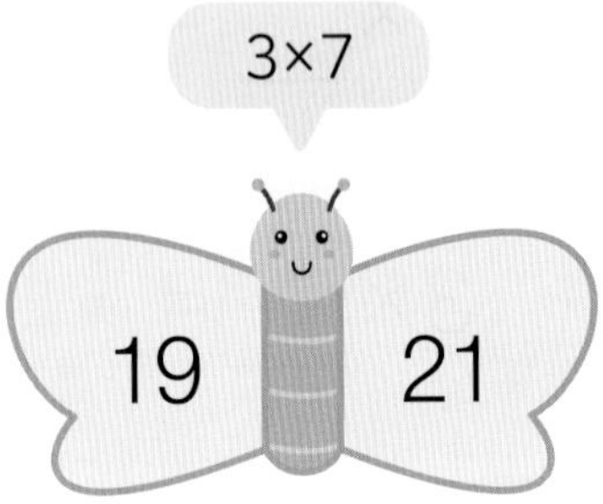

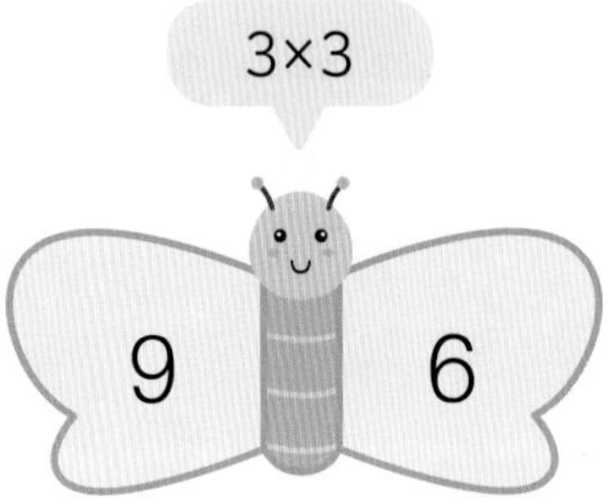

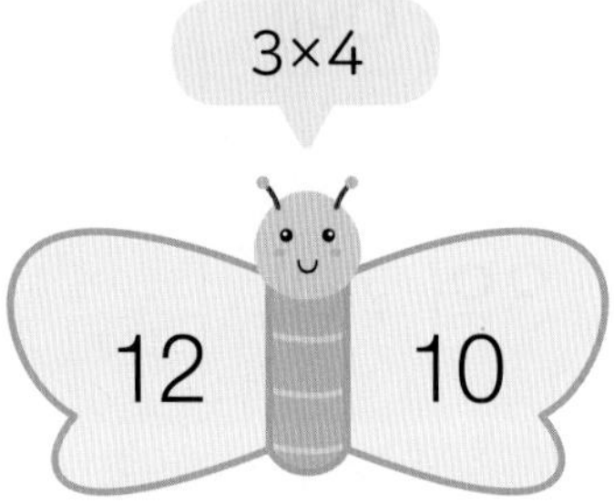

■ 그림을 보고 □ 안에 알맞은 수를 써넣으세요.

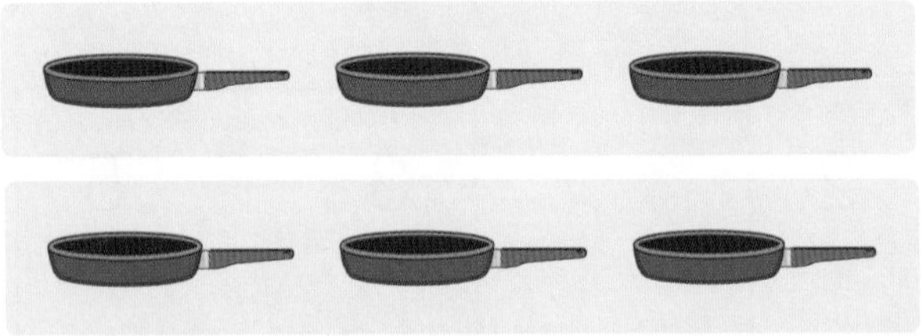

$3\times\square=\square$

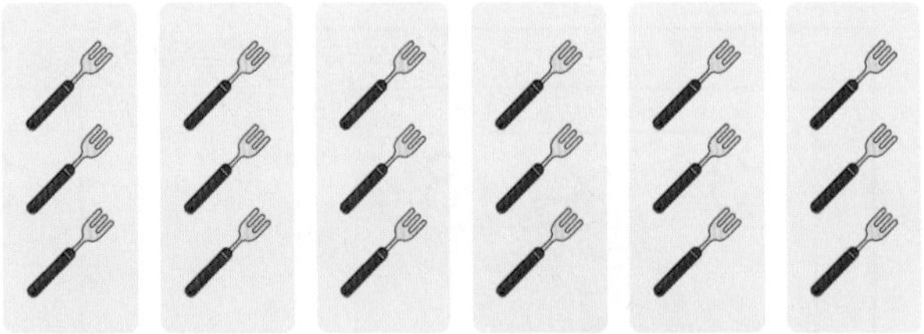

$3\times\square=\square$

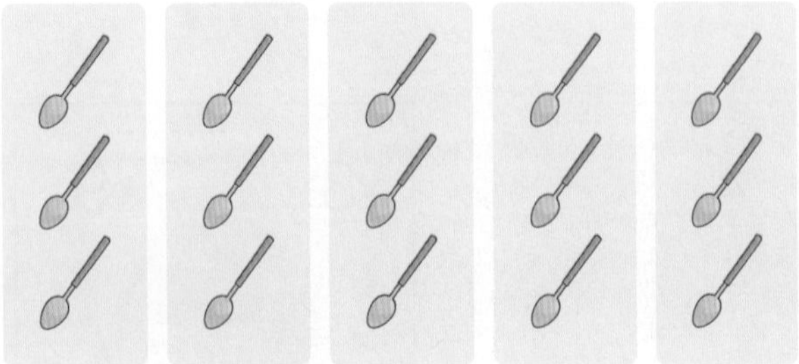

$3\times\square=\square$

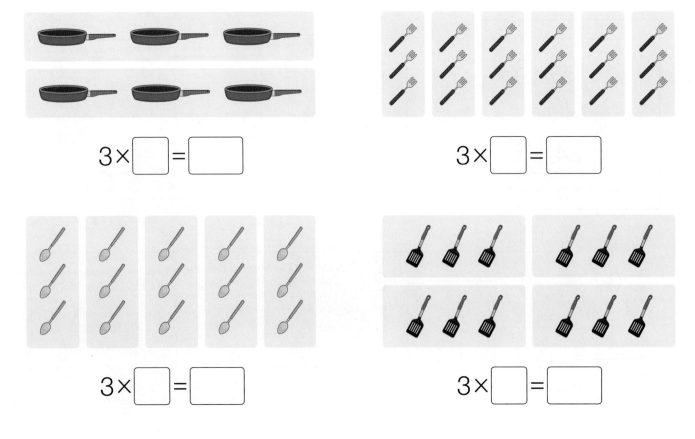

$3\times\square=\square$

생선 가게에 각 수산물이 모두 몇 마리 있는지 알아볼까요?

(수산물: 바다나 강에서 나는 물고기, 식물, 조개, 게 등)

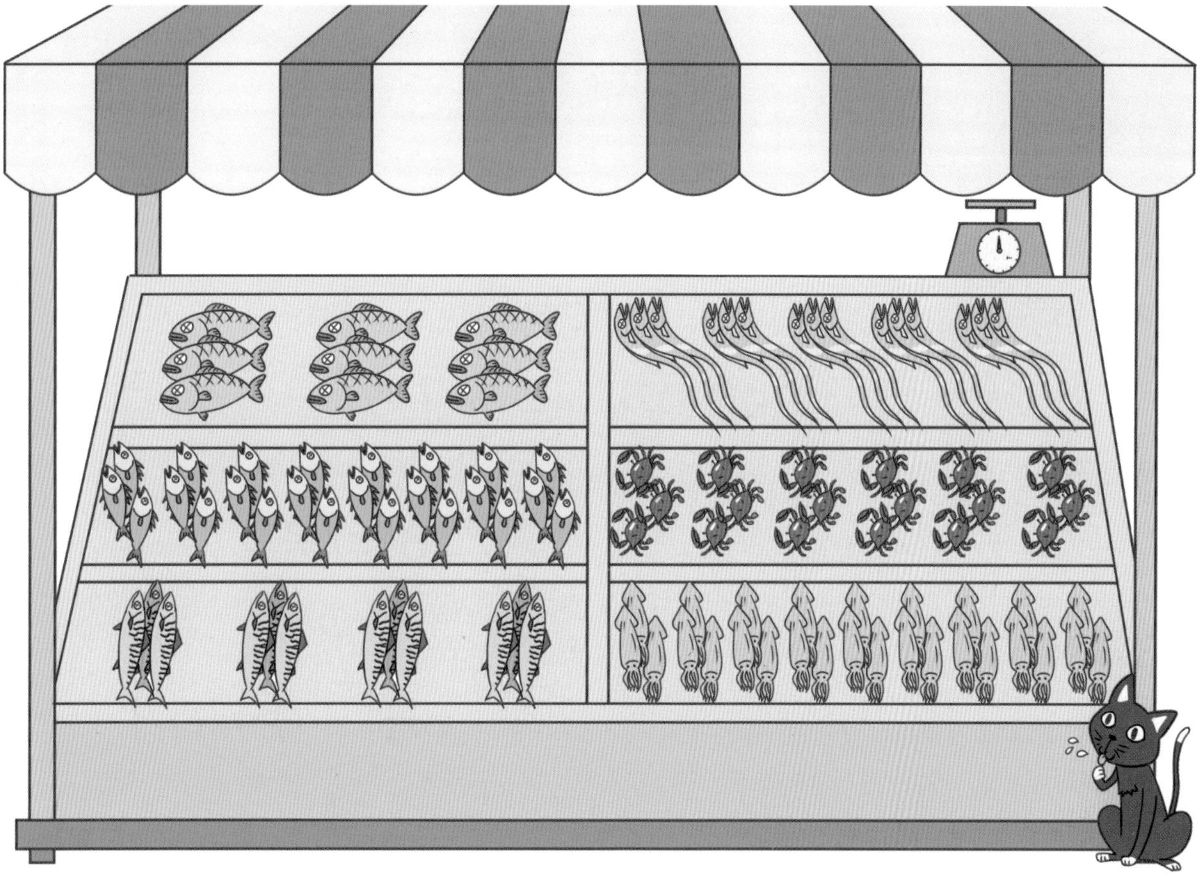

 : 3×□=□(마리)

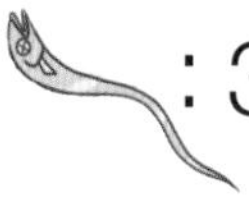 : 3×□=□(마리)

 : 3×□=□(마리)

 : 3×□=□(마리)

 : 3×□=□(마리)

 : 3×□=□(마리)

풍선은 모두 몇 개인가요?

3×□=□(개)

3×□=□(개)

07 6단 구구단

1분도 안 걸리는
3단 복습

3×5=□

3×1=□

3×7=□

3×3=□

3×9=□

3×4=□

3×6=□

3×2=□

3×8=□

● **만두의 수를 알아볼까요?**

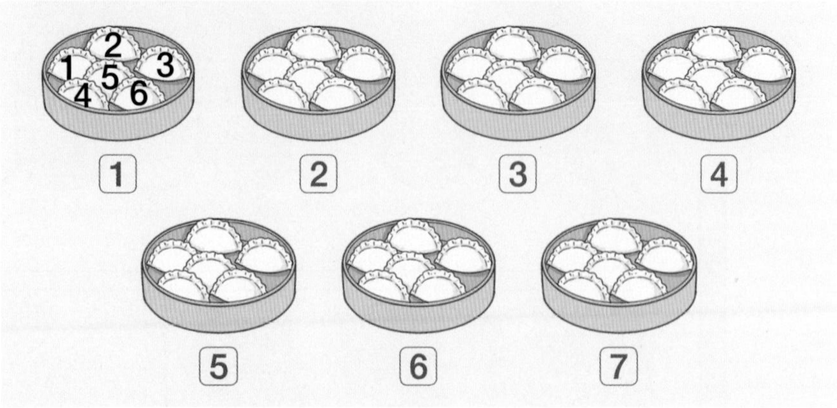

6씩 7묶음

↓

6을 7 번 더하기

↓

6+6+6+6+6+6+6=42

□번

↓

6×□=42

이것도 알면 좋아

6은 5+1과 같으므로 6×★은 5씩 뛰어 세기를 이용할 수 있어요.

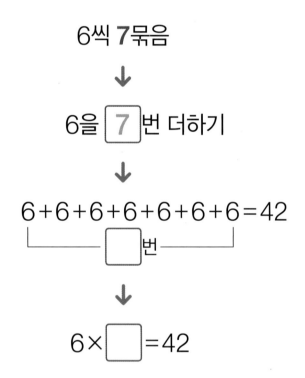

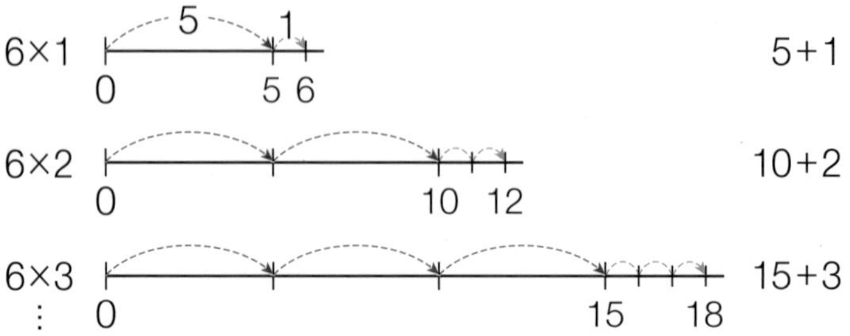

정답 7쪽

6단의 곱이 6씩 커져!

노래로 외우는 6단♪

덧셈식	6단
6	6×1= 6 (육 일은)
6 + 6 = 12	6×2= 12 (육 이)
6 + 6 + 6 = □	6×3= □ (육 삼)
6 + 6 + 6 + 6 = □	6×4= □ (육 사)
6 + 6 + 6 + 6 + 6 = □	6×5= □ (육 오)
6 + 6 + 6 + 6 + 6 + 6 = □	6×6= □ (육 육)
6 + 6 + 6 + 6 + 6 + 6 + 6 = □	6×7= □ (육 칠)
6 + 6 + 6 + 6 + 6 + 6 + 6 + 6 = □	6×8= □ (육 팔)
6 + 6 + 6 + 6 + 6 + 6 + 6 + 6 + 6 = □	6×9= □ (육 구)

+6 +6 +6 +6 +6 +6 +6 +6

07 6단 구구단 (암기)

▌6단을 외우고, 거꾸로 6단도 함께 외우세요.

6단		거꾸로 6단	
6×1= □		6×9= □	
	+6		−6
6×2= □		6×8= □	
	+6		−6
6×3= □		6×7= □	
	+6		−6
6×4= □		6×6= □	
	+6		−6
6×5= □		6×5= □	
	+6		−6
6×6= □		6×4= □	
	+6		−6
6×7= □		6×3= □	
	+6		−6
6×8= □		6×2= □	
	+6		−6
6×9= □		6×1= □	

▌노란색을 따라가며 6단의 곱을 □ 안에 차례대로 써넣으세요.

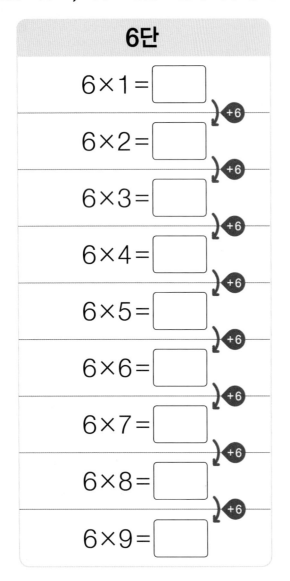

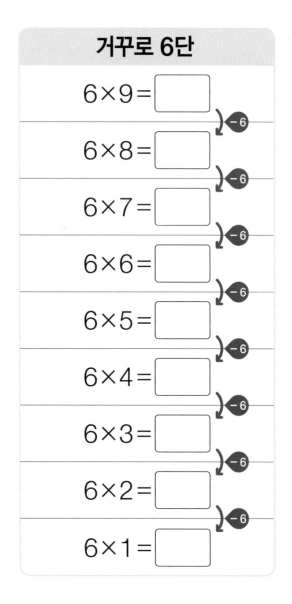

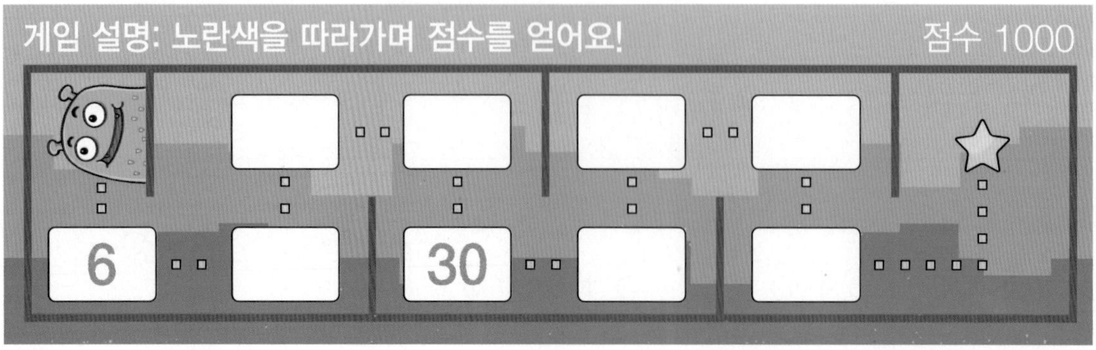
게임 설명: 노란색을 따라가며 점수를 얻어요!
점수 1000
6
30

정답 8쪽

6단을 3개씩 끊어서 외우세요.

$6 \times 1 = \square$

$6 \times 2 = \square$

$6 \times 3 = \square$

$6 \times 4 = \square$

$6 \times 5 = \square$

$6 \times 6 = \square$

$6 \times 7 = \square$

$6 \times 8 = \square$

$6 \times 9 = \square$

6단을 잘 외웠는지 확인하세요.

$6 \times 1 = \square$

$6 \times 7 = \square$

$6 \times 5 = \square$

$6 \times 4 = \square$

$6 \times 9 = \square$

$6 \times 2 = \square$

$6 \times 8 = \square$

$6 \times 3 = \square$

$6 \times 6 = \square$

6단의 곱을 찾아 이으세요.

6×3

6×9 36

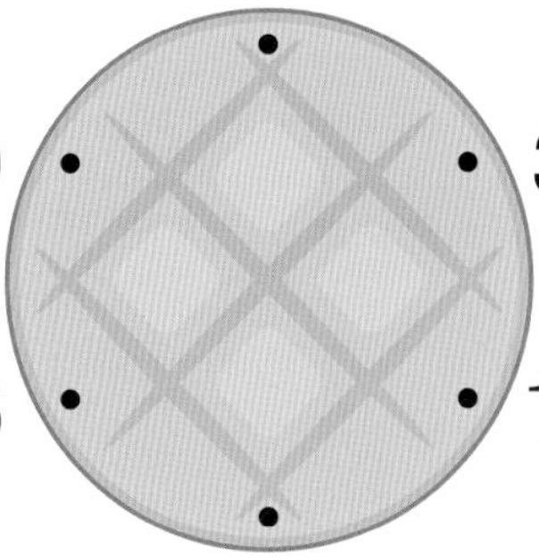

6×6 18

54

6×8

6×5 30

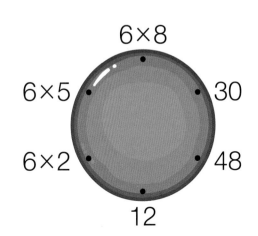

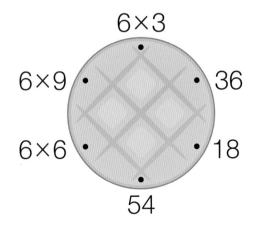

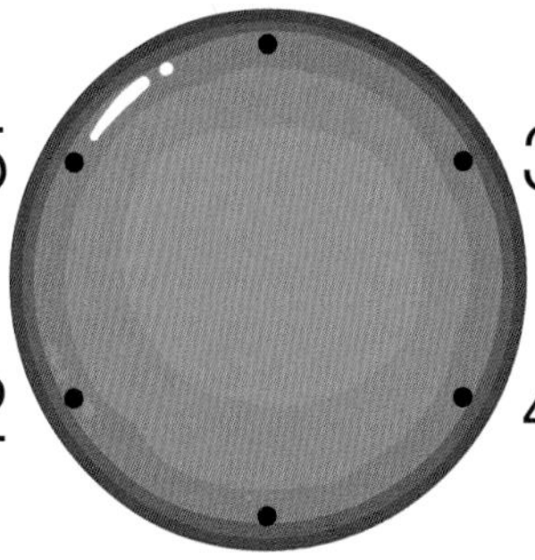

6×2 48

12

07 6단 구구단 (연습)

6단을 확실히 외웠는지 점검하세요.

6×1	6×2	6×3	6×4	6×5	6×6	6×7	6×8	6×9
6								

+6 +6 +6 +6 +6 +6 +6 +6

6×9	6×8	6×7	6×6	6×5	6×4	6×3	6×2	6×1
54								

−6 −6 −6 −6 −6 −6 −6 −6

빈칸에 두 수의 곱을 써넣으세요.

6, 7 → □

6, 6 → □

6, 4 → □

6, 8 → □

6, 1 → □

6, 5 → □

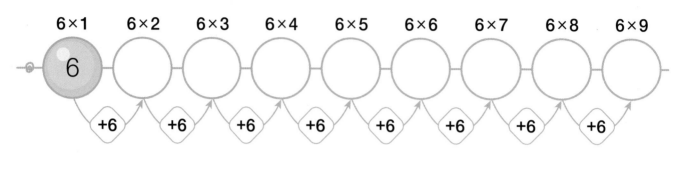

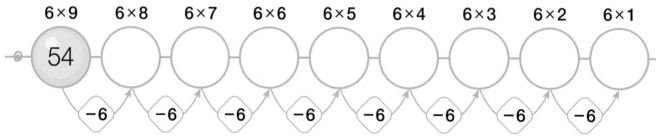

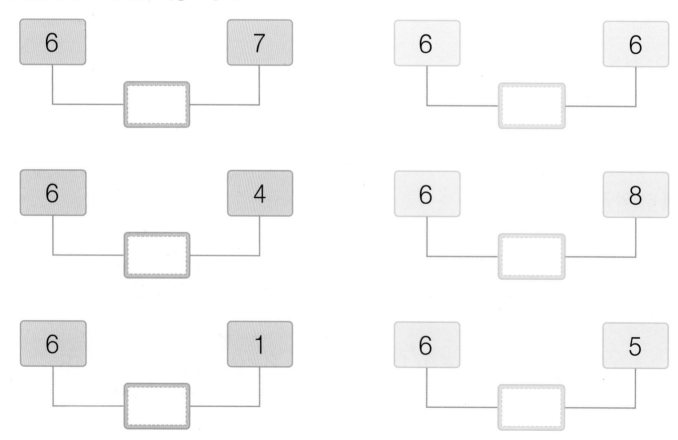

정답 8쪽

수직선을 보고 올바른 6단 곱셈식을 쓰세요.

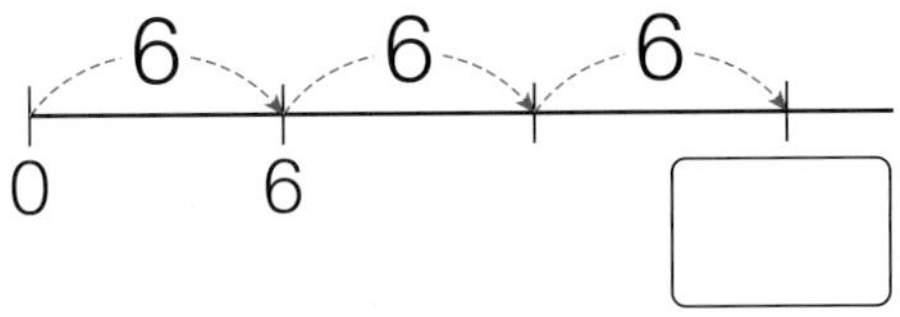

6×☐=☐

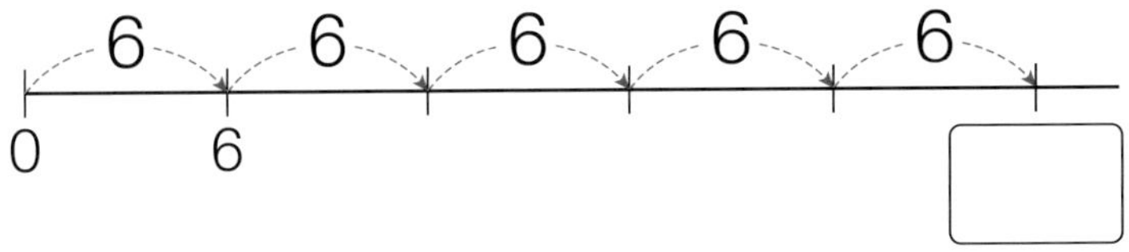

6×☐=☐

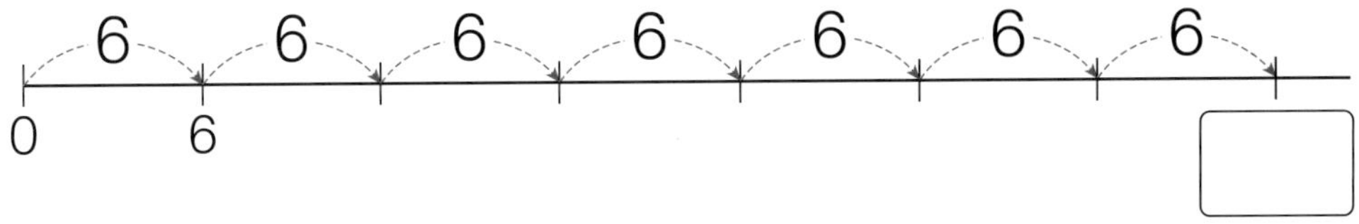

6×☐=☐

올바른 곱셈식이 되도록 길을 따라 가세요.

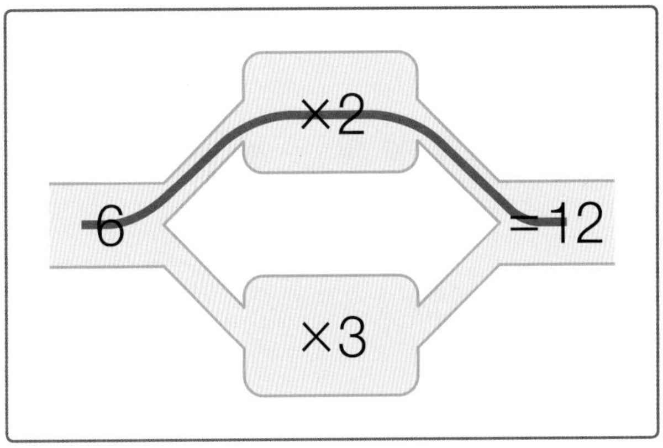

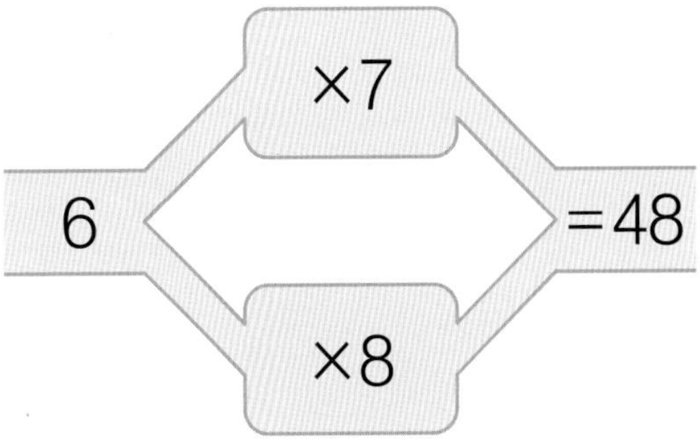

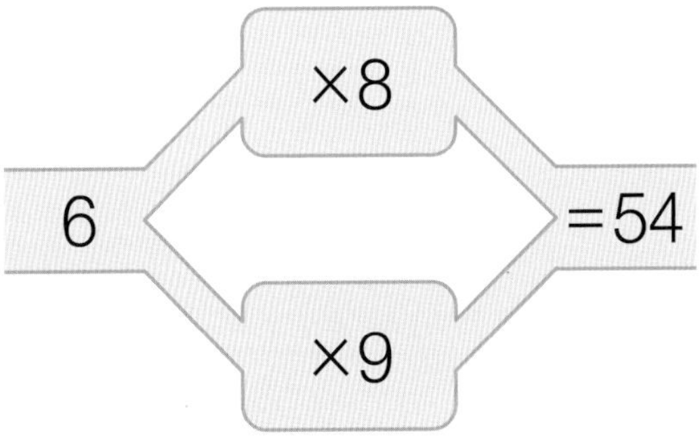

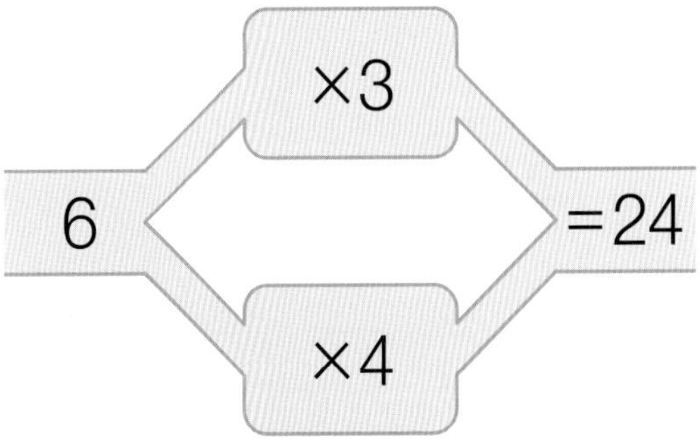

■ 더 큰 수에 ○표 하세요.

6×7	40
6×5	35
6×6	40
5	6×1
55	6×9
45	6×8

■ 그림을 보고 □ 안에 알맞은 수를 써넣으세요.

6×□=□

6×□=□

6×□=□

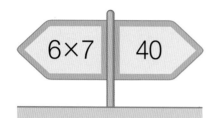

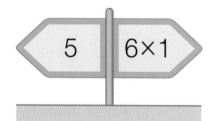

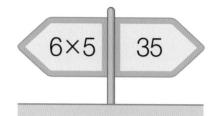

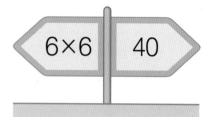

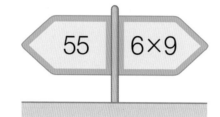

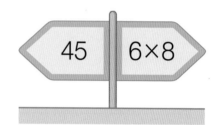

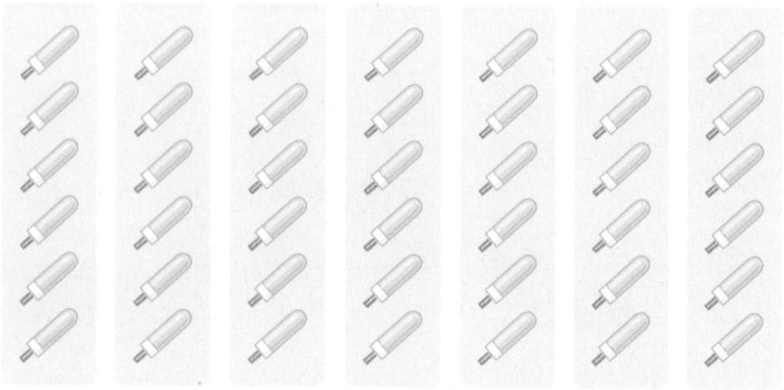

6×□=□

열쇠의 번호를 구하고, 열쇠로 열 수 있는 사물함을 찾아 ○표 하세요.

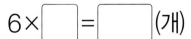

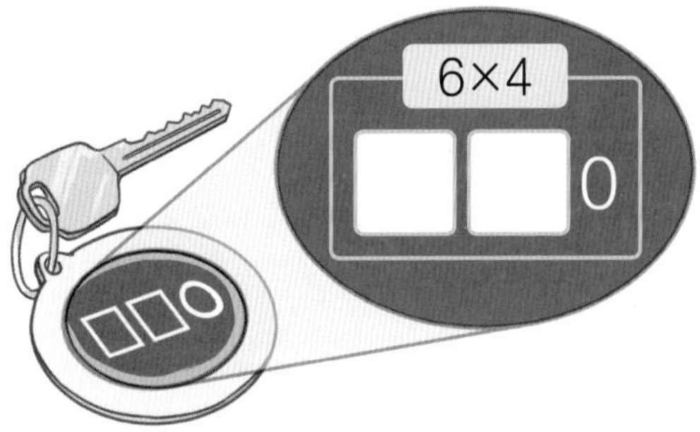

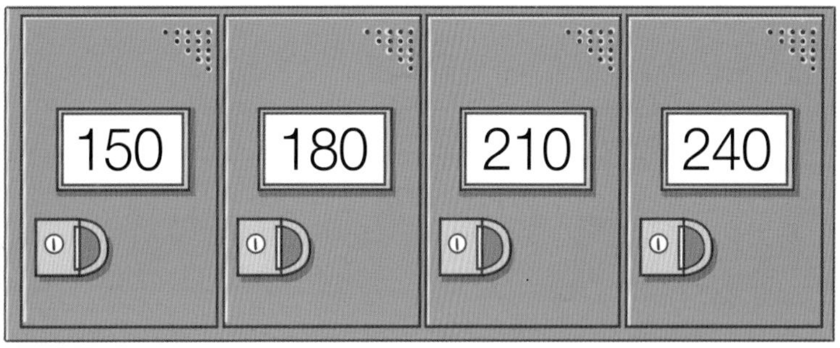

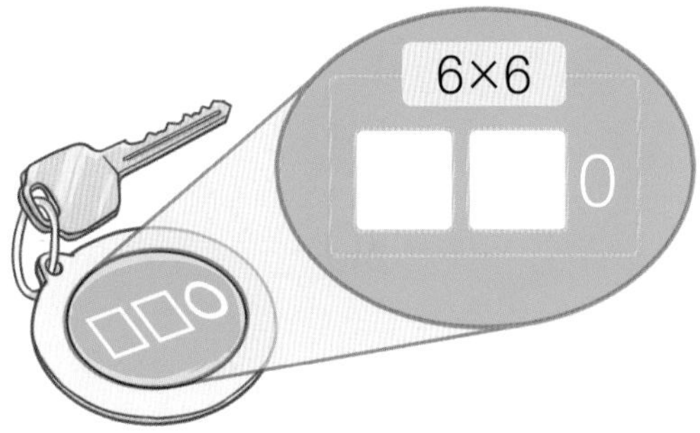

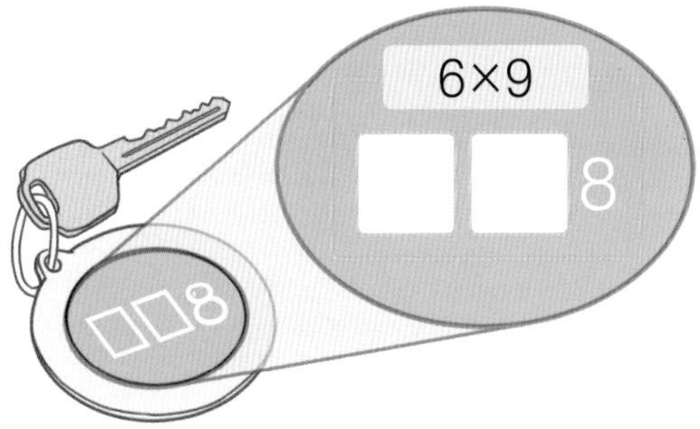

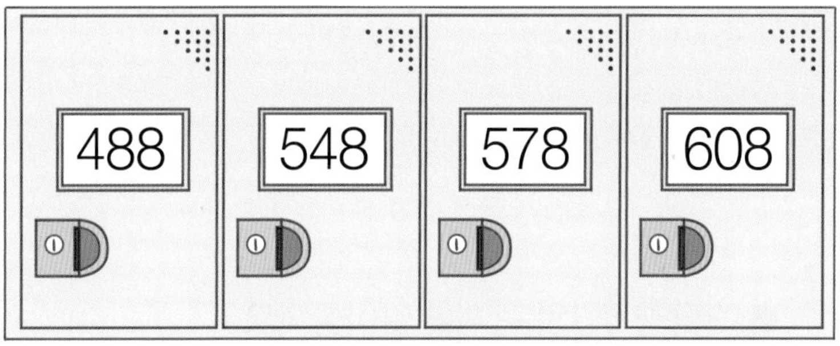

만두는 모두 몇 개인가요?

6×□=□(개)

6×□=□(개)

08 3단, 6단 한 번 더!

● **3단과 6단을 완성해 볼까요?**

3단	**6단**

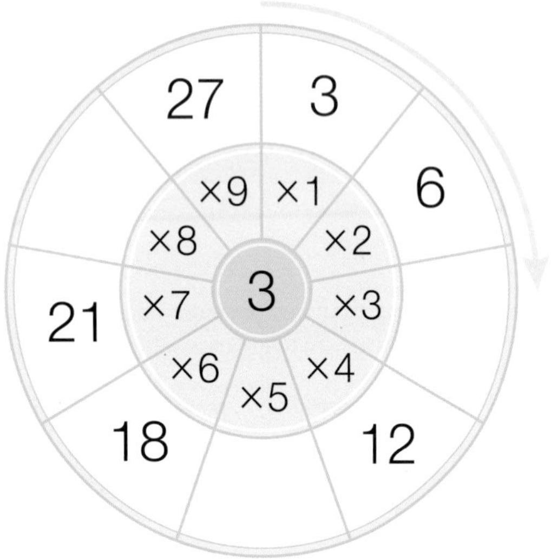

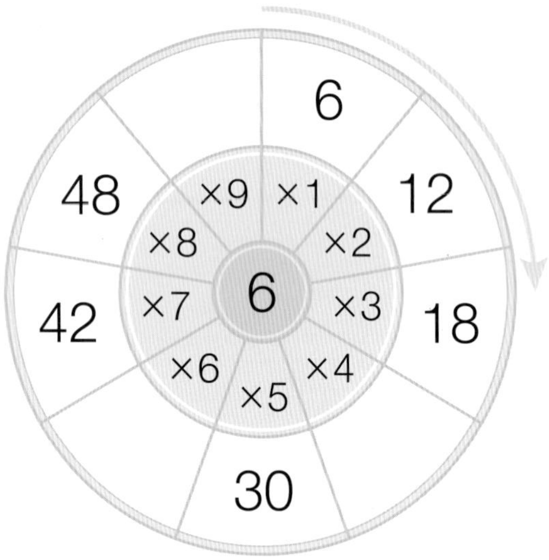

3단은 곱이 ☐씩 커집니다.

6단은 곱이 ☐씩 커집니다.

● **3단과 6단의 관계를 알아볼까요?**

6씩 1번 뛰어 센 수는 3씩 2번 뛰어 센 수와 같습니다.

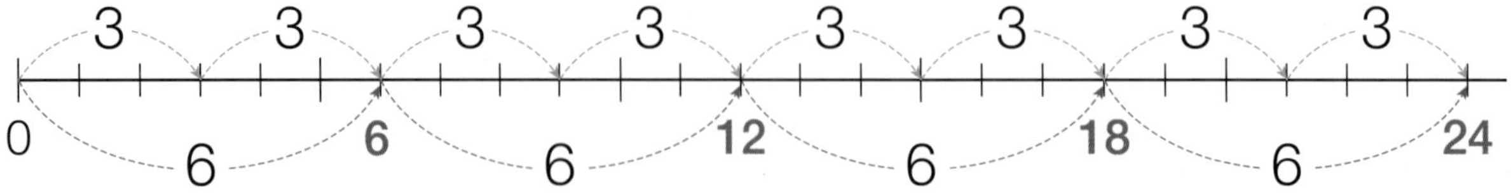

3×2=**6**
↑2배
6×1=**6**

3×4=**12**
↑2배
6×2=**12**

3×☐=**18**
↑2배
6× 3 =**18**

3×☐=**24**
↑2배
6× 4 =**24**

▌▢ 안에 알맞은 수를 써넣으세요.

$3\times7=\square$	$6\times6=\square$	$3\times3=\square$
$6\times3=\square$	$3\times4=\square$	$6\times5=\square$
$3\times5=\square$	$6\times8=\square$	$3\times8=\square$
$6\times1=\square$	$3\times9=\square$	$6\times9=\square$
$3\times2=\square$	$6\times7=\square$	$3\times6=\square$

▌▢ 안에 알맞은 수를 써넣으세요.

$6\times\square=42$	$3\times\square=24$	$6\times\square=24$
$3\times\square=9$	$6\times\square=54$	$3\times\square=6$
$6\times\square=12$	$3\times\square=12$	$6\times\square=48$
$3\times\square=27$	$6\times\square=36$	$3\times\square=15$
$6\times\square=30$	$3\times\square=3$	$6\times\square=18$

08 3단, 6단 한 번 더!

올바른 곱을 찾아 ○표 하세요.

3×5		
13	15	17

6×2		
12	14	16

3×9		
23	25	27

6×9		
54	56	58

3×6		
14	16	18

6×6		
34	36	38

빈칸에 알맞은 수를 써넣으세요.

3 — ×8 → □
3 — ×3 → □

6 — ×4 → □
6 — ×7 → □

6 — ×□ → 30
6 — ×□ → 48

3 — ×□ → 21
3 — ×□ → 12

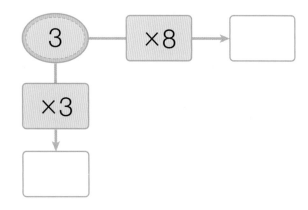

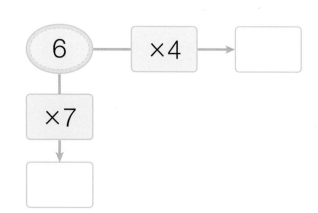

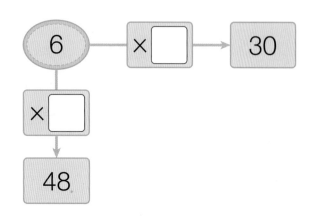

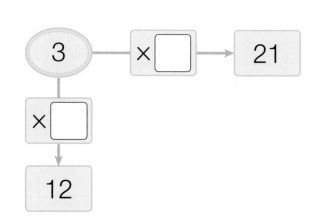

정답 9쪽

3단의 곱을 모두 찾아 색칠하고, 6단의 곱을 모두 찾아 ○표 하세요.

1	2	3	4	5	6	7	8	9	10
11	12	13	14	15	16	17	18	19	20
21	22	23	24	25	26	27	28	29	(30)

0부터 시작하여 각 단의 일의 자리 숫자를 차례대로 이으세요.

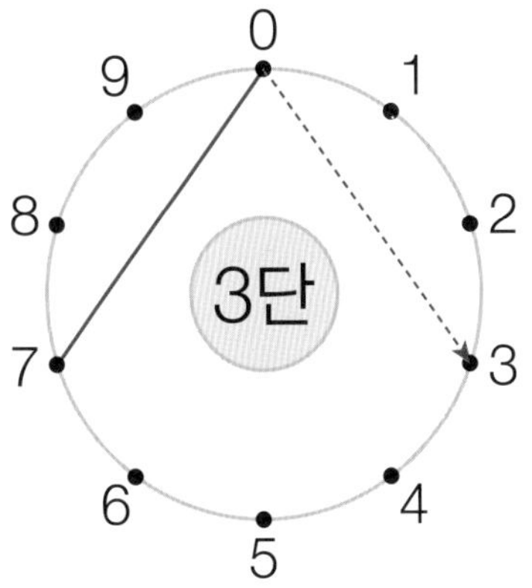

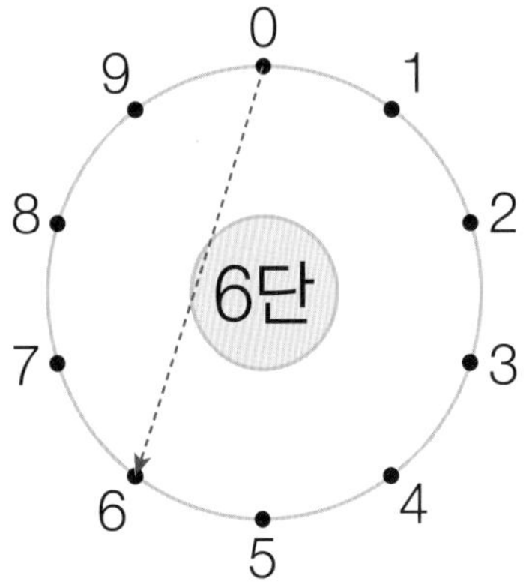

✿ 안의 수가 3단과 6단의 곱이 되도록 □ 안에 알맞은 수를 써넣으세요.

12

$3\times\square=12$

$6\times\square=12$

18

$3\times\square=18$

$6\times\square=18$

24

$3\times\square=24$

$6\times\square=24$

09 확인 2단, 5단, 3단, 6단 평가

▌▢ 안에 알맞은 수를 써넣으세요.

$3\times1=\square$　$5\times3=\square$　$2\times2=\square$

$6\times4=\square$　$3\times4=\square$　$3\times9=\square$

$2\times8=\square$　$6\times9=\square$　$6\times7=\square$

$5\times1=\square$　$2\times6=\square$　$5\times8=\square$

$3\times8=\square$　$5\times4=\square$　$2\times3=\square$

▌▢ 안에 알맞은 수를 써넣으세요.

$5\times\square=25$　$3\times\square=18$　$6\times\square=30$

$6\times\square=12$　$2\times\square=10$　$3\times\square=15$

$2\times\square=14$　$5\times\square=35$　$2\times\square=8$

$3\times\square=9$　$6\times\square=48$　$5\times\square=10$

$5\times\square=45$　$3\times\square=21$　$6\times\square=36$

▌빈칸에 알맞은 수를 써넣으세요.

×6
| 2 | → | □ |
| 5 | → | □ |

×3
| 6 | → | □ |
| 3 | → | □ |

×□
| 3 | → | 6 |
| 5 | → | □ |

×□
| 6 | → | 54 |
| 2 | → | □ |

▌주어진 단의 곱이 아닌 것을 찾아 ×표 하세요.

2단: 10, 16, 9, 6

6단: 42, 30, 6, 28

3단: 6, 17, 21, 3

5단: 15, 23, 40, 45

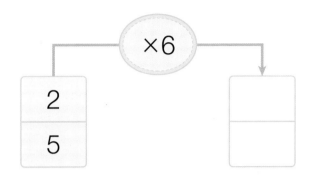

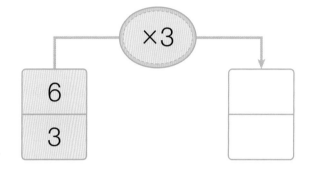

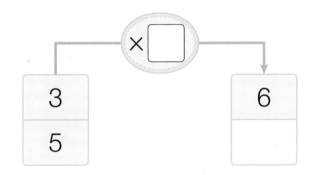

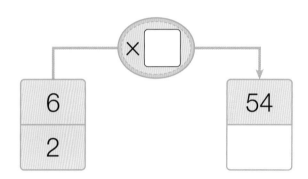

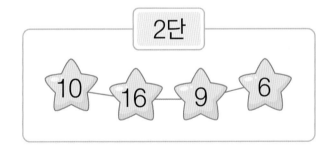

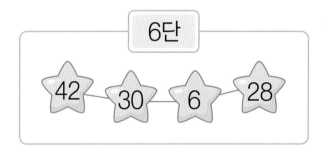

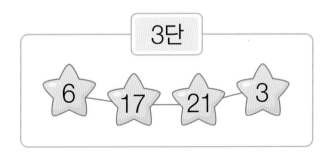

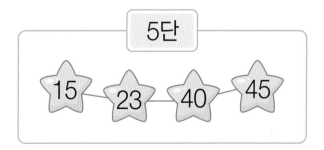

09 확인 2단, 5단, 3단, 6단 평가

■ 보보의 편지를 읽고 물음에 답하세요.

안녕? 나는 보보라고 해.

난 초능력 아파트 5×5층에 살고 있어.

오늘은 친구들과 대형 마트에 가서 먹을거리를 구경했어.

한 봉지에 3개짜리 사탕을 7봉지 사서 기분이 좋았어.

그런데 사탕이 너무 맛있어서 2×2개를 한입에 넣었다가

엄마께 무척 혼이 났어.

보보는 몇 층에 살고 있나요?	□층
보보는 사탕을 몇 개 샀나요?	□개
보보는 한입에 사탕을 몇 개 넣었나요?	□개

■ 색연필은 모두 몇 자루인가요?

□×□=□(자루)

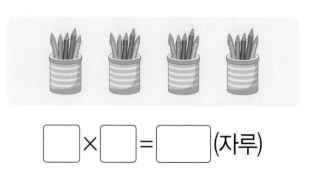

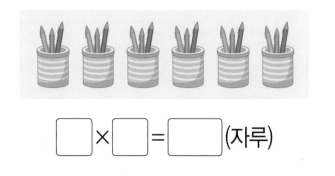

□×□=□(자루)

정답 10쪽

올바른 곱이 적힌 길을 따라가 도착하게 되는 집을 찾아보세요.

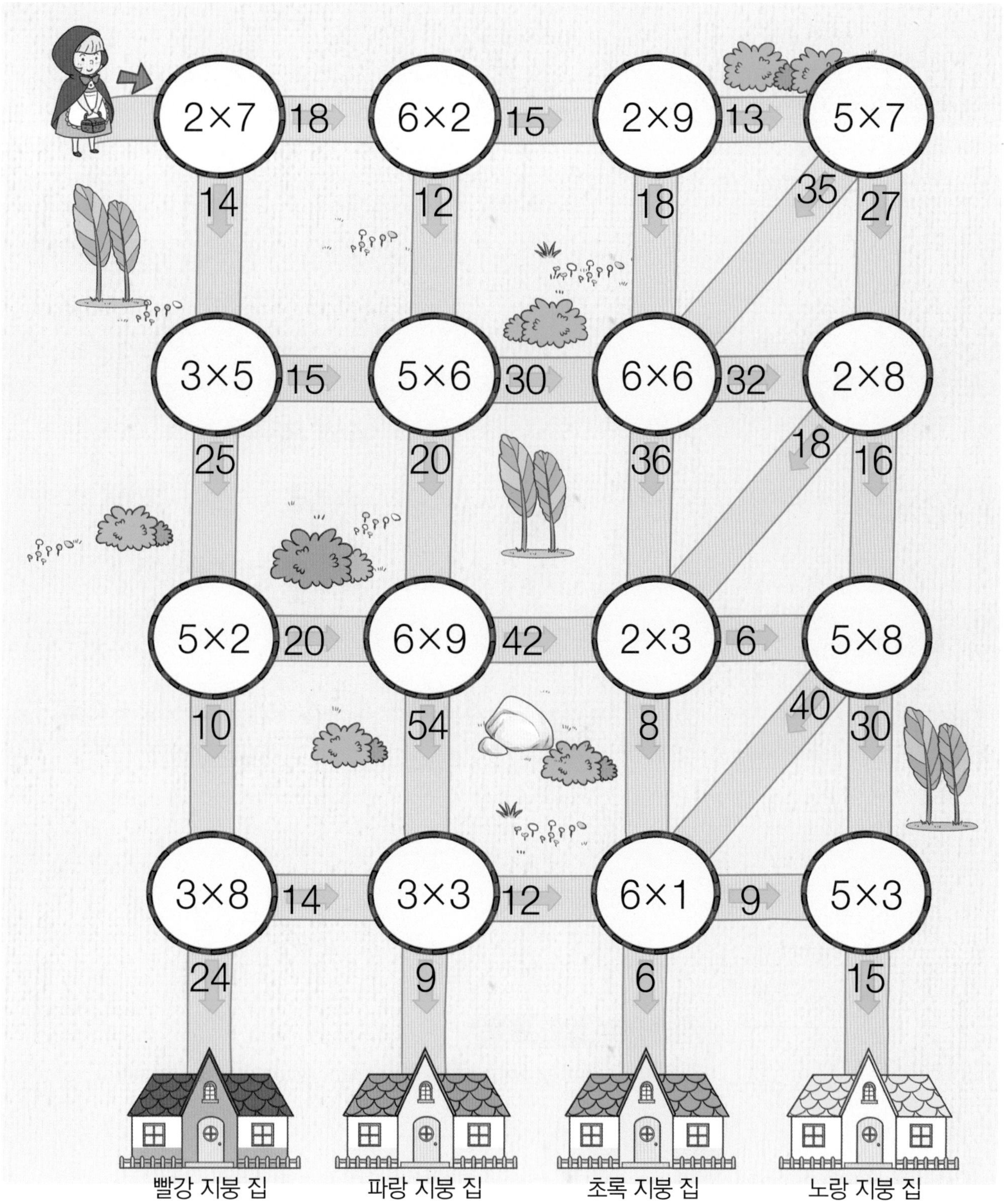

도착하게 되는 집은 ☐ 지붕 집입니다.

10 4단 구구단

1분도 안 걸리는
6단 복습

6×3=□

6×5=□

6×7=□

6×4=□

6×1=□

6×8=□

6×6=□

6×2=□

6×9=□

● **네잎클로버의 잎 수를 알아볼까요?**

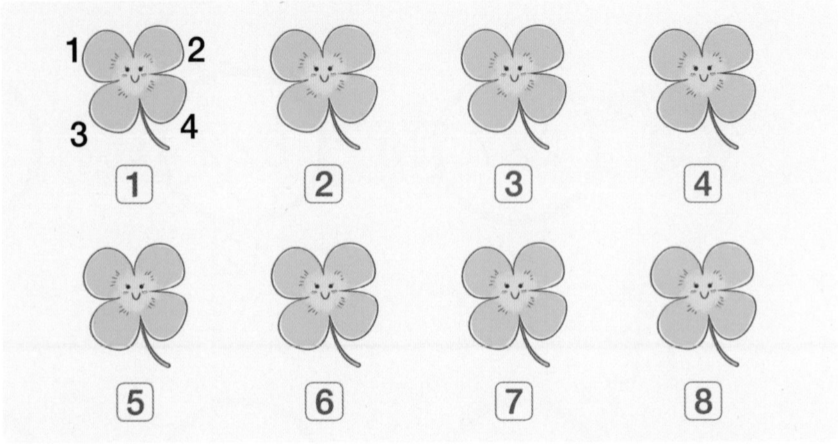

4씩 **8**묶음

↓

4를 8 번 더하기

↓

4+4+4+4+4+4+4+4=32

└──── □번 ────┘

↓

4×□=32

이것도 알면 좋아

4는 5−1과 같으므로 4×★은 5씩 뛰어 세기를 이용할 수 있어요.

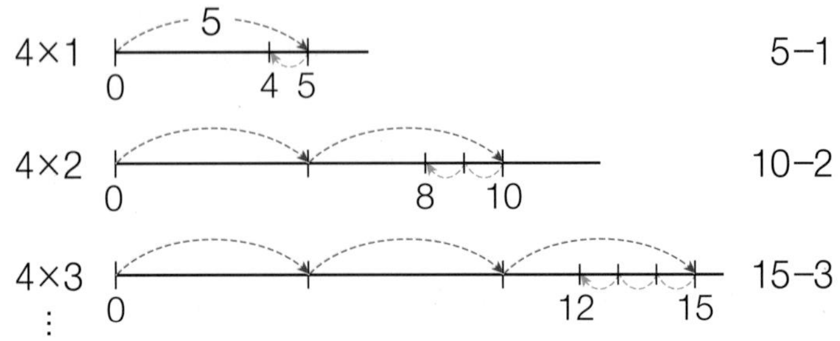

정답 10쪽

4단의 곱이 4씩 커져!

노래로 외우는 4단

덧셈식	4단
4	4×1= 4 (사 일은)
4 + **4** = 8	4×2= 8 (사 이)
4 + 4 **+ 4** = □	4×3= □ (사 삼)
4 + 4 + 4 **+ 4** = □	4×4= □ (사 사)
4 + 4 + 4 + 4 **+ 4** = □	4×5= □ (사 오)
4 + 4 + 4 + 4 + 4 **+ 4** = □	4×6= □ (사 육)
4 + 4 + 4 + 4 + 4 + 4 **+ 4** = □	4×7= □ (사 칠)
4 + 4 + 4 + 4 + 4 + 4 + 4 **+ 4** = □	4×8= □ (사 팔)
4 + 4 + 4 + 4 + 4 + 4 + 4 + 4 **+ 4** = □	4×9= □ (사 구)

+4 +4 +4 +4 +4 +4 +4 +4

10 4단 구구단 (암기)

▌4단을 외우고, 거꾸로 4단도 함께 외우세요.

4단	거꾸로 4단
4×1=☐	4×9=☐
+4	−4
4×2=☐	4×8=☐
+4	−4
4×3=☐	4×7=☐
+4	−4
4×4=☐	4×6=☐
+4	−4
4×5=☐	4×5=☐
+4	−4
4×6=☐	4×4=☐
+4	−4
4×7=☐	4×3=☐
+4	−4
4×8=☐	4×2=☐
+4	−4
4×9=☐	4×1=☐

▌4단의 곱을 ○ 안에 차례대로 써넣으세요.

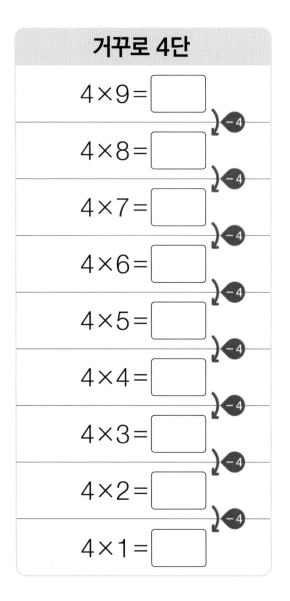

정답 10쪽

■ **4단을 3개씩 끊어서 외우세요.**

$4\times1=\square$	$4\times4=\square$	$4\times7=\square$
$4\times2=\square$	$4\times5=\square$	$4\times8=\square$
$4\times3=\square$	$4\times6=\square$	$4\times9=\square$

■ **4단을 잘 외웠는지 확인하세요.**

$4\times6=\square$	$4\times3=\square$	$4\times7=\square$
$4\times2=\square$	$4\times8=\square$	$4\times1=\square$
$4\times9=\square$	$4\times5=\square$	$4\times4=\square$

■ **4단의 곱을 찾아 이으세요.**

4×5 •	• 32	4×4 •	• 8
4×3 •	• 12	4×2 •	• 16
4×8 •	• 20	4×7 •	• 28

■ 4단을 확실히 외웠는지 점검하세요.

4×1	4×2	4×3	4×4	4×5	4×6	4×7	4×8	4×9
4								

+4 +4 +4 +4 +4 +4 +4 +4

4×9	4×8	4×7	4×6	4×5	4×4	4×3	4×2	4×1
36								

−4 −4 −4 −4 −4 −4 −4 −4

■ 빈칸에 알맞은 수를 써넣으세요.

4 → ×4 → ☐

4 → ×9 → ☐

4 → ×7 → ☐

4 → ×2 → ☐

4 → ×5 → ☐

4 → ×8 → ☐

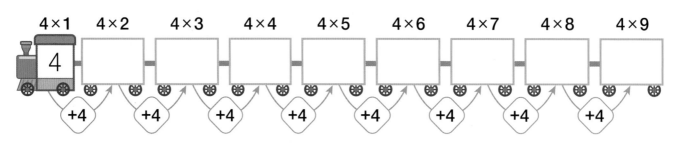

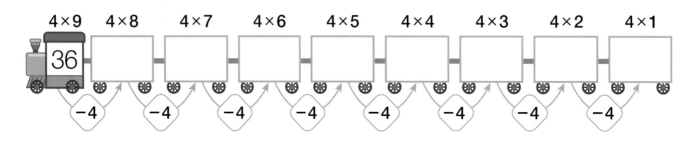

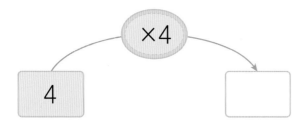

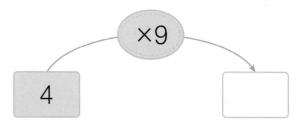

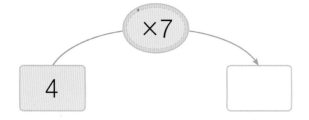

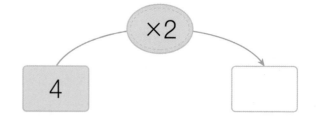

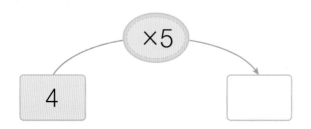

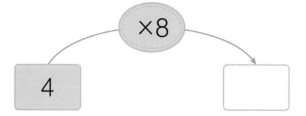

정답 11쪽

■ 막대의 길이를 보고 올바른 4단 곱셈식을 쓰세요.

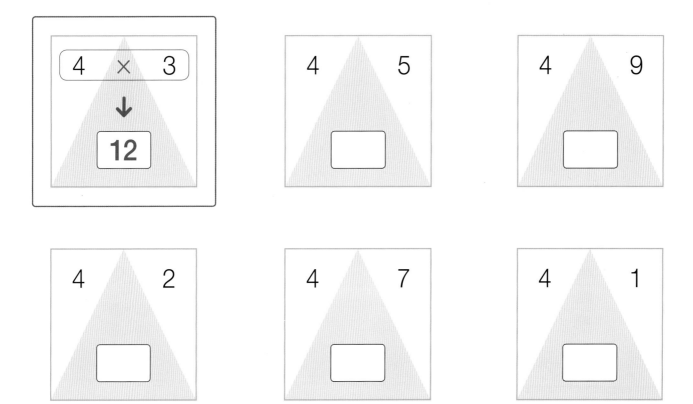

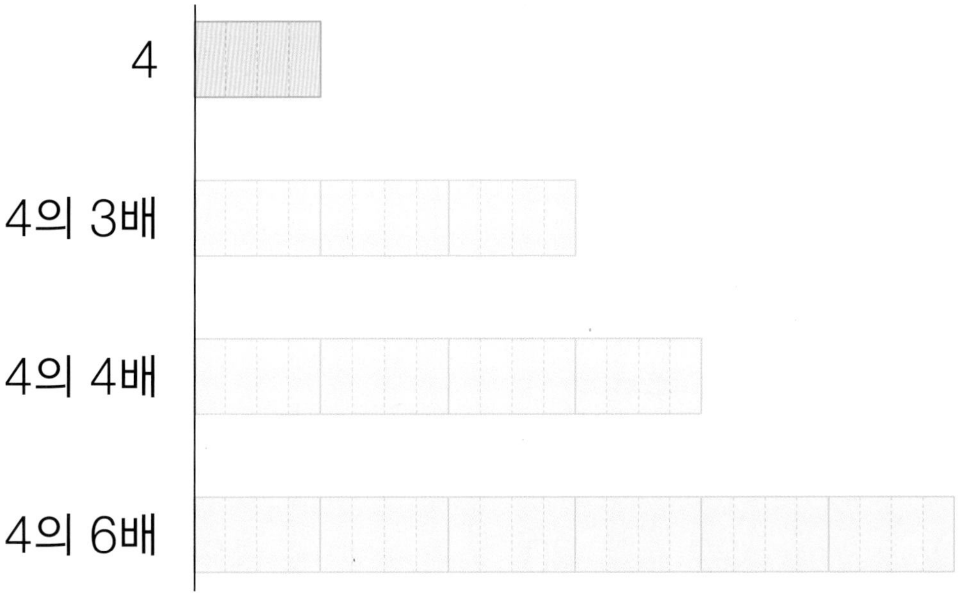

4의 3배: $4 \times \square = \square$

4의 4배: $4 \times \square = \square$

4의 6배: $4 \times \square = \square$

■ 규칙에 따라 □ 안에 알맞은 수를 써넣으세요.

(보기) 4 × 3 → 12

4, 5 → □

4, 9 → □

4, 2 → □

4, 7 → □

4, 1 → □

10 4단 구구단 (응용)

▌나비가 말하는 수에 ○표 하세요.

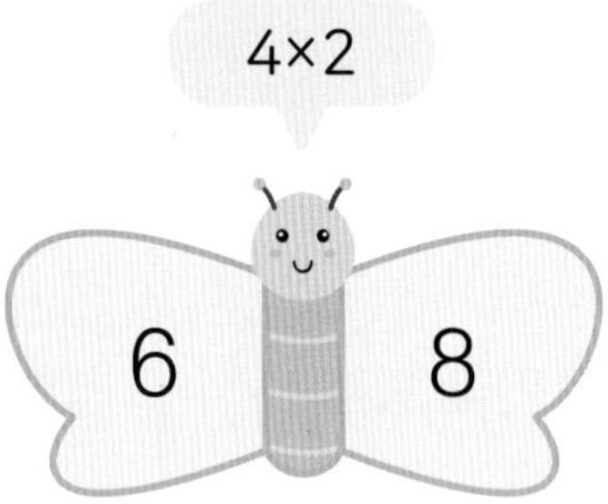

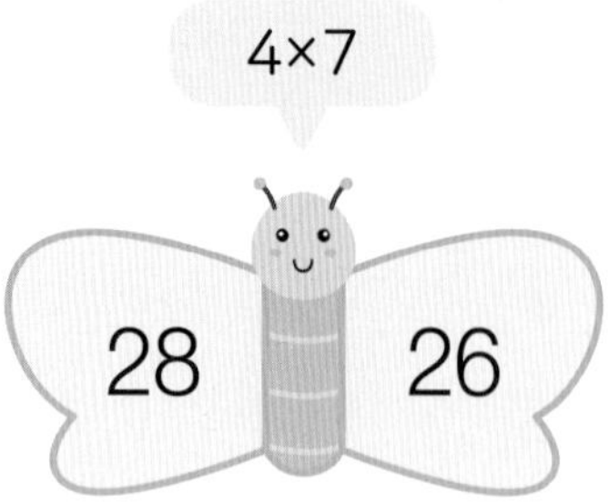

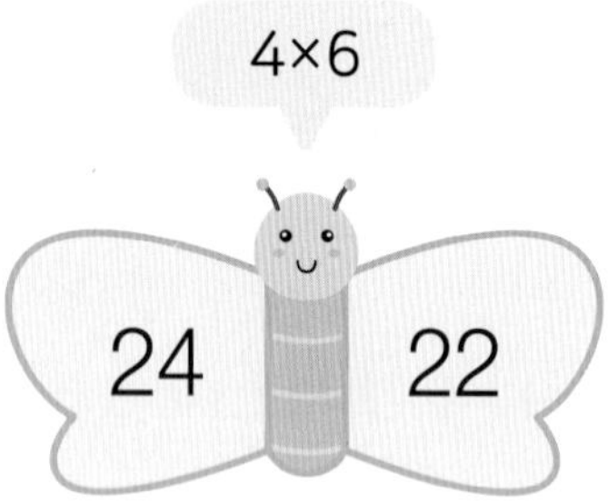

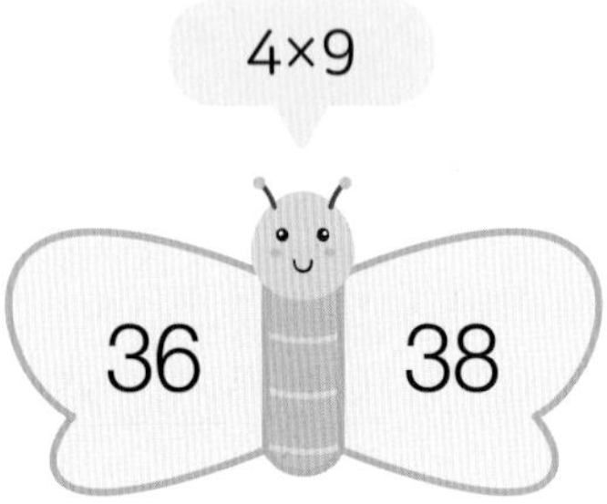

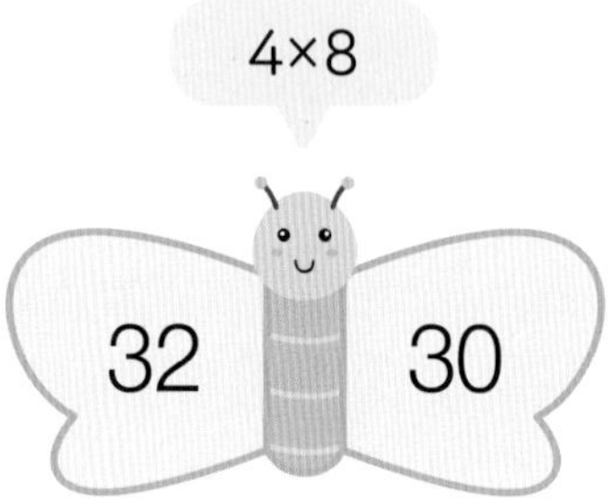

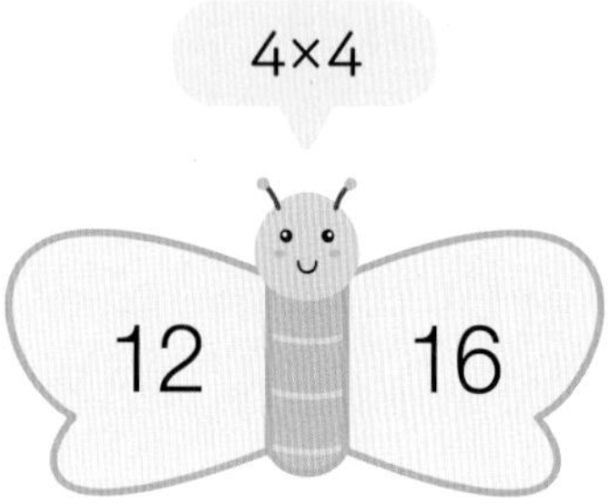

▌그림을 보고 ▢ 안에 알맞은 수를 써넣으세요.

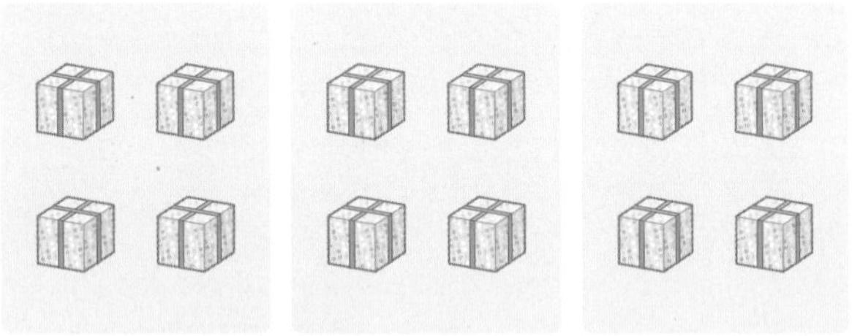

4×▢=▢

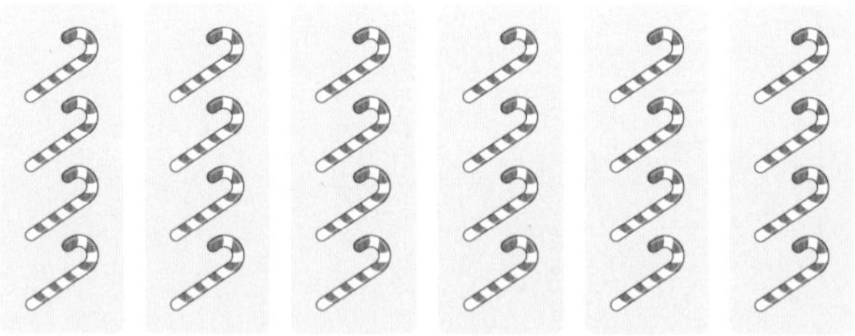

4×▢=▢

4×▢=▢

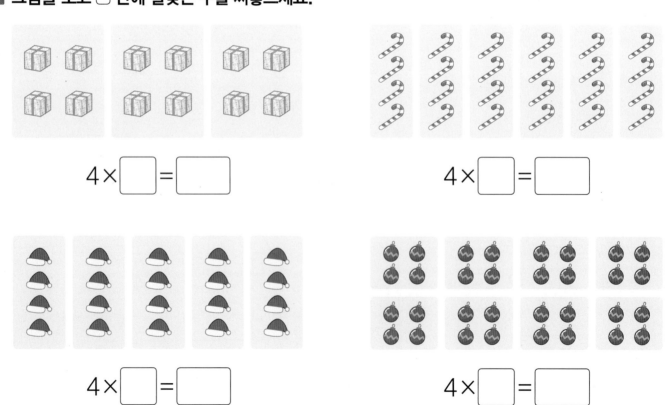

4×▢=▢

정답 11쪽

동물원에 각 동물의 다리가 모두 몇 개 있는지 알아볼까요?

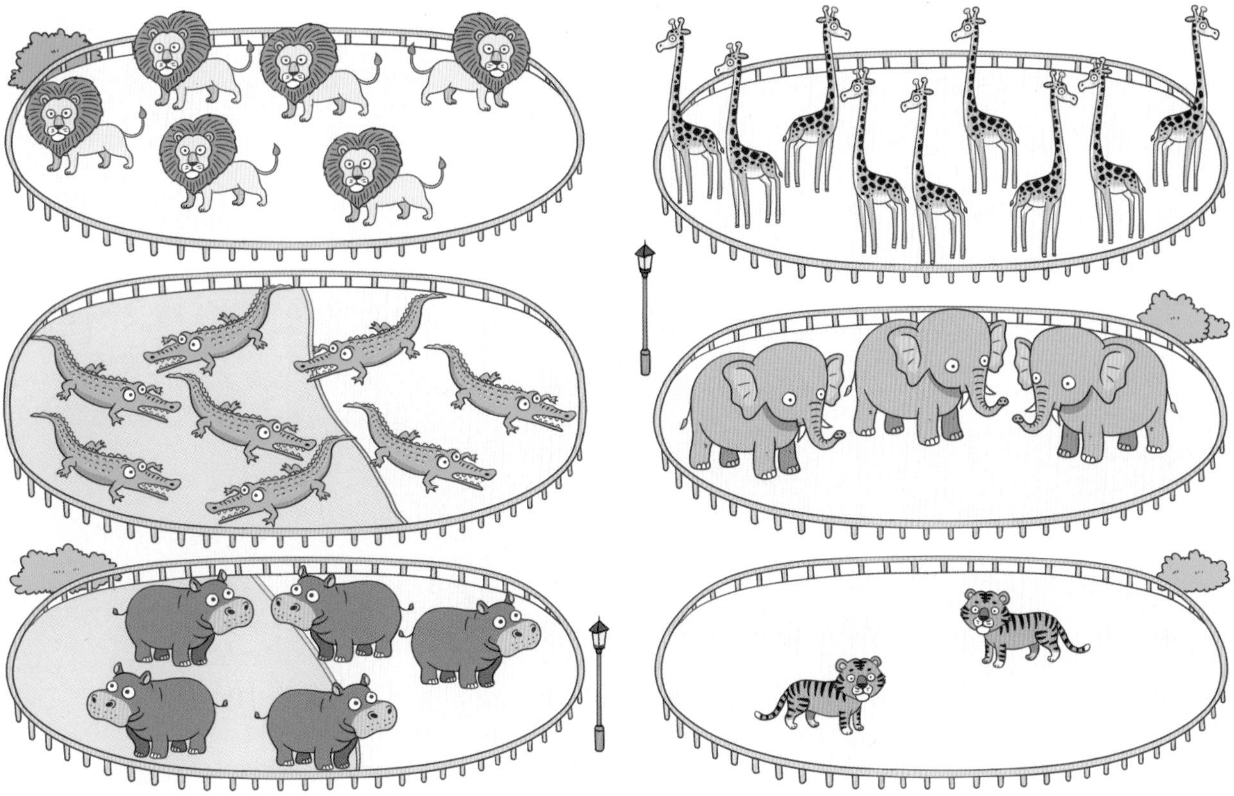

 : 4×☐=☐(개)	 : 4×☐=☐(개)
 : 4×☐=☐(개)	 : 4×☐=☐(개)
 : 4×☐=☐(개)	 : 4×☐=☐(개)

네잎클로버의 잎은 모두 몇 장인가요?

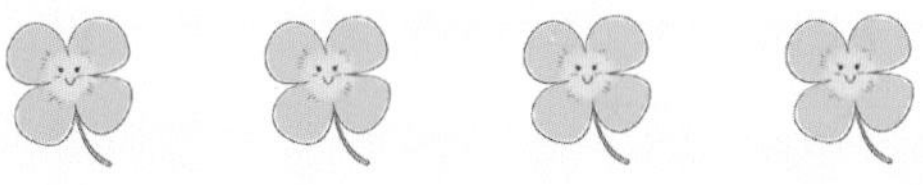

4×☐=☐(장)

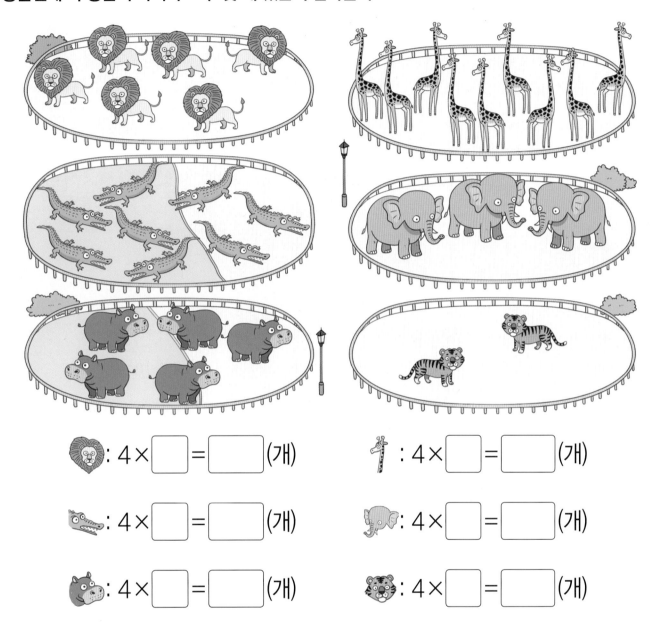

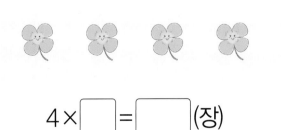

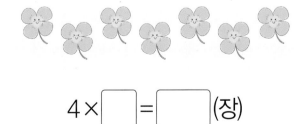

4×☐=☐(장)

11 8단 구구단

1분도 안 걸리는
4단 복습

4×3=☐

4×8=☐

4×2=☐

4×4=☐

4×7=☐

4×9=☐

4×6=☐

4×1=☐

4×5=☐

● **조각 케이크의 수를 알아볼까요?**

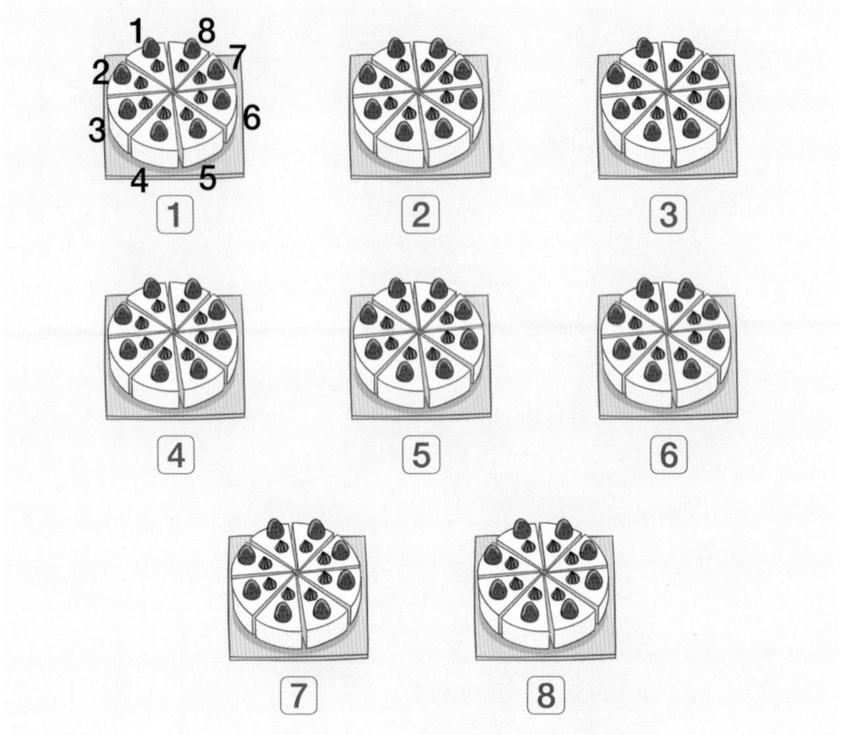

8씩 **8**묶음

↓

8을 8 번 더하기

↓

8+8+8+8+8+8+8+8=64

☐번

↓

8×☐=64

정답 11쪽

8단의 곱이 8씩 커져!

노래로 외우는 8단♪

덧셈식	8단
 8	8×1 = 8 (팔 일은)
 8 + **8** = 16	8×2 = 16 (팔 이)
 8 + 8 **+ 8** = □	8×3 = □ (팔 삼)
 8 + 8 + 8 **+ 8** = □	8×4 = □ (팔 사)
 8 + 8 + 8 + 8 **+ 8** = □	8×5 = □ (팔 오)
 8 + 8 + 8 + 8 + 8 **+ 8** = □	8×6 = □ (팔 육)
 8 + 8 + 8 + 8 + 8 + 8 **+ 8** = □	8×7 = □ (팔 칠)
 8 + 8 + 8 + 8 + 8 + 8 + 8 **+ 8** = □	8×8 = □ (팔 팔)
 8 + 8 + 8 + 8 + 8 + 8 + 8 + 8 **+ 8** = □	8×9 = □ (팔 구)

+8 +8 +8 +8 +8 +8 +8 +8

11 8단 구구단 (암기)

▌8단을 외우고, 거꾸로 8단도 함께 외우세요.

8단	거꾸로 8단
8×1=☐	8×9=☐
+8	−8
8×2=☐	8×8=☐
+8	−8
8×3=☐	8×7=☐
+8	−8
8×4=☐	8×6=☐
+8	−8
8×5=☐	8×5=☐
+8	−8
8×6=☐	8×4=☐
+8	−8
8×7=☐	8×3=☐
+8	−8
8×8=☐	8×2=☐
+8	−8
8×9=☐	8×1=☐

▌노란색을 따라가며 8단의 곱을 ☐ 안에 차례대로 써넣으세요.

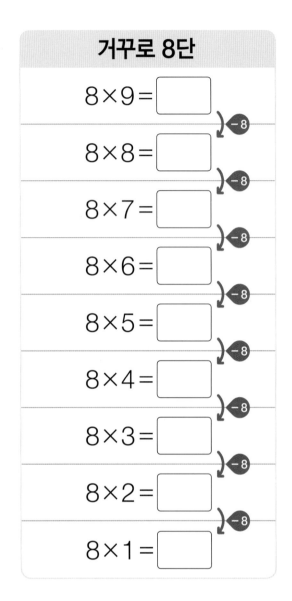

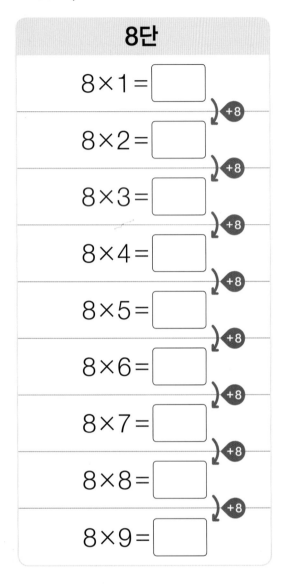

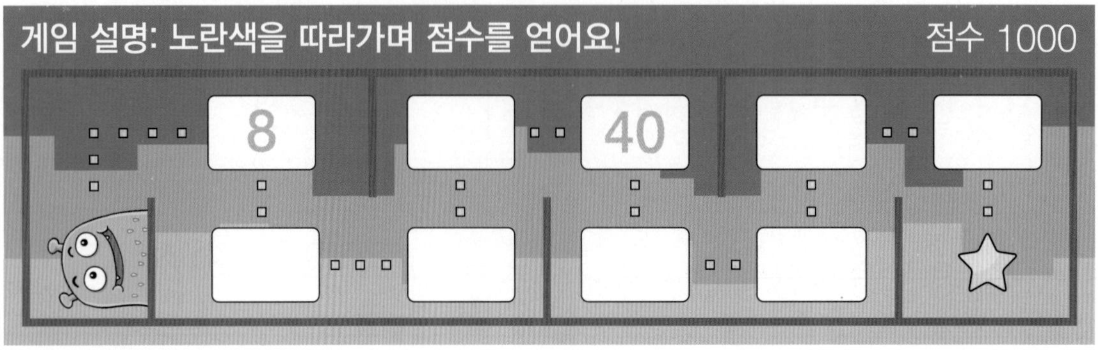

게임 설명: 노란색을 따라가며 점수를 얻어요!
점수 1000
8
40

정답 12쪽

8단을 3개씩 끊어서 외우세요.

$8\times1=\square$	$8\times4=\square$	$8\times7=\square$
$8\times2=\square$	$8\times5=\square$	$8\times8=\square$
$8\times3=\square$	$8\times6=\square$	$8\times9=\square$

8단을 잘 외웠는지 확인하세요.

$8\times3=\square$	$8\times7=\square$	$8\times2=\square$
$8\times5=\square$	$8\times1=\square$	$8\times9=\square$
$8\times8=\square$	$8\times6=\square$	$8\times4=\square$

8단의 곱을 찾아 이으세요.

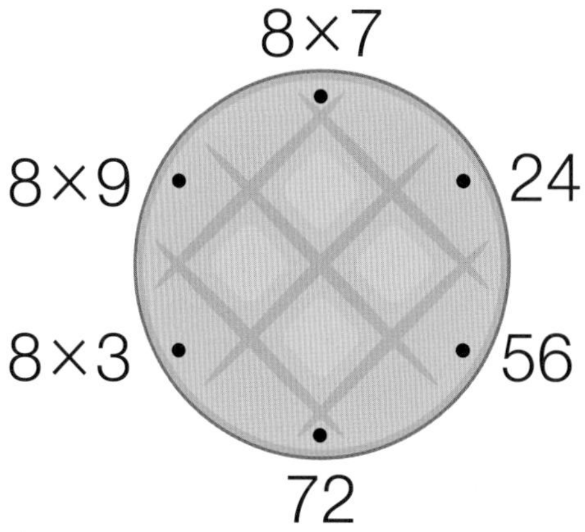

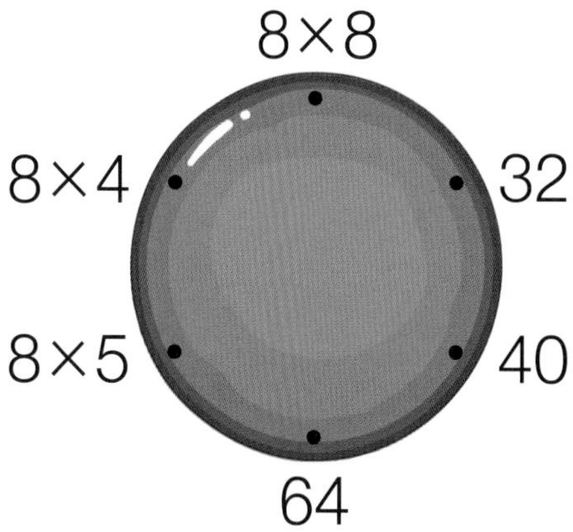

11 8단 구구단 연습

8단을 확실히 외웠는지 점검하세요.

8×1	8×2	8×3	8×4	8×5	8×6	8×7	8×8	8×9
8								

+8 +8 +8 +8 +8 +8 +8 +8

8×9	8×8	8×7	8×6	8×5	8×4	8×3	8×2	8×1
72								

−8 −8 −8 −8 −8 −8 −8 −8

빈칸에 두 수의 곱을 써넣으세요.

8	7	
8	2	
8	1	
8	9	
8	8	
8	5	

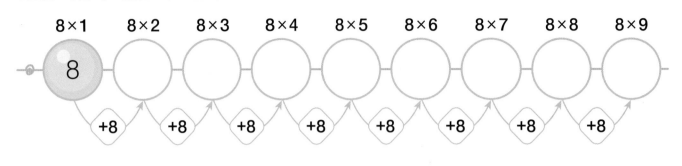

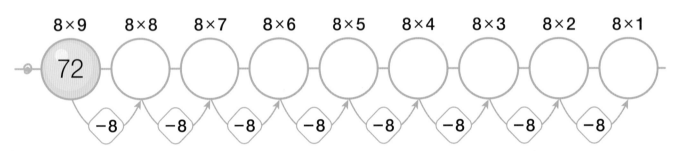

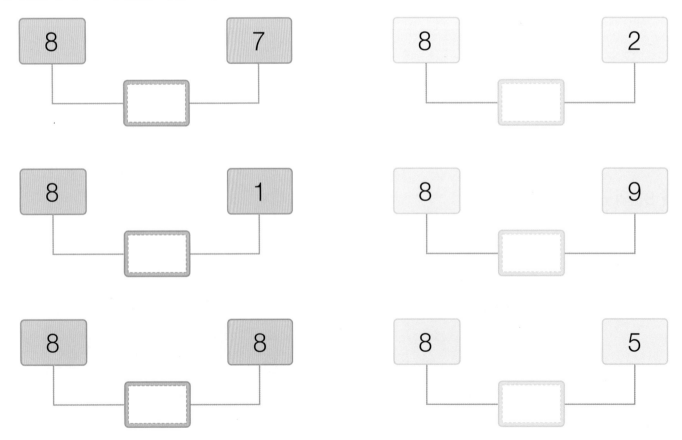

정답 12쪽

■ **수직선을 보고 올바른 8단 곱셈식을 쓰세요.**

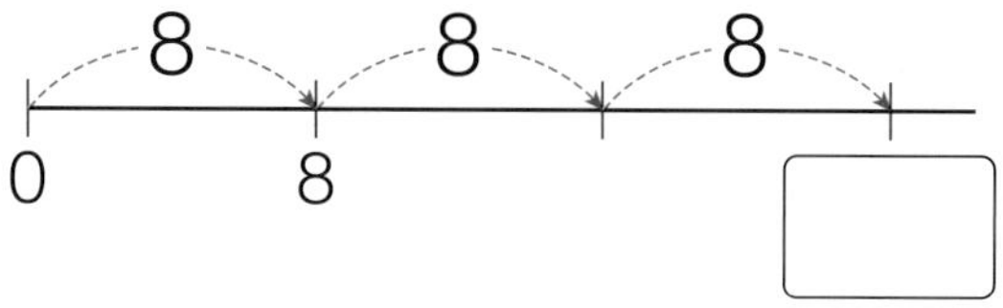

8×□=□

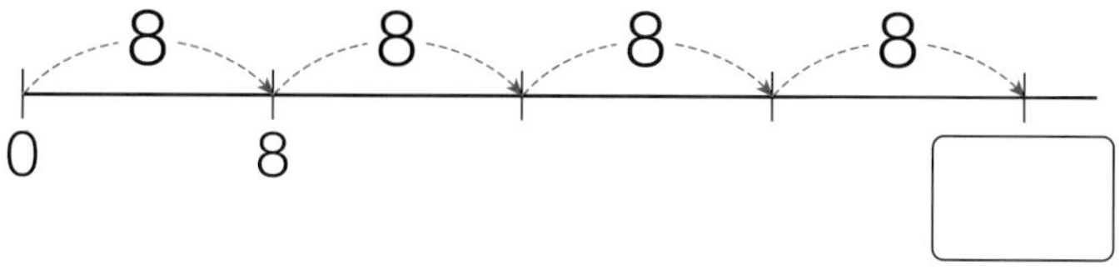

8×□=□

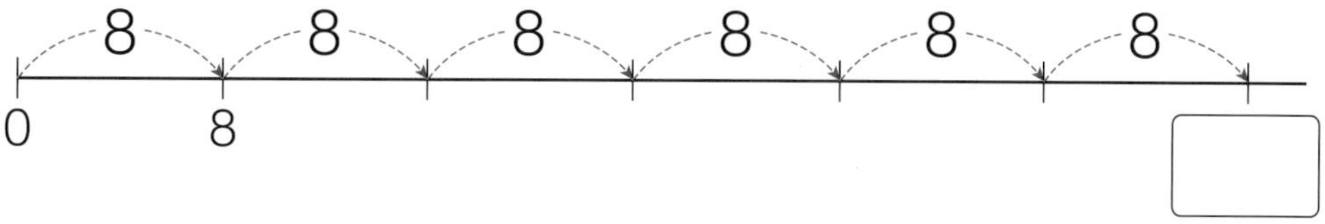

8×□=□

■ **올바른 곱셈식이 되도록 길을 따라 가세요.**

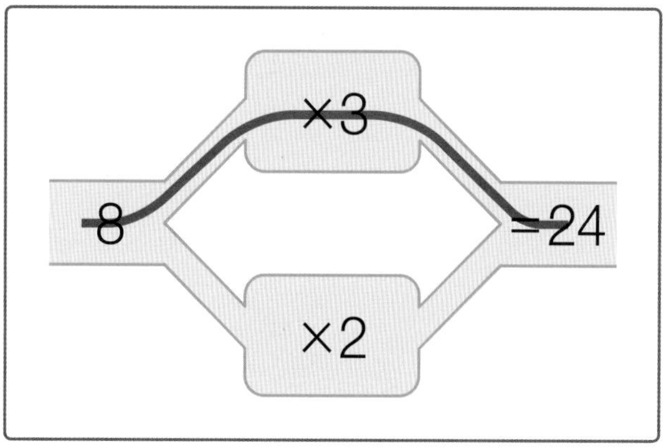

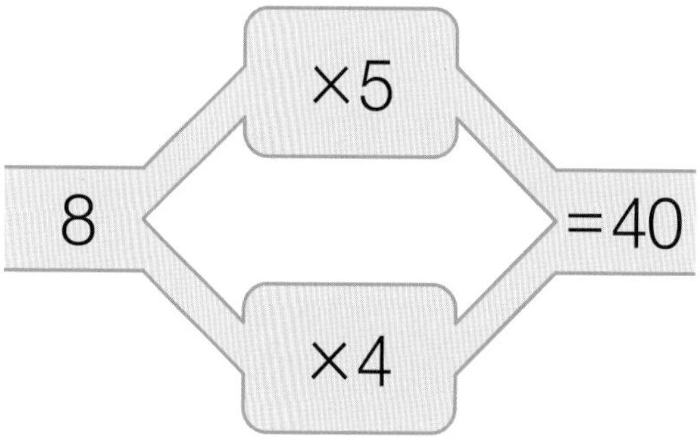

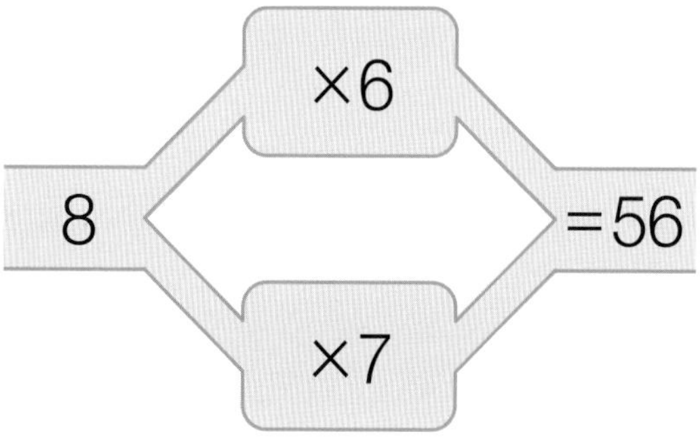

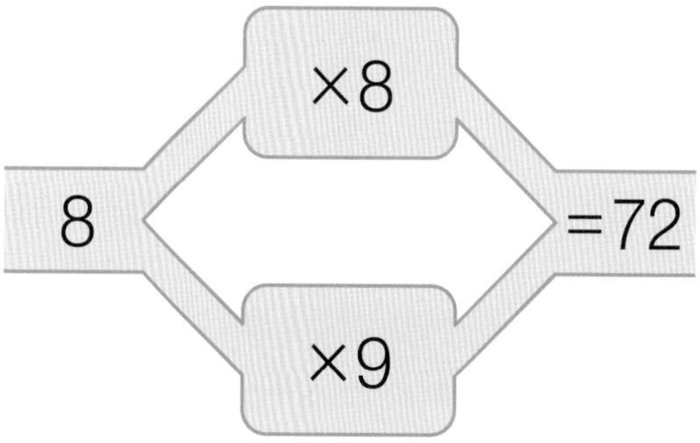

■ 더 큰 수에 ○표 하세요.

8×2 | 20

8×9 | 70

8×6 | 50

50 | 8×7

10 | 8×1

30 | 8×4

■ 그림을 보고 □ 안에 알맞은 수를 써넣으세요.

8×□=□

8×□=□

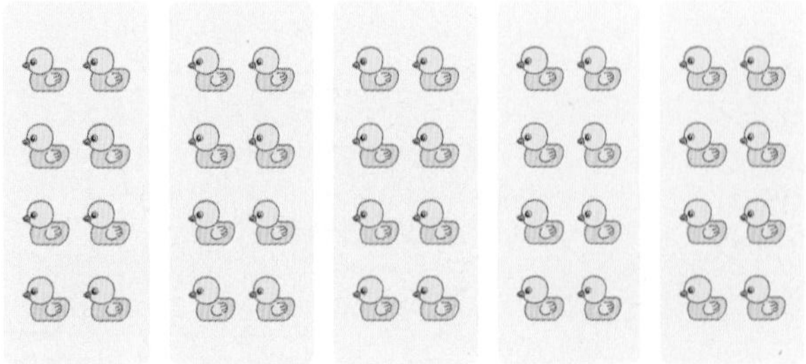

8×□=□

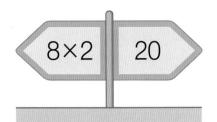

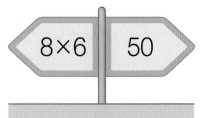

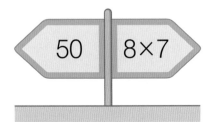

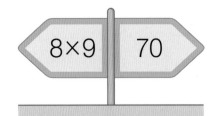

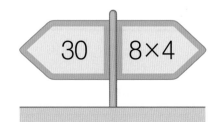

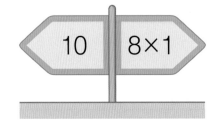

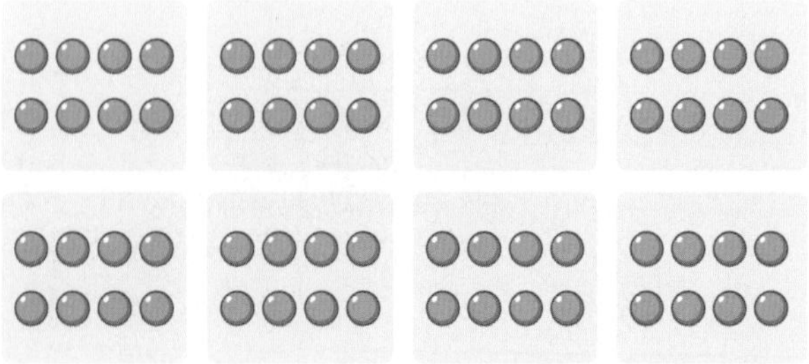

8×□=□

정답 12쪽

봉투에 적힌 주소를 구하고, 봉투를 넣어야 하는 우편함을 찾아 ○표 하세요.

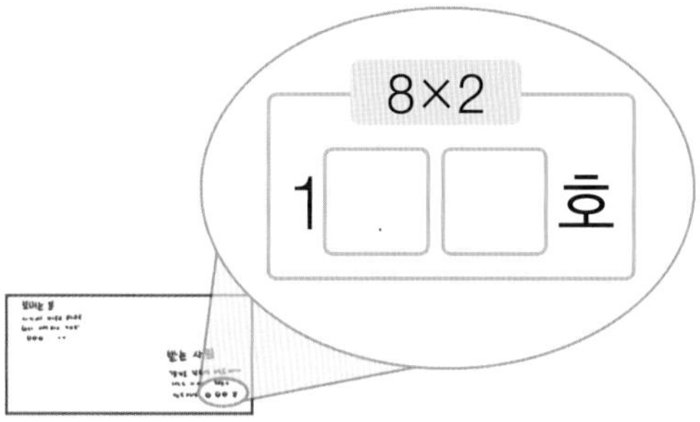

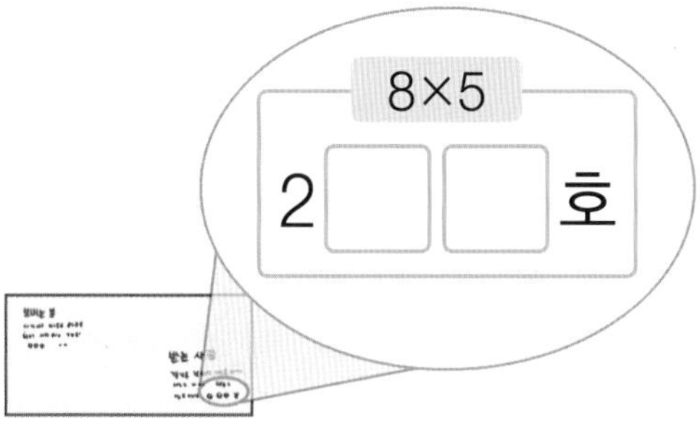

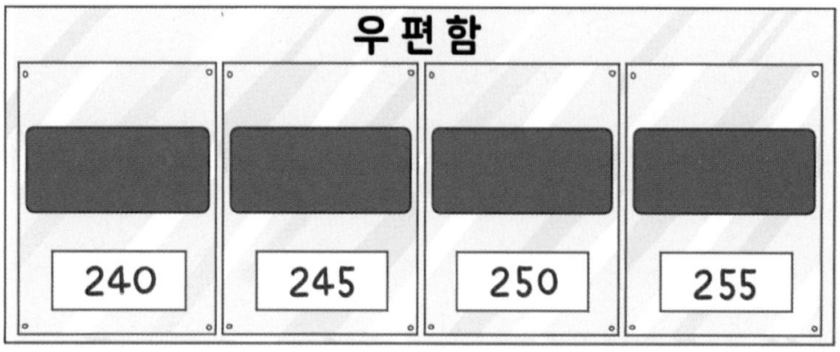

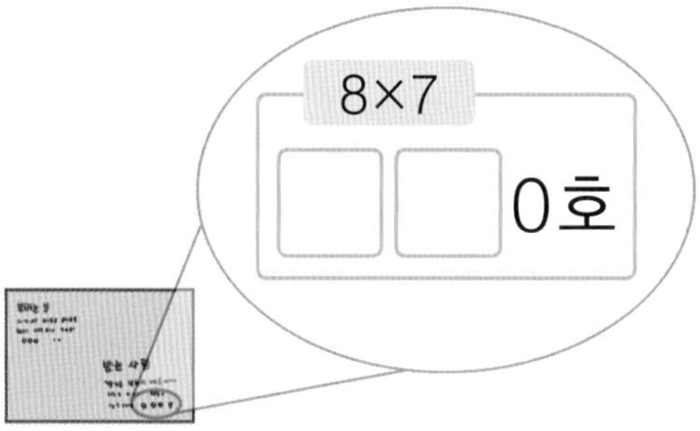

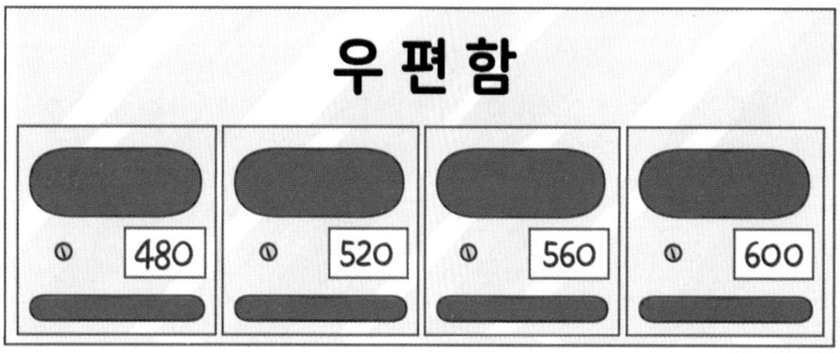

조각 케이크는 모두 몇 개인가요?

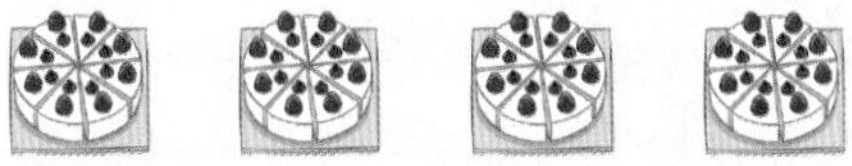

8×□=□(개)

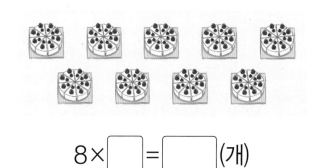

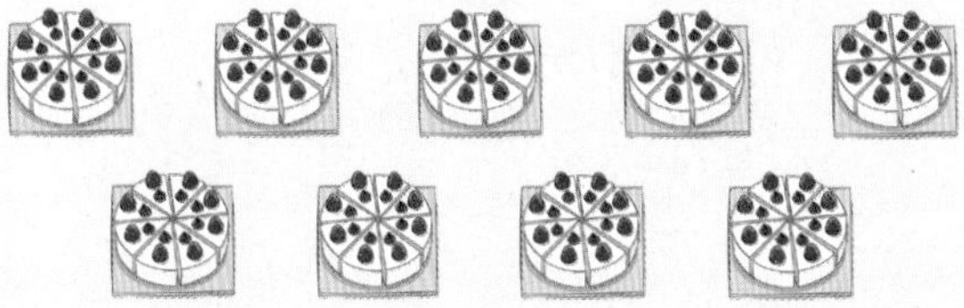

8×□=□(개)

12 4단, 8단 한 번 더!

● **4단과 8단을 완성해 볼까요?**

4단

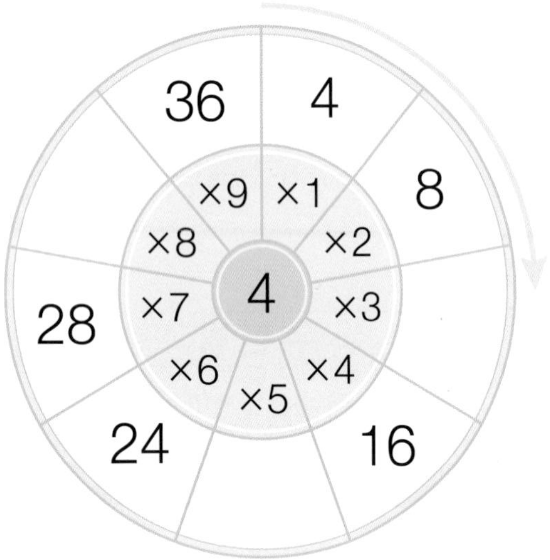

4단은 곱이 ☐씩 커집니다.

8단

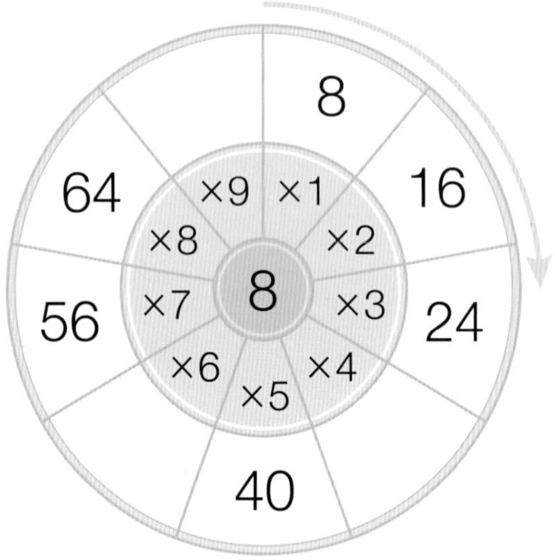

8단은 곱이 ☐씩 커집니다.

● **4단에서 곱의 일의 자리 숫자를 알아볼까요?**

4단 — 4, 8, 12, 16, 20, 24, 28, 32, 36

4단에서 곱의 일의 자리 숫자는 **4, 8,** ☐, **6, 0**이 반복됩니다.

● **8단에서 곱의 일의 자리 숫자를 알아볼까요?**

8단 — 8, 16, 24, 32, 40, 48, 56, 64, 72

8단에서 곱의 일의 자리 숫자는 **8, 6,** ☐, **2, 0**이 반복됩니다.

정답 13쪽

▢ 안에 알맞은 수를 써넣으세요.

$4\times4=\square$	$8\times5=\square$	$4\times8=\square$
$8\times7=\square$	$4\times6=\square$	$8\times9=\square$
$4\times9=\square$	$8\times8=\square$	$4\times5=\square$
$8\times2=\square$	$4\times1=\square$	$8\times6=\square$
$4\times3=\square$	$8\times3=\square$	$4\times2=\square$

▢ 안에 알맞은 수를 써넣으세요.

$8\times\square=48$	$4\times\square=20$	$8\times\square=64$
$4\times\square=12$	$8\times\square=72$	$4\times\square=16$
$8\times\square=32$	$4\times\square=32$	$8\times\square=40$
$4\times\square=28$	$8\times\square=8$	$4\times\square=36$
$8\times\square=24$	$4\times\square=24$	$8\times\square=56$

12 4단, 8단 한 번 더!

올바른 곱을 찾아 ○표 하세요.

4×2		
6	8	10

8×9		
68	72	76

4×5		
10	16	20

8×3		
16	20	24

4×8		
28	32	36

8×6		
48	52	56

빈칸에 알맞은 수를 써넣으세요.

4 — ×4 → ☐
4 — ×9 → ☐

8 — ×2 → ☐
8 — ×7 → ☐

8 — ×1 → ☐
8 — ×4 → ☐

4 — ×6 → ☐
4 — ×1 → ☐

4 — ×☐ → 28
4 — ×☐ → 12

8 — ×☐ → 40
8 — ×☐ → 64

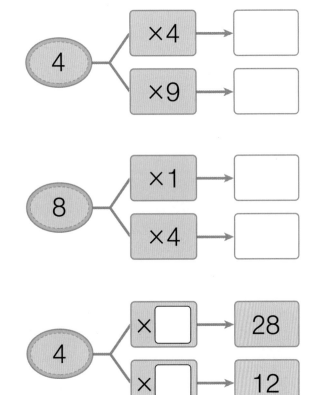

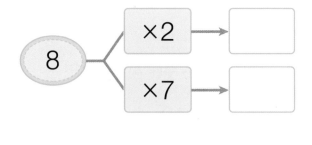

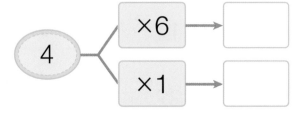

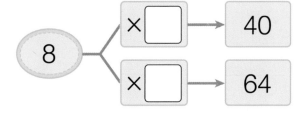

■ 4단의 곱을 모두 찾아 색칠하고, 8단의 곱을 모두 찾아 △표 하세요.

1	2	3	4	5	6	7	8	9	10
11	12	13	14	15	16	17	18	19	20
21	22	23	24	25	26	27	28	29	30
31	32	33	34	35	36	37	38	39	40

■ 0부터 시작하여 각 단의 일의 자리 숫자를 차례대로 이으세요.

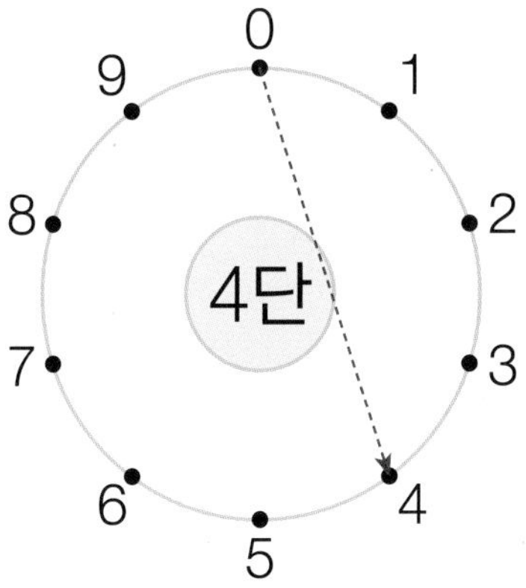

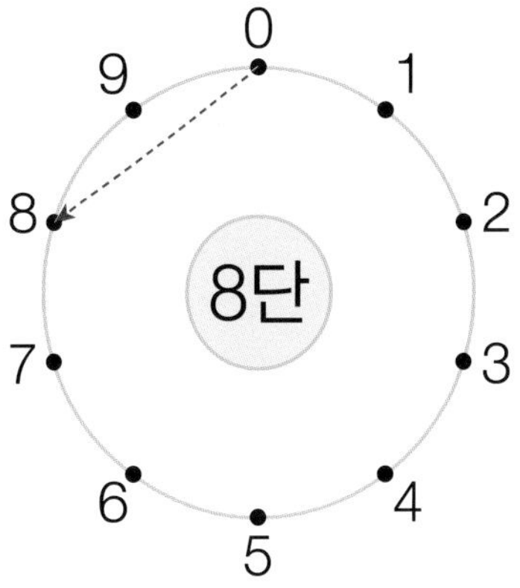

■ 안의 수가 4단과 8단의 곱이 되도록 □ 안에 알맞은 수를 써넣으세요.

32

4×□=32

8×□=32

8

4×□=8

8×□=8

16

4×□=16

8×□=16

13 7단 구구단

1분도 안 걸리는
8단 복습

$8\times6=$ □

$8\times3=$ □

$8\times7=$ □

$8\times1=$ □

$8\times4=$ □

$8\times9=$ □

$8\times2=$ □

$8\times5=$ □

$8\times8=$ □

● **쌓기나무의 수를 알아볼까요?**

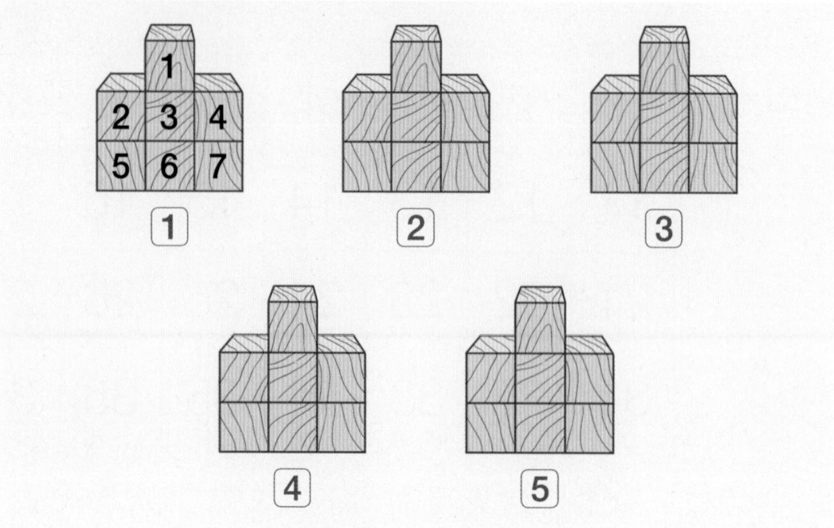

7씩 **5**묶음

↓

7을 5 번 더하기

↓

$7+7+7+7+7=35$

└── □ 번 ──┘

↓

$7\times$ □ $=35$

이것도 알면 좋아

7+7+7+7+7은 7+7+7+7에 +7이 더 있어요.
└── 5번 ──┘ └─ 4번 ─┘

따라서 7×5는 7×4에 7을 더한 값이에요!

정답 13쪽

노래로 외우는 7단♬

7단의 곱이 7씩 커져!

덧셈식	7단
7	7×1= 7 (칠 일은)
7 + **7** = 14	7×2= 14 (칠 이)
7 + 7 + **7** = ☐	7×3= ☐ (칠 삼)
7 + 7 + 7 + **7** = ☐	7×4= ☐ (칠 사)
7 + 7 + 7 + 7 + **7** = ☐	7×5= ☐ (칠 오)
7 + 7 + 7 + 7 + 7 + **7** = ☐	7×6= ☐ (칠 육)
7 + 7 + 7 + 7 + 7 + 7 + **7** = ☐	7×7= ☐ (칠 칠)
7 + 7 + 7 + 7 + 7 + 7 + 7 + **7** = ☐	7×8= ☐ (칠 팔)
7 + 7 + 7 + 7 + 7 + 7 + 7 + 7 + **7** = ☐	7×9= ☐ (칠 구)

+7 +7 +7 +7 +7 +7 +7 +7

13 7단 구구단 (암기)

7단을 외우고, 거꾸로 7단도 함께 외우세요.

7단	
7×1=	
	+7
7×2=	
	+7
7×3=	
	+7
7×4=	
	+7
7×5=	
	+7
7×6=	
	+7
7×7=	
	+7
7×8=	
	+7
7×9=	

거꾸로 7단	
7×9=	
	−7
7×8=	
	−7
7×7=	
	−7
7×6=	
	−7
7×5=	
	−7
7×4=	
	−7
7×3=	
	−7
7×2=	
	−7
7×1=	

7단의 곱을 ○ 안에 차례대로 써넣으세요.

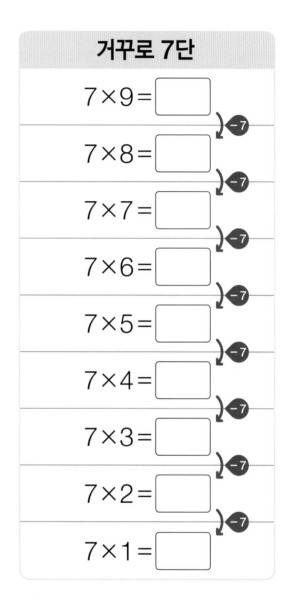

정답 14쪽

7단을 3개씩 끊어서 외우세요.

$7\times1=$ □	$7\times4=$ □	$7\times7=$ □
$7\times2=$ □	$7\times5=$ □	$7\times8=$ □
$7\times3=$ □	$7\times6=$ □	$7\times9=$ □

7단을 잘 외웠는지 확인하세요.

$7\times4=$ □	$7\times9=$ □	$7\times8=$ □
$7\times6=$ □	$7\times2=$ □	$7\times7=$ □
$7\times3=$ □	$7\times5=$ □	$7\times1=$ □

7단의 곱을 찾아 이으세요.

7×4 •	• 63	7×7 •	• 35
7×9 •	• 28	7×2 •	• 49
7×6 •	• 42	7×5 •	• 14

13 7단 구구단 (연습)

7단을 확실히 외웠는지 점검하세요.

7×1	7×2	7×3	7×4	7×5	7×6	7×7	7×8	7×9
7								

+7 +7 +7 +7 +7 +7 +7 +7

7×9	7×8	7×7	7×6	7×5	7×4	7×3	7×2	7×1
63								

−7 −7 −7 −7 −7 −7 −7 −7

빈칸에 알맞은 수를 써넣으세요.

7 → ×5 → □

7 → ×9 → □

7 → ×2 → □

7 → ×3 → □

7 → ×8 → □

7 → ×7 → □

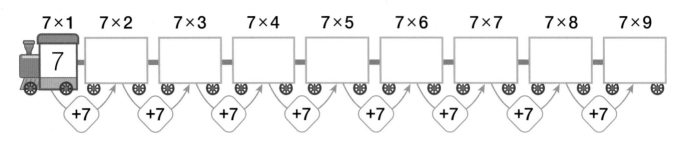

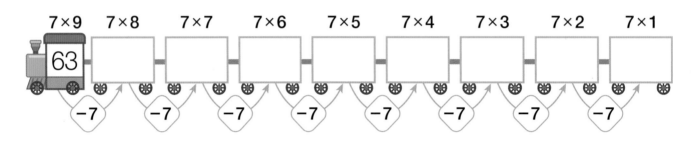

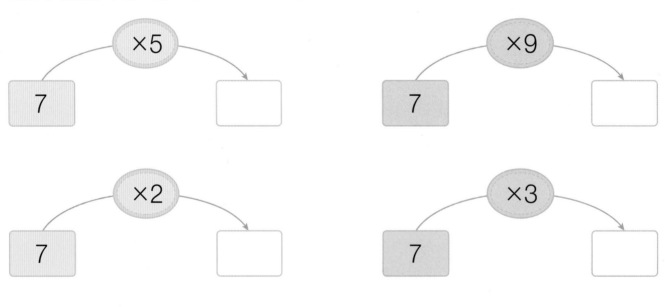

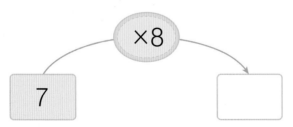

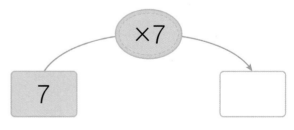

막대의 길이를 보고 올바른 7단 곱셈식을 쓰세요.

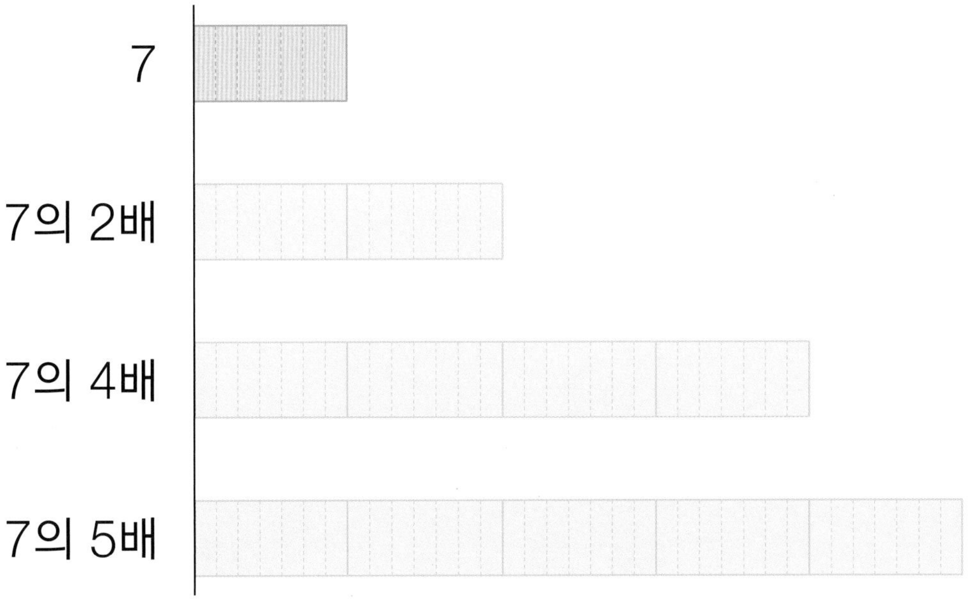

7의 2배 $7 \times \square = \square$

7의 4배 $7 \times \square = \square$

7의 5배 $7 \times \square = \square$

규칙에 따라 ▢ 안에 알맞은 수를 써넣으세요.

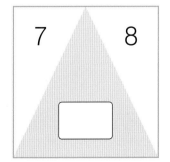

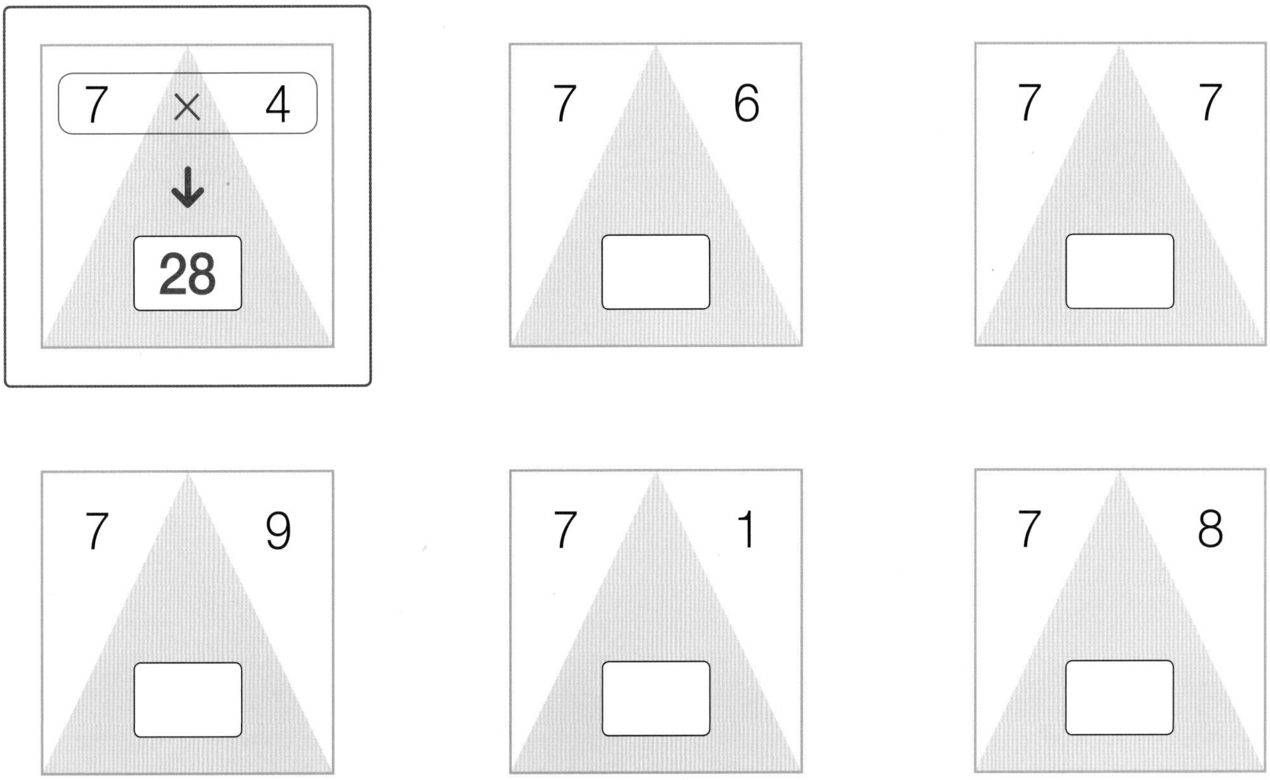

■ 나비가 말하는 수에 ○표 하세요.

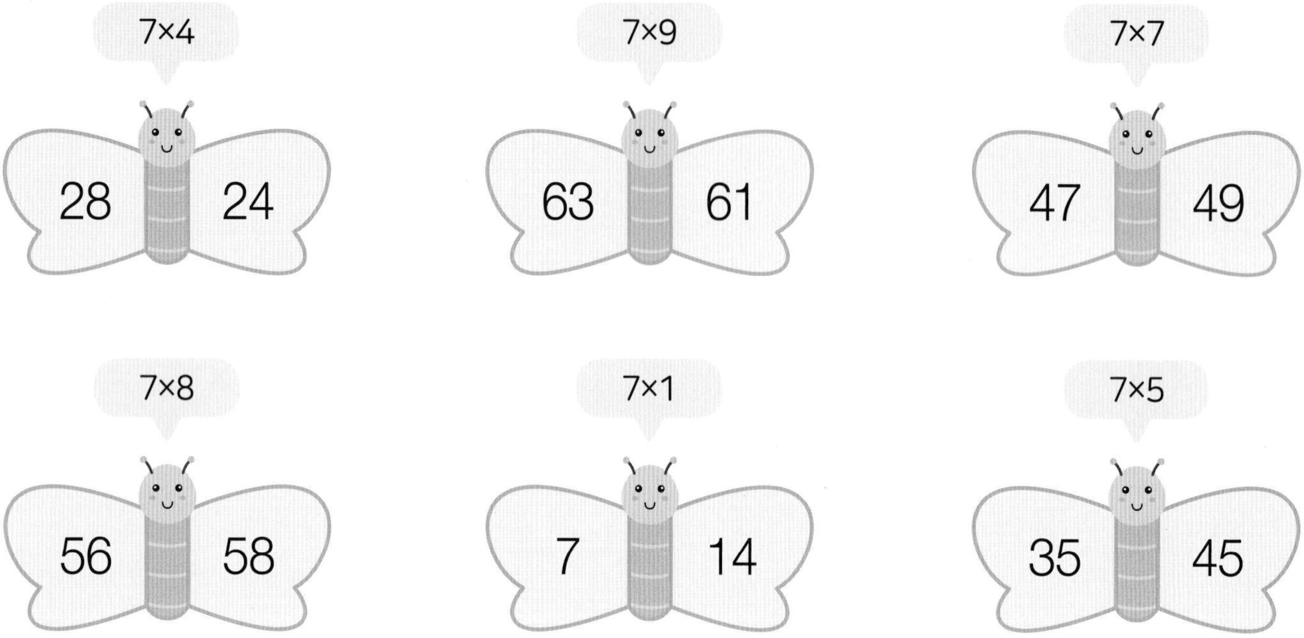

■ 그림을 보고 □ 안에 알맞은 수를 써넣으세요.

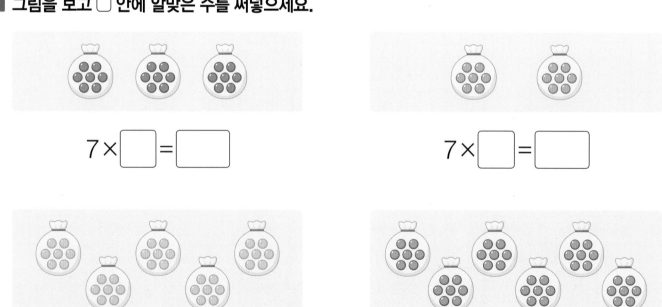

7×□=□

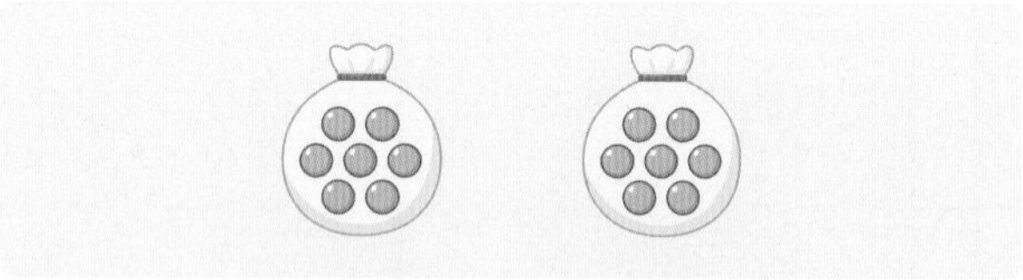

7×□=□

7×□=□

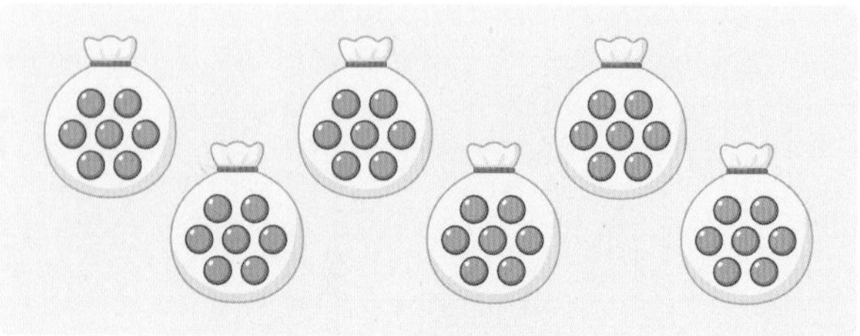

7×□=□

논이나 밭에 심어 키운 옥수수, 고추, 쌀 등

각 농작물이 모두 몇 개 있는지 알아볼까요?

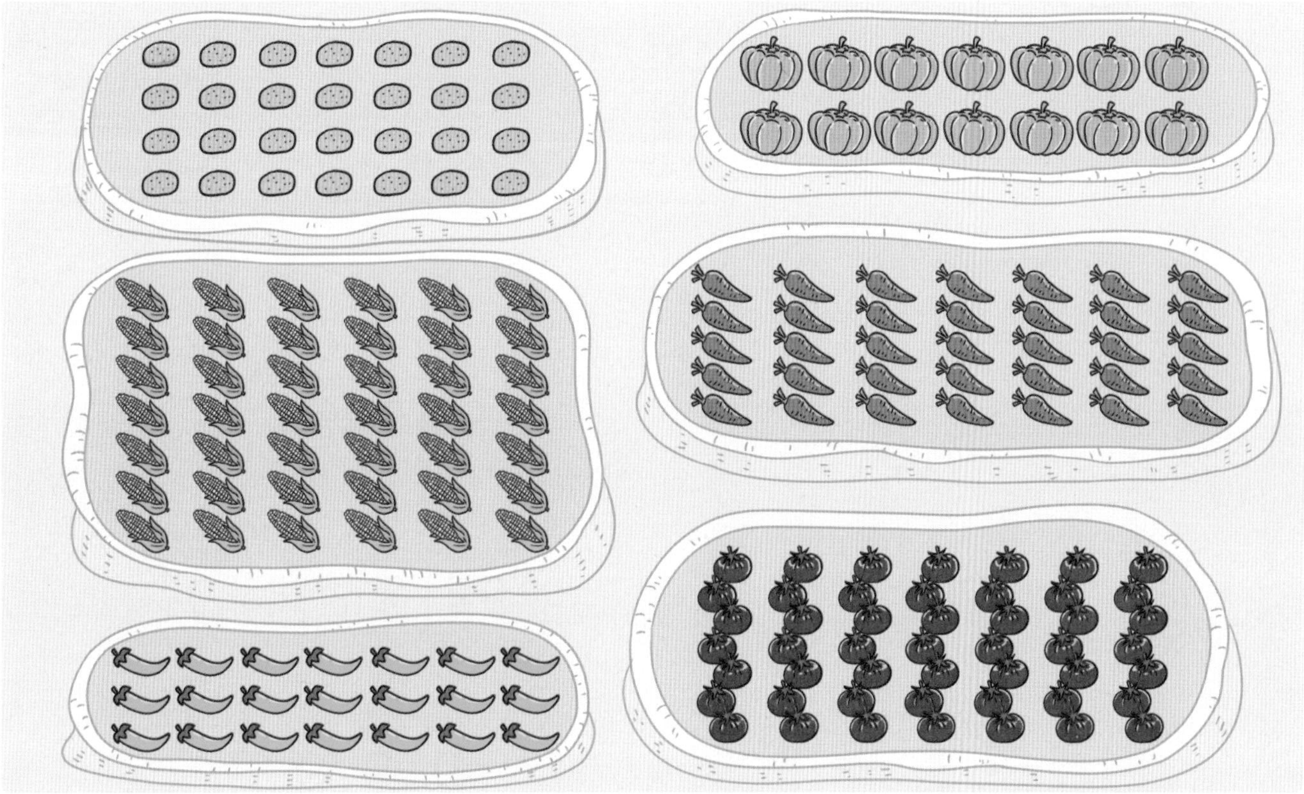

 : 7 × ☐ = ☐ (개)

 : 7 × ☐ = ☐ (개)

 : 7 × ☐ = ☐ (개)

 : 7 × ☐ = ☐ (개)

 : 7 × ☐ = ☐ (개)

 : 7 × ☐ = ☐ (개)

쌓기나무는 모두 몇 개인가요?

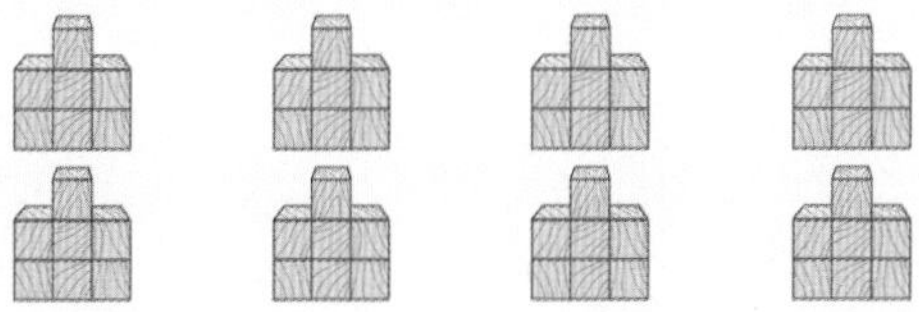

7 × ☐ = ☐ (개)

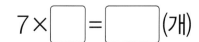

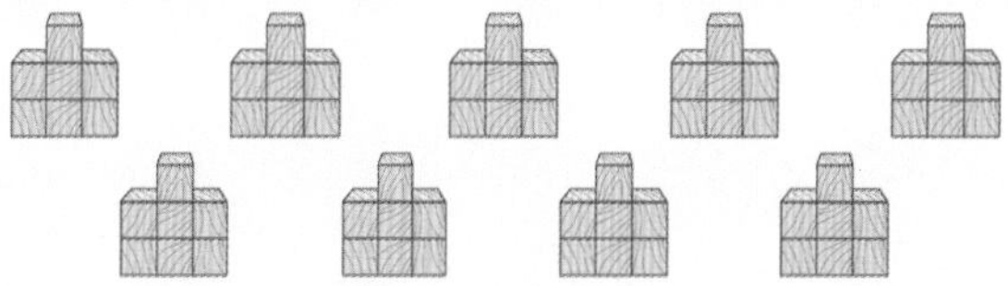

7 × ☐ = ☐ (개)

14 9단 구구단

1분도 안 걸리는

7단 복습

7×3=

7×7=

7×4=

7×5=

7×9=

7×1=

7×8=

7×2=

7×6=

● **바둑알의 수를 알아볼까요?**

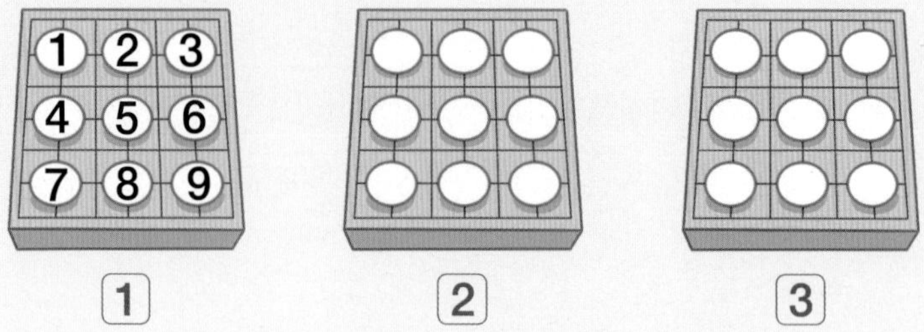

9씩 **3**묶음

↓

9를 3 번 더하기

↓

9+9+9=27
└ 번┘

↓

9× =27

이것도 알면 좋아

9는 10−1과 같으므로 9×★은 10씩 뛰어 세기를 이용할 수 있어요.

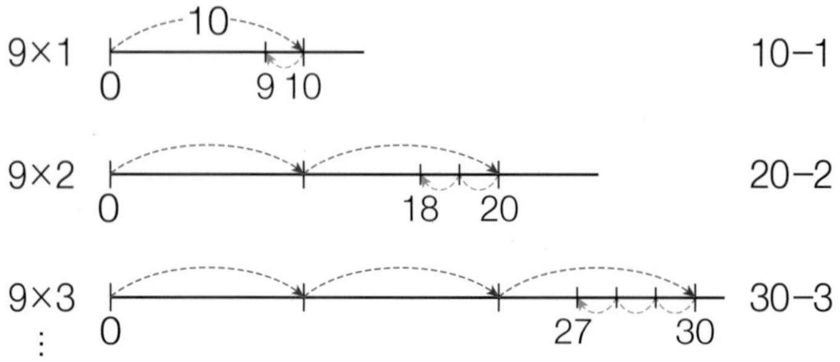

정답 15쪽

9단의 곱이 9씩 커져!

노래로 외우는 9단♪

덧셈식	9단	
9	9×1= 9 구 일은	
		+9
9+9= 18	9×2= 18 구 이	
		+9
9+9+9=	9×3= 구 삼	
		+9
9+9+9+9=	9×4= 구 사	
		+9
9+9+9+9+9=	9×5= 구 오	
		+9
9+9+9+9+9+9=	9×6= 구 육	
		+9
9+9+9+9+9+9+9=	9×7= 구 칠	
		+9
9+9+9+9+9+9+9+9=	9×8= 구 팔	
		+9
9+9+9+9+9+9+9+9+9=	9×9= 구 구	

14 9단 구구단 (암기)

■ 9단을 외우고, 거꾸로 9단도 함께 외우세요.

9단	거꾸로 9단
9×1=□	9×9=□
+9	−9
9×2=□	9×8=□
+9	−9
9×3=□	9×7=□
+9	−9
9×4=□	9×6=□
+9	−9
9×5=□	9×5=□
+9	−9
9×6=□	9×4=□
+9	−9
9×7=□	9×3=□
+9	−9
9×8=□	9×2=□
+9	−9
9×9=□	9×1=□

■ 노란색을 따라가며 9단의 곱을 □ 안에 차례대로 써넣으세요.

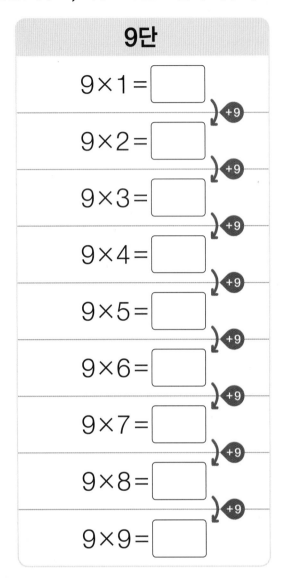

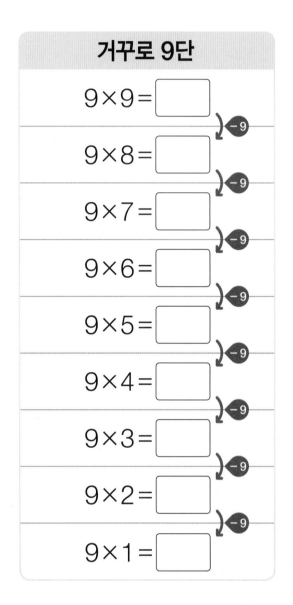

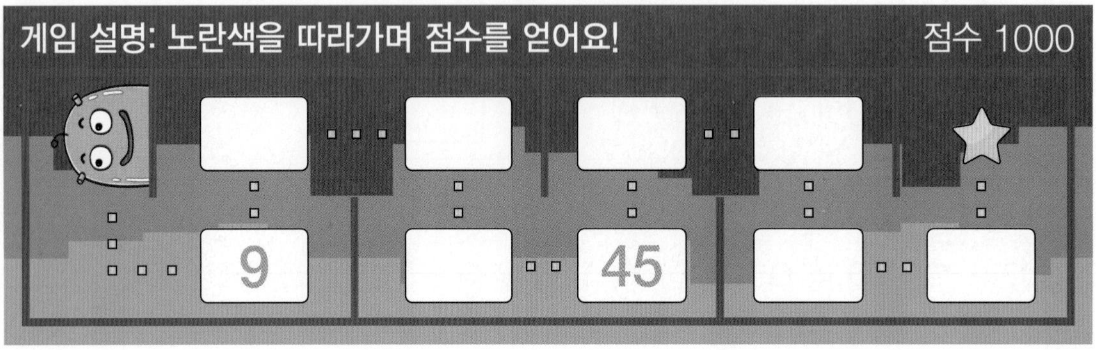
게임 설명: 노란색을 따라가며 점수를 얻어요!
점수 1000
9
45

9단을 3개씩 끊어서 외우세요.

$9\times1=\square$	$9\times4=\square$	$9\times7=\square$
$9\times2=\square$	$9\times5=\square$	$9\times8=\square$
$9\times3=\square$	$9\times6=\square$	$9\times9=\square$

9단을 잘 외웠는지 확인하세요.

$9\times5=\square$	$9\times7=\square$	$9\times3=\square$
$9\times2=\square$	$9\times4=\square$	$9\times1=\square$
$9\times9=\square$	$9\times8=\square$	$9\times6=\square$

9단의 곱을 찾아 이으세요.

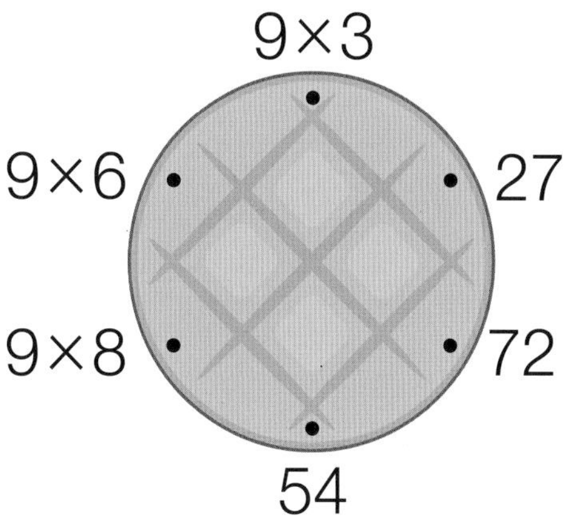

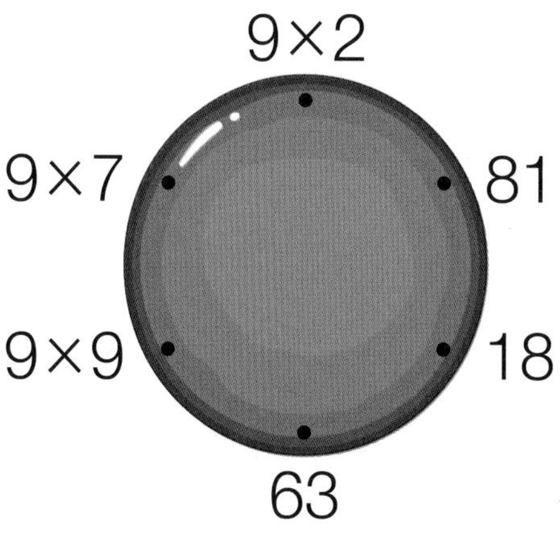

14 9단 구구단 (연습)

9단을 확실히 외웠는지 점검하세요.

9×1	9×2	9×3	9×4	9×5	9×6	9×7	9×8	9×9
9								
+9	+9	+9	+9	+9	+9	+9	+9	

9×9	9×8	9×7	9×6	9×5	9×4	9×3	9×2	9×1
81								
−9	−9	−9	−9	−9	−9	−9	−9	

빈칸에 두 수의 곱을 써넣으세요.

9, 9 → ☐

9, 5 → ☐

9, 3 → ☐

9, 8 → ☐

9, 7 → ☐

9, 4 → ☐

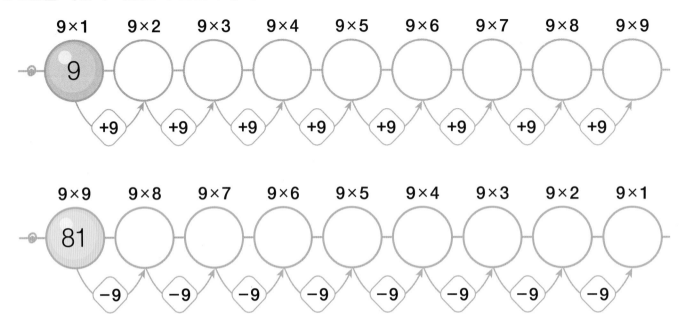

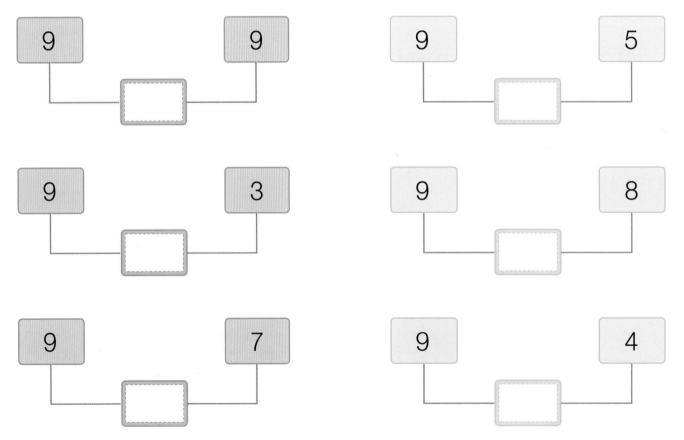

▌수직선을 보고 올바른 9단 곱셈식을 쓰세요.

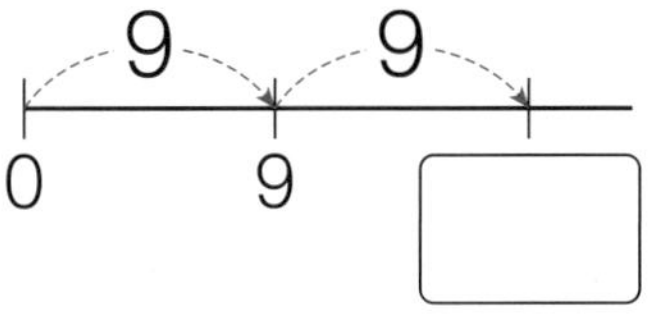

9×□=□

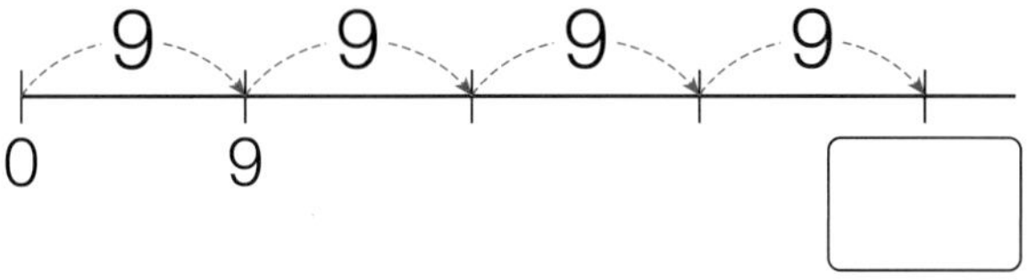

9×□=□

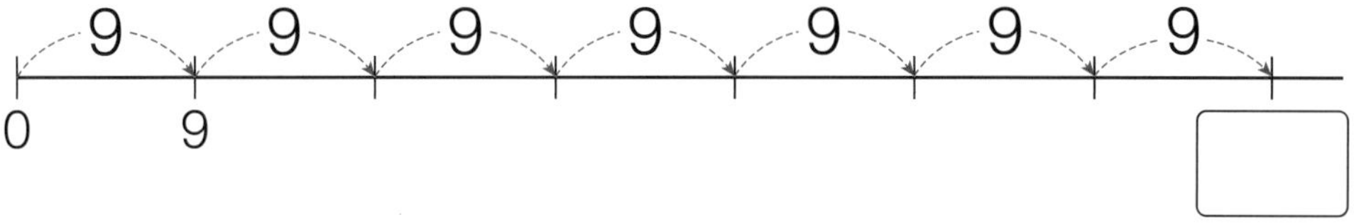

9×□=□

▌올바른 곱셈식이 되도록 길을 따라 가세요.

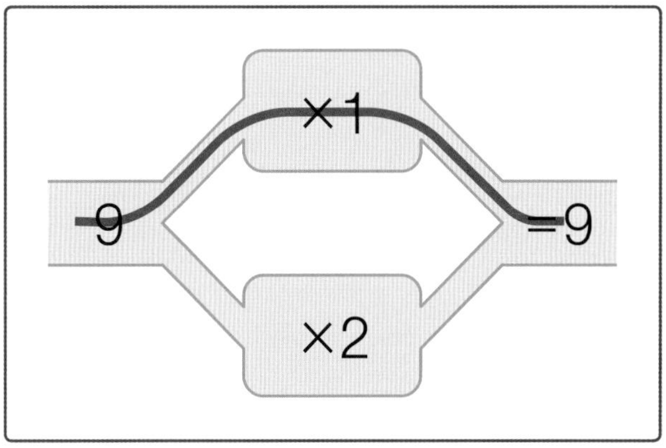

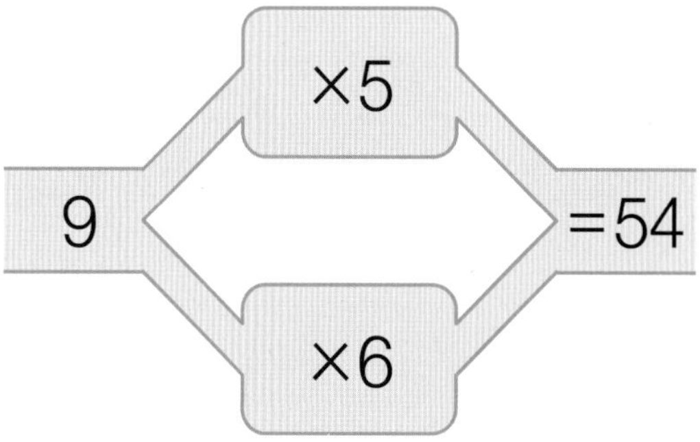

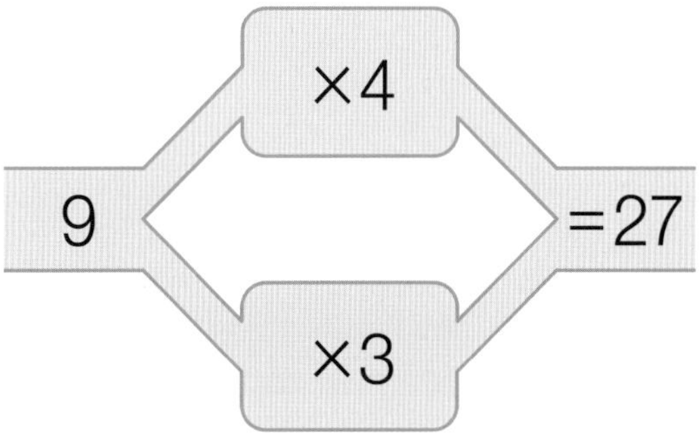

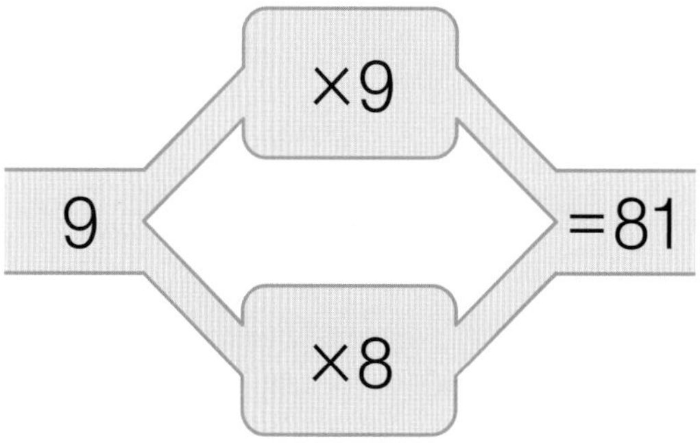

14 9단 구구단 (응용)

▌더 큰 수에 ○표 하세요.

9×5	40
9×3	30
9×9	80
50	9×6
75	9×8
10	9×1

▌그림을 보고 □ 안에 알맞은 수를 써넣으세요.

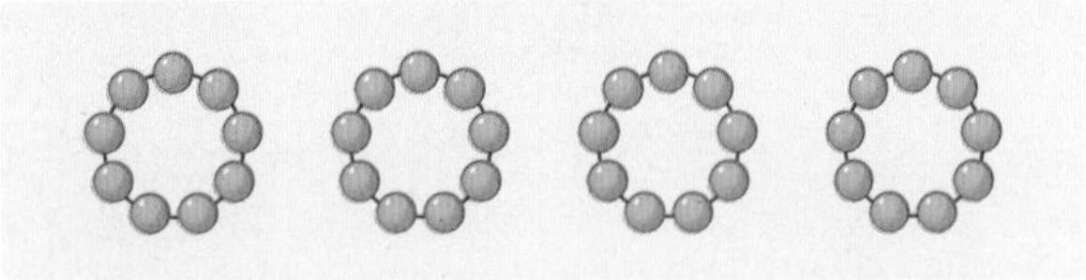

9×□=□

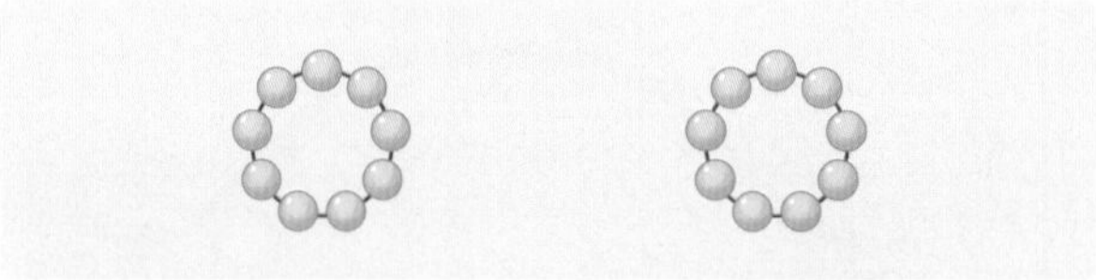

9×□=□

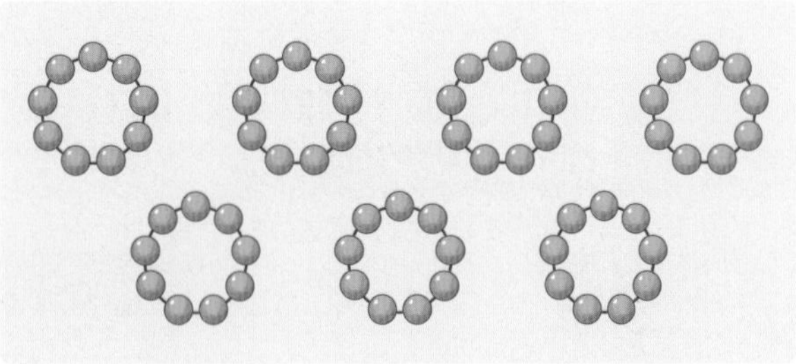

9×□=□

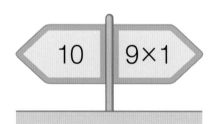

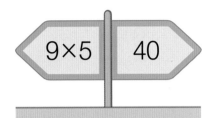

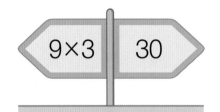

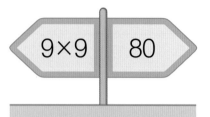

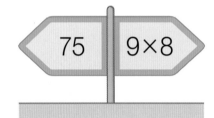

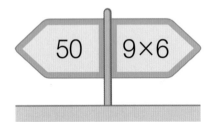

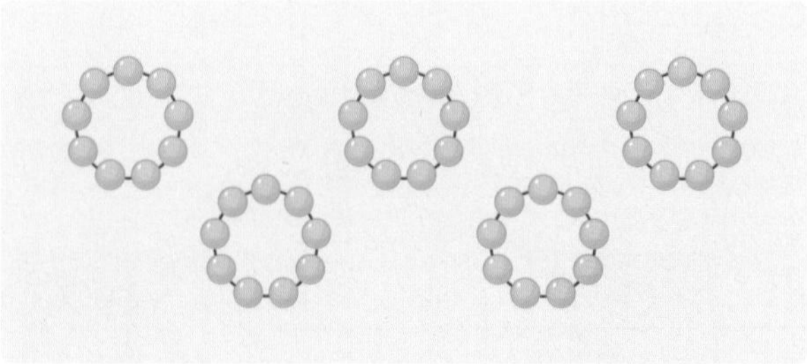

9×□=□

■ 접수 번호를 구하고, 접수 번호에 맞는 직원을 찾아 ○표 하세요.

접수 번호

9×6

1□□

접수 번호

9×7

□□3

접수 번호

9×9

5□□

■ 바둑알은 모두 몇 개인가요?

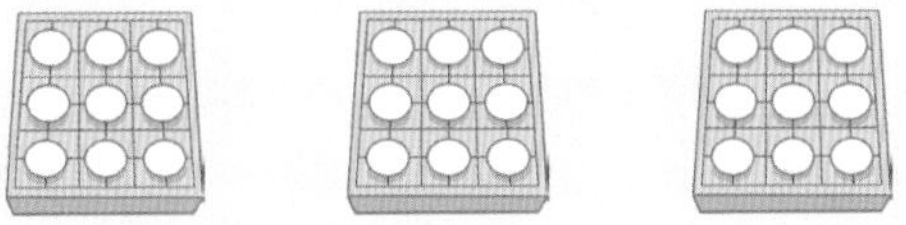

9×□=□(개)

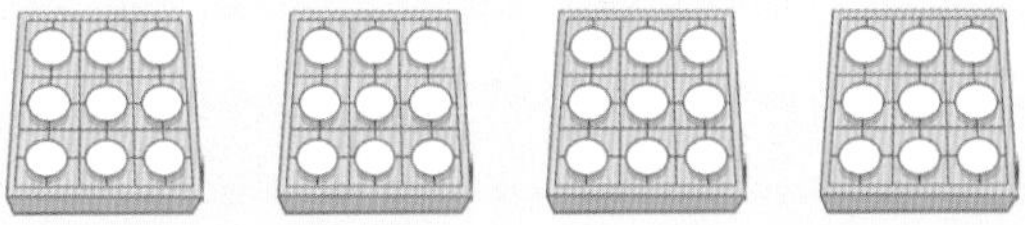

9×□=□(개)

15 7단, 9단 한 번 더!

● **7단과 9단을 완성해 볼까요?**

7단

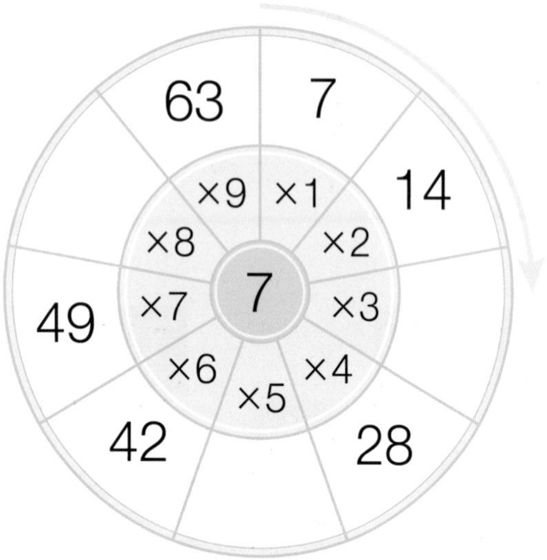

7단은 곱이 ☐씩 커집니다.

9단

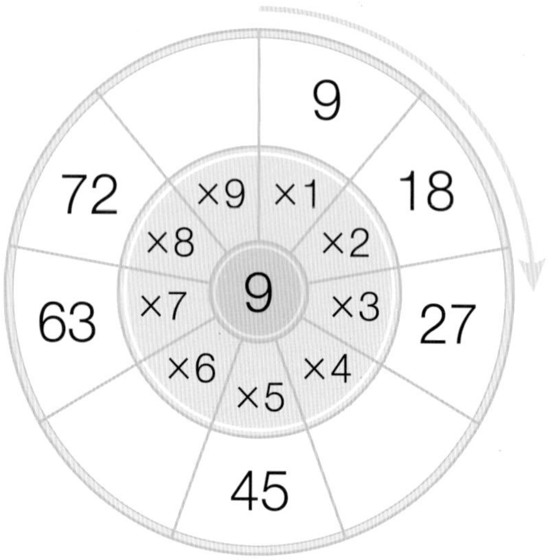

9단은 곱이 ☐씩 커집니다.

● **손가락을 이용하여 9단을 쉽게 외워 볼까요?**

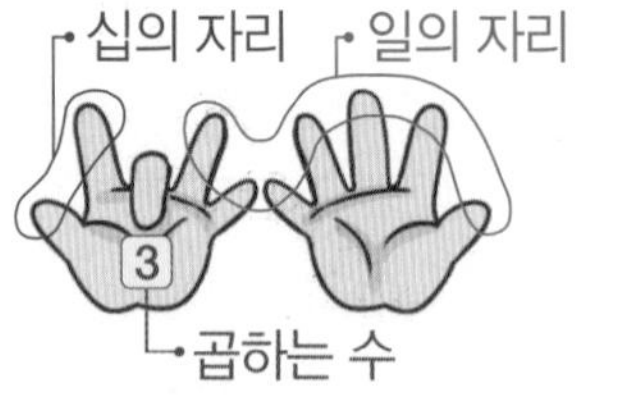

9×3=27

세 번째 손가락

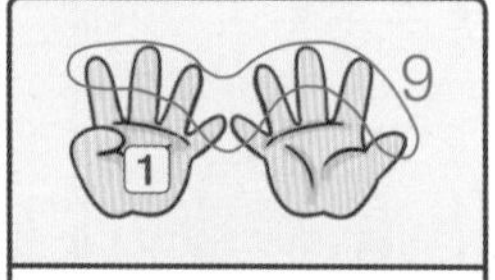

9×1=09

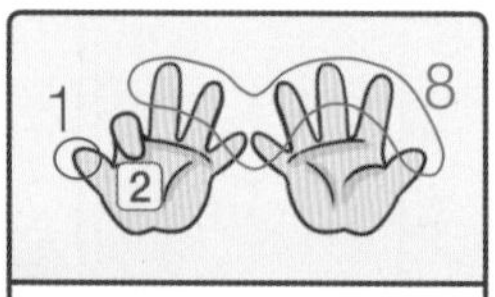

9×2=18

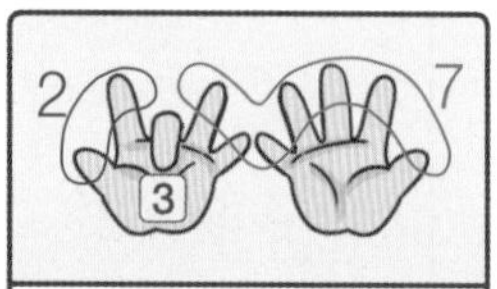

9×3=27

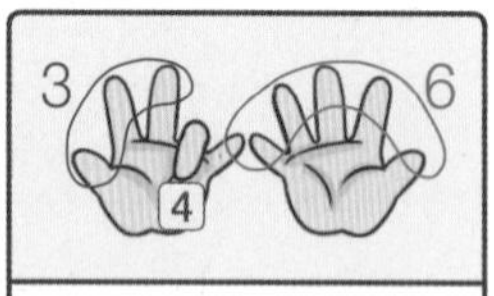

9×4=36

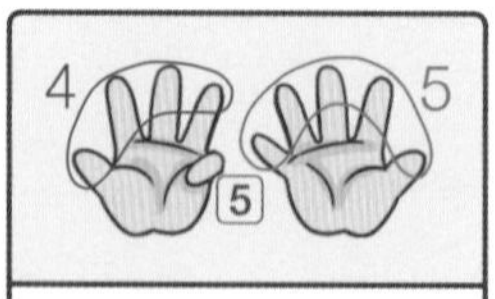

9×5=45

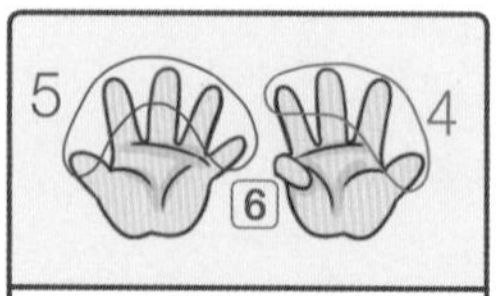

9×6=54

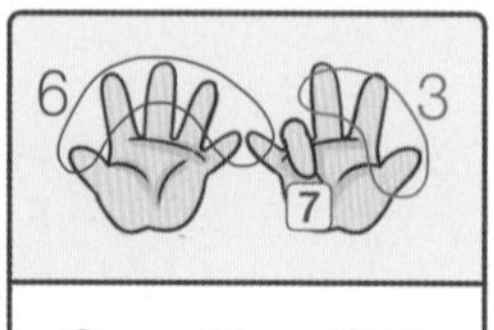

9×7=63

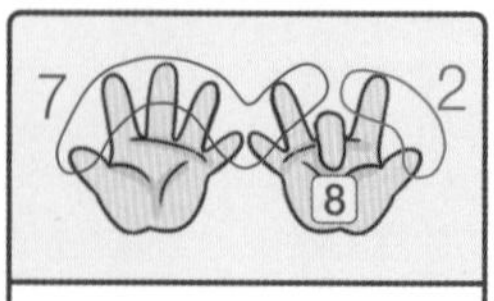

9×8=72

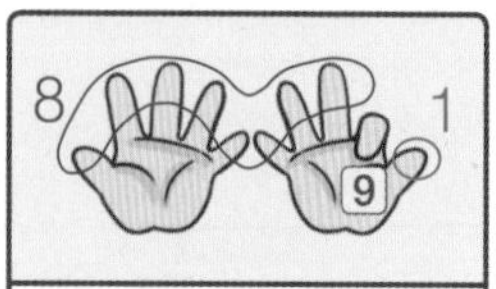

9×9=81

정답 16쪽

■ ▢ 안에 알맞은 수를 써넣으세요.

$7 \times 6 = \square$ $9 \times 3 = \square$ $7 \times 8 = \square$

$9 \times 2 = \square$ $7 \times 4 = \square$ $9 \times 6 = \square$

$7 \times 3 = \square$ $9 \times 7 = \square$ $7 \times 2 = \square$

$9 \times 8 = \square$ $7 \times 1 = \square$ $9 \times 5 = \square$

$7 \times 9 = \square$ $9 \times 4 = \square$ $7 \times 7 = \square$

■ ▢ 안에 알맞은 수를 써넣으세요.

$9 \times \square = 9$ $7 \times \square = 35$ $9 \times \square = 54$

$7 \times \square = 14$ $9 \times \square = 81$ $7 \times \square = 28$

$9 \times \square = 45$ $7 \times \square = 49$ $9 \times \square = 18$

$7 \times \square = 56$ $9 \times \square = 27$ $7 \times \square = 63$

$9 \times \square = 36$ $7 \times \square = 42$ $9 \times \square = 72$

15 7단, 9단 한 번 더!

▌올바른 곱을 찾아 ○표 하세요.

7×6		
39	42	49

9×9		
63	72	81

7×8		
48	52	56

9×2		
18	24	27

7×3		
19	21	24

9×5		
41	45	49

▌빈칸에 알맞은 수를 써넣으세요.

7 → ×9 → □
7 → ×2 → □

9 → ×3 → □
9 → ×4 → □

9 → ×□ → 54
9 → ×□ → 72

7 → ×□ → 49
7 → ×□ → 35

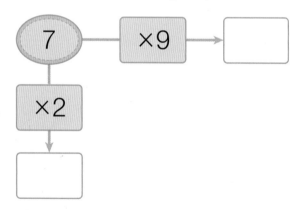

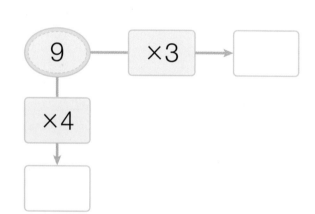

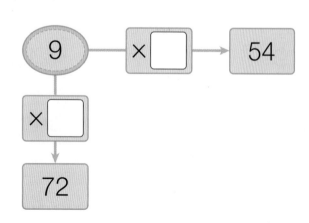

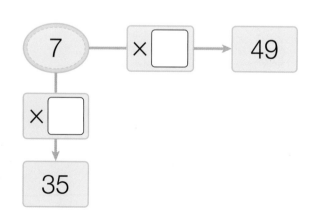

정답 16쪽

▌각 단의 곱을 가장 작은 수부터 차례대로 도착점까지 선으로 이으세요.

7단

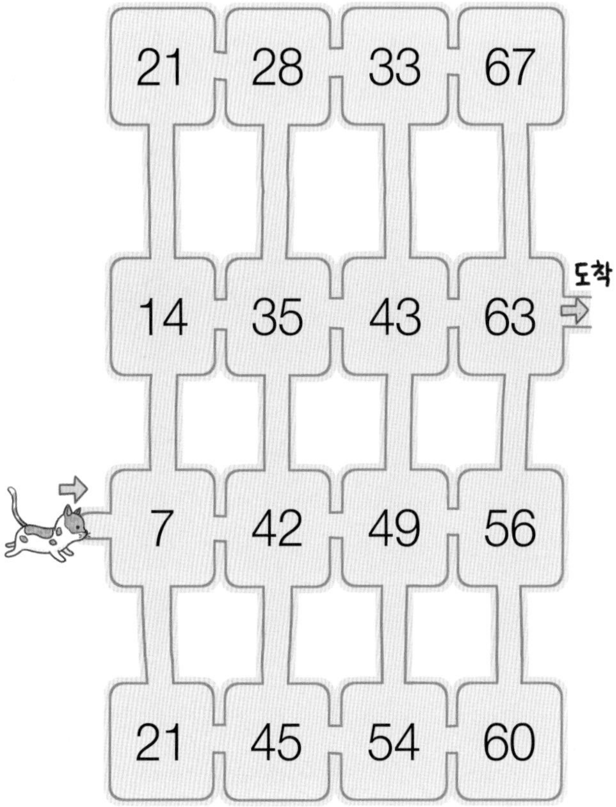

9단

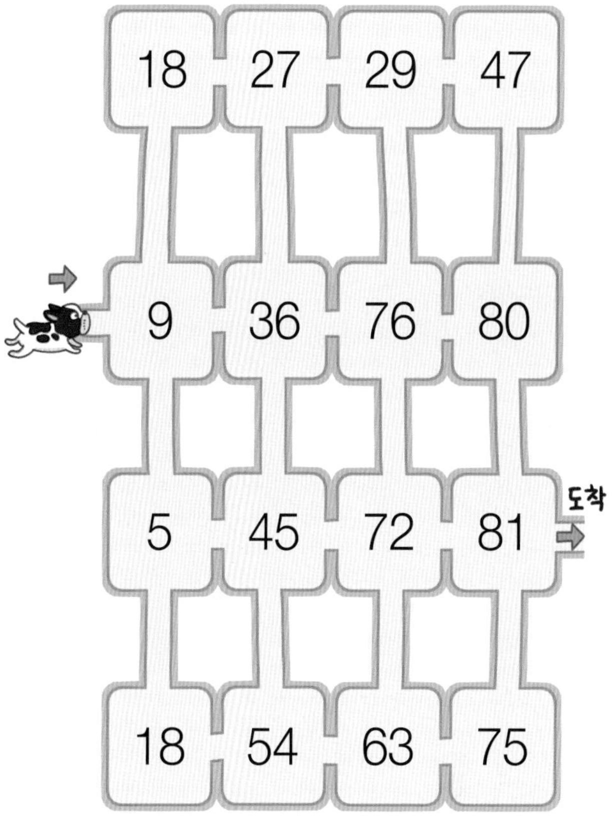

▌0부터 시작하여 각 단의 일의 자리 숫자를 차례대로 이으세요.

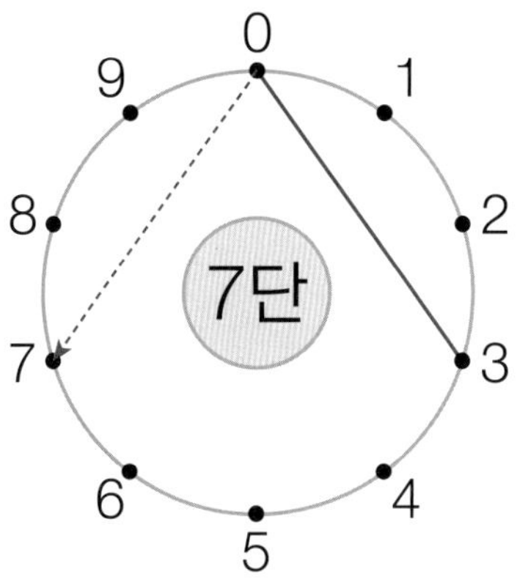

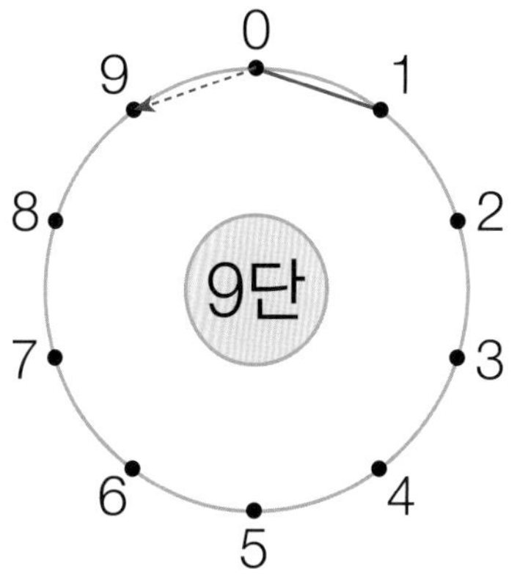

16 확인 4단, 8단, 7단, 9단 평가

▮ ▢ 안에 알맞은 수를 써넣으세요.

$4\times3=\square$	$8\times8=\square$	$7\times5=\square$
$9\times2=\square$	$7\times4=\square$	$9\times7=\square$
$7\times9=\square$	$9\times6=\square$	$4\times1=\square$
$8\times6=\square$	$4\times8=\square$	$8\times3=\square$
$4\times5=\square$	$8\times9=\square$	$7\times1=\square$

▮ ▢ 안에 알맞은 수를 써넣으세요.

$9\times\square=81$	$4\times\square=8$	$8\times\square=56$
$4\times\square=16$	$8\times\square=32$	$7\times\square=14$
$8\times\square=8$	$7\times\square=21$	$9\times\square=36$
$7\times\square=42$	$9\times\square=45$	$4\times\square=24$
$9\times\square=72$	$4\times\square=36$	$8\times\square=16$

정답 17쪽

빈칸에 알맞은 수를 써넣으세요.

×5

8	
9	

×7

7	
4	

×□

4	32
7	

×□

9	27
8	

주어진 단의 곱이 아닌 것을 찾아 ×표 하세요.

4단

10 16 24 32

8단

24 44 56 64

7단

7 21 47 63

9단

9 27 45 61

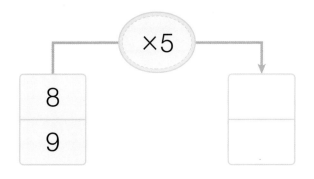

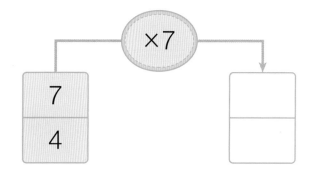

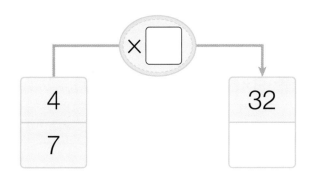

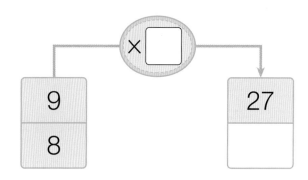

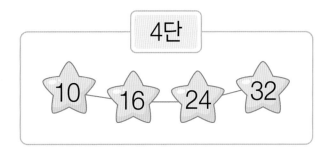

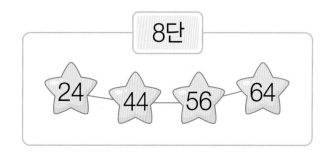

16 확인 4단, 8단, 7단, 9단 평가

▌지우의 일기를 읽고 물음에 답하세요.

20○○년 ○○월 ○○일

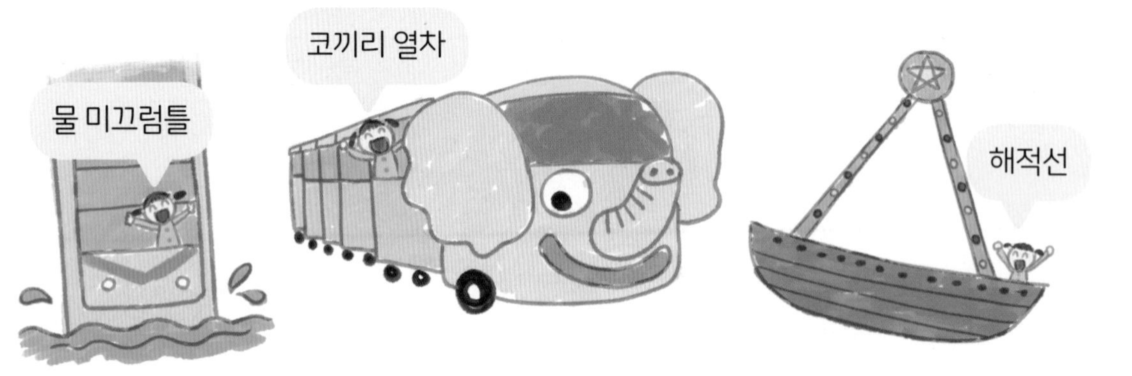

오늘은 놀이공원에 가서 4×5명이 타는 물 미끄럼틀, 8×6명이 타는 코끼리 열차,
그리고 7×9명이 타는 해적선을 탔다.
다음에는 더 많은 놀이 기구를 타 보고 싶다.

물 미끄럼틀에 탈 수 있는 사람은 몇 명인가요?	□명
코끼리 열차에 탈 수 있는 사람은 몇 명인가요?	□명
해적선에 탈 수 있는 사람은 몇 명인가요?	□명

▌물고기는 모두 몇 마리인가요?

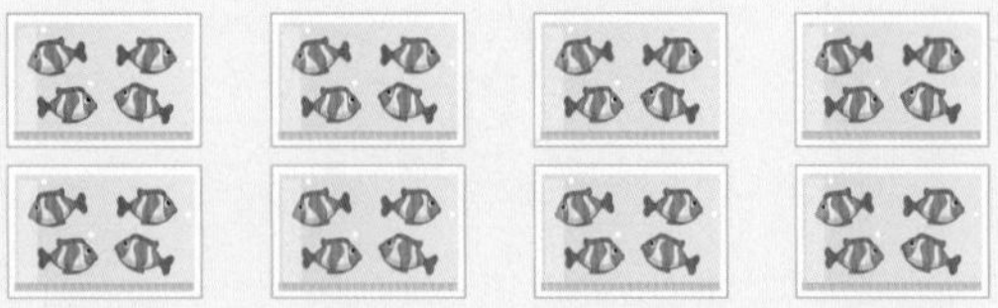

□×□=□(마리)

□×□=□(마리)

▮ 망치에 적힌 곱셈의 곱을 찾아 ○표 하세요.

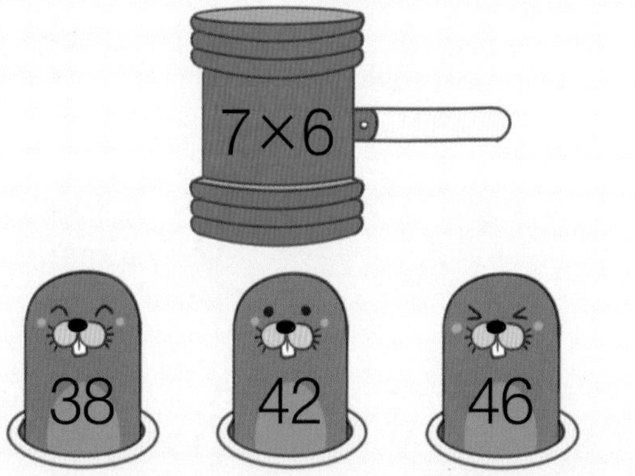

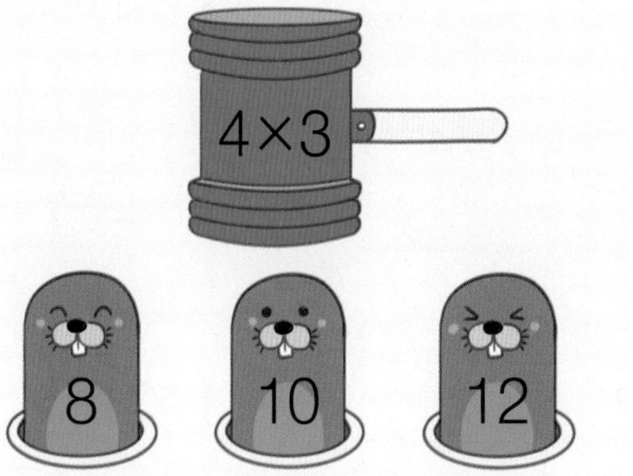

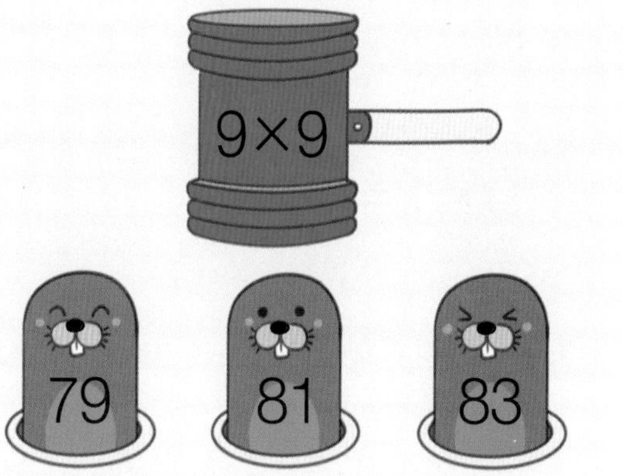

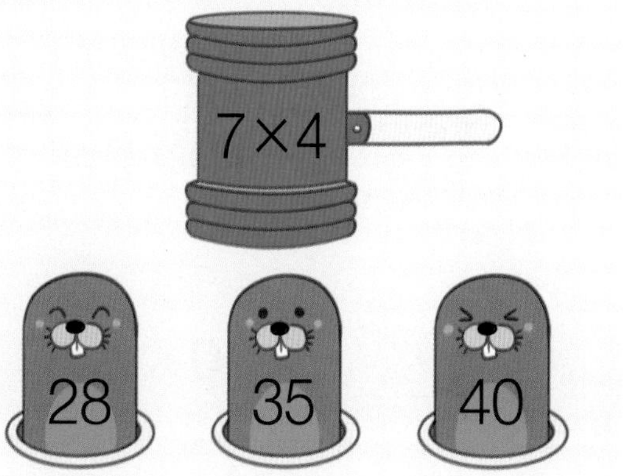

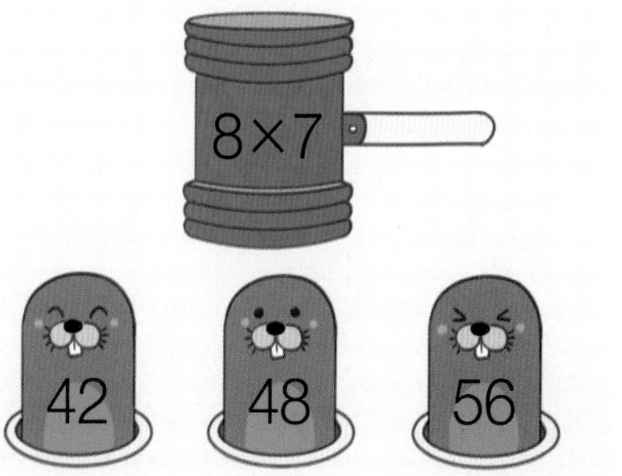

17 0단, 1단, 10단

1분도 안 걸리는
9단 복습

$9\times2=$ ☐

$9\times6=$ ☐

$9\times4=$ ☐

$9\times7=$ ☐

$9\times1=$ ☐

$9\times9=$ ☐

$9\times3=$ ☐

$9\times8=$ ☐

$9\times5=$ ☐

● **물고기의 수를 알아볼까요?**

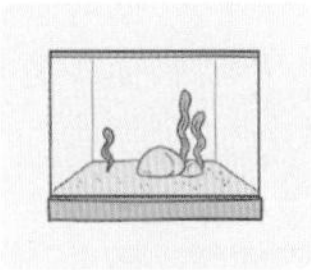

$0\times1=$ 0

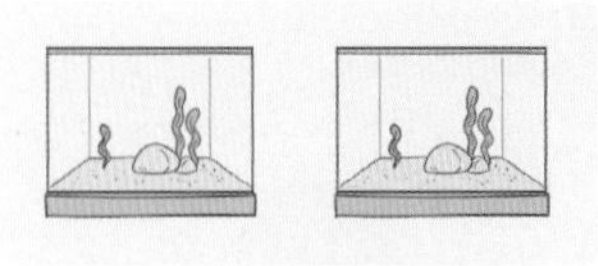

$0\times2=$ ☐

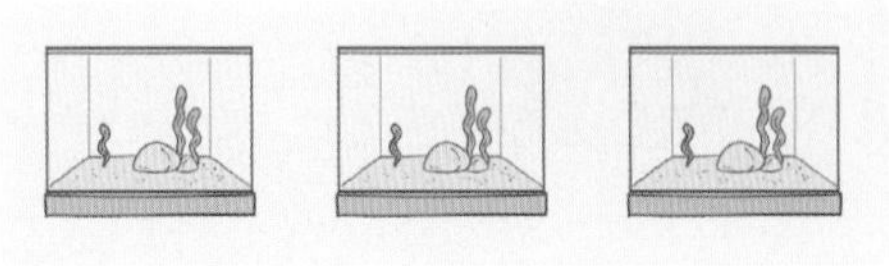

$0\times3=$ ☐

$1\times1=$ 1

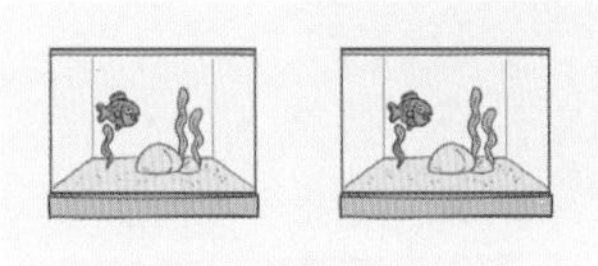

$1\times2=$ ☐

$1\times3=$ ☐

$10\times1=$ 10

$10\times2=$ ☐

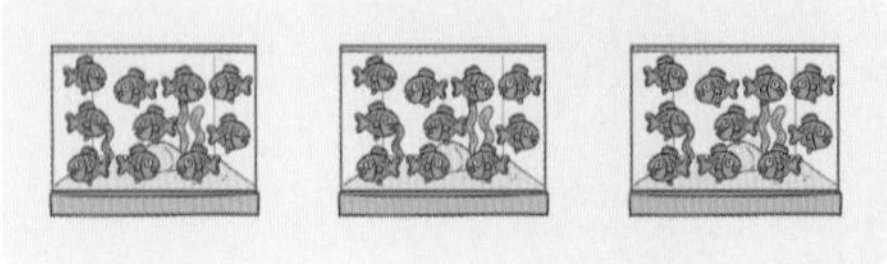

$10\times3=$ ☐

정답 17쪽

0단의 곱은 항상 0이야!

0단

×	1	2	3	4	5	6	7	8	9
0	0	0	0	0	0	0			

1과 ★의 곱은 항상 ★이야!

1단

×	1	2	3	4	5	6	7	8	9
1	1	2	3	4	5	6			

+1 +1 +1 +1 +1 +1 +1 +1

10단의 곱이 10씩 커져!

10단

×	1	2	3	4	5	6	7	8	9
10	10	20	30	40	50	60			

+10 +10 +10 +10 +10 +10 +10 +10

17 0단, 1단, 10단 (암기)

1단을 외우고, 거꾸로 1단도 함께 외우세요.

1단	거꾸로 1단
$1\times1=\square$	$1\times9=\square$
$1\times2=\square$	$1\times8=\square$
$1\times3=\square$	$1\times7=\square$
$1\times4=\square$	$1\times6=\square$
$1\times5=\square$	$1\times5=\square$
$1\times6=\square$	$1\times4=\square$
$1\times7=\square$	$1\times3=\square$
$1\times8=\square$	$1\times2=\square$
$1\times9=\square$	$1\times1=\square$

10단의 곱을 ○ 안에 차례대로 써넣으세요.

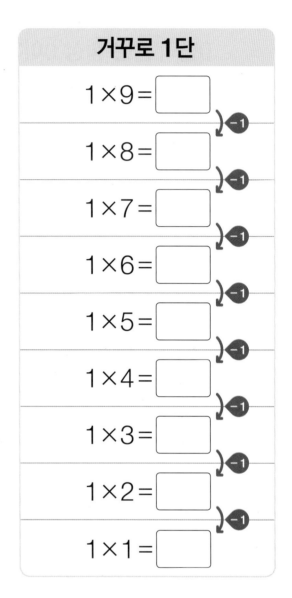

정답 18쪽

0단을 3개씩 끊어서 외우세요.

0×1=☐	0×4=☐	0×7=☐
0×2=☐	0×5=☐	0×8=☐
0×3=☐	0×6=☐	0×9=☐

0단, 1단, 10단을 잘 외웠는지 확인하세요.

0×7=☐	1×9=☐	10×1=☐
0×4=☐	1×5=☐	10×8=☐
0×2=☐	1×6=☐	10×3=☐

1단, 10단의 곱을 찾아 이으세요.

1×2 •	• 4	10×5 •	• 20
1×8 •	• 2	10×9 •	• 90
1×4 •	• 8	10×2 •	• 50

17 0단, 1단, 10단 연습

10단을 확실히 외웠는지 점검하세요.

10×1	10×2	10×3	10×4	10×5	10×6	10×7	10×8	10×9
10								
+10	+10	+10	+10	+10	+10	+10	+10	

10×9	10×8	10×7	10×6	10×5	10×4	10×3	10×2	10×1
90								
−10	−10	−10	−10	−10	−10	−10	−10	

빈칸에 두 수의 곱을 써넣으세요.

0, 3 → ☐

0, 8 → ☐

1, 5 → ☐

1, 2 → ☐

10, 9 → ☐

10, 7 → ☐

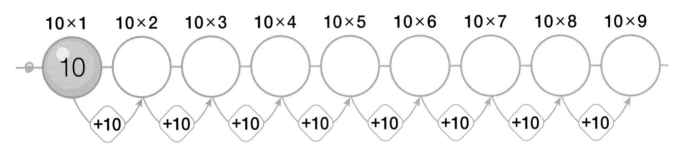

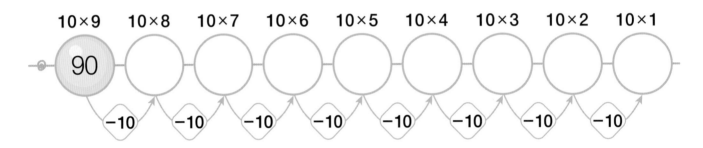

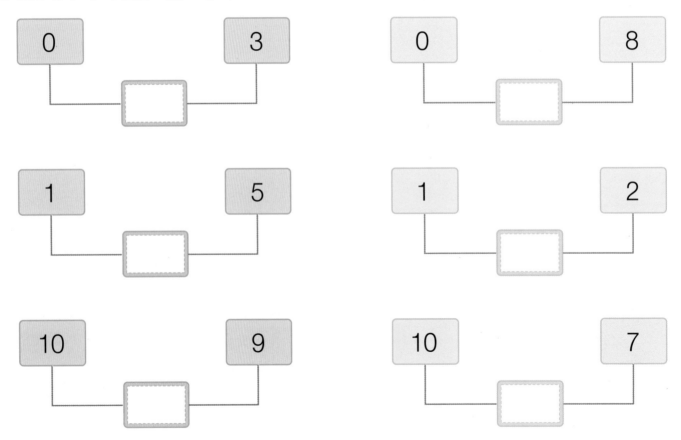

정답 18쪽

수직선을 보고 올바른 1단 곱셈식을 쓰세요.

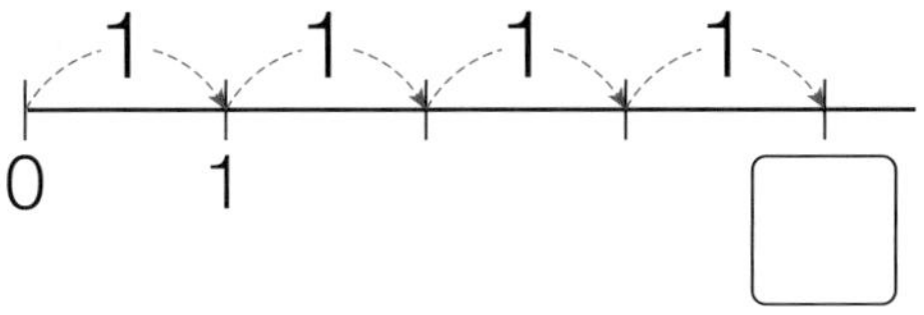

1 × □ = □

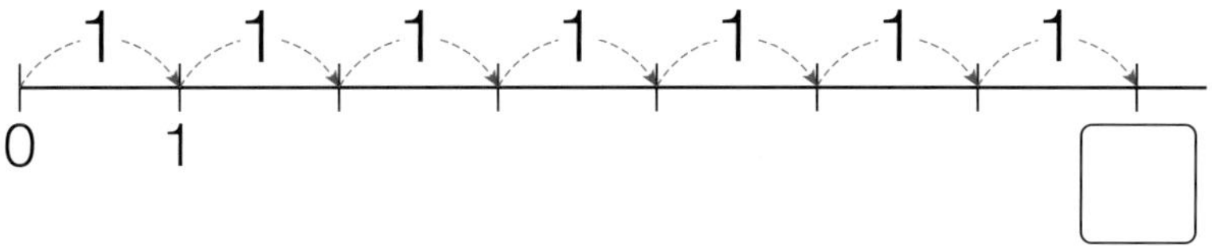

1 × □ = □

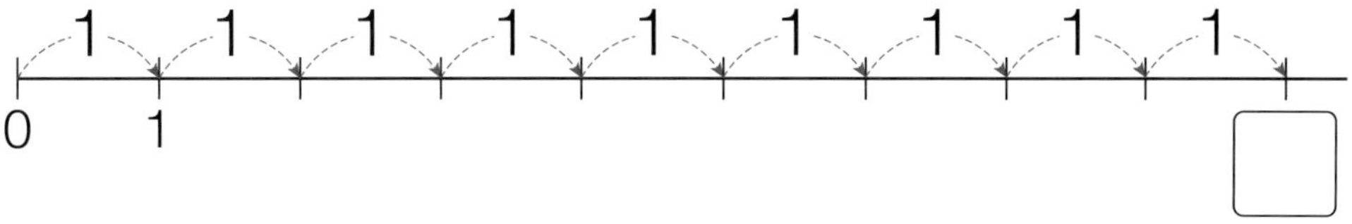

1 × □ = □

규칙에 따라 □ 안에 알맞은 수를 써넣으세요.

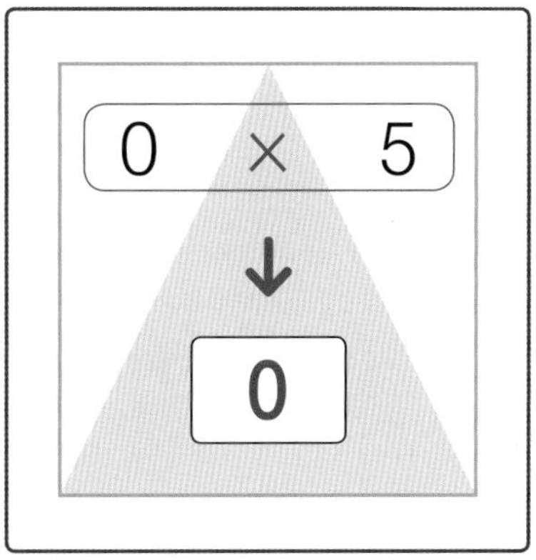

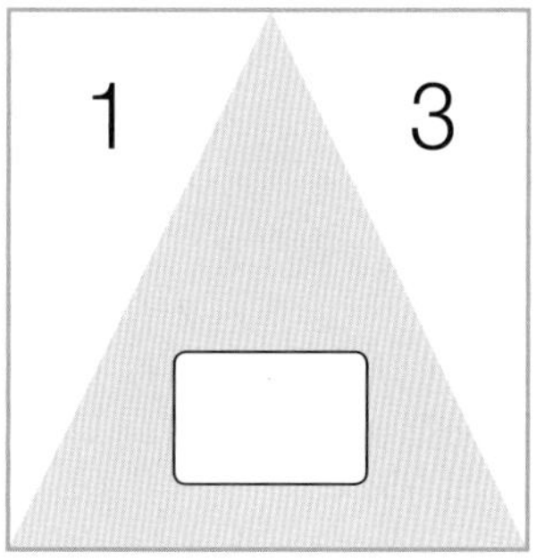

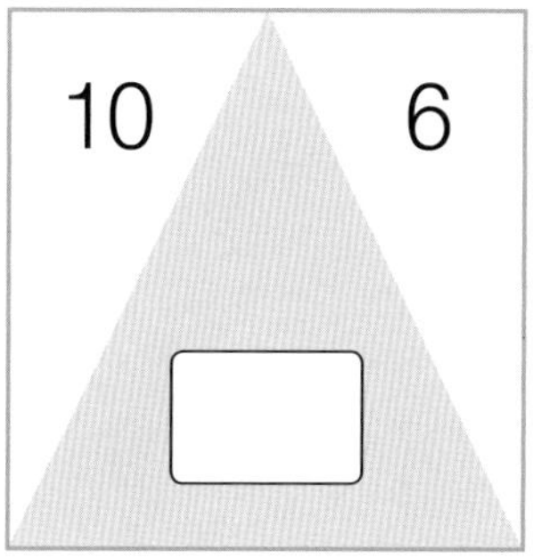

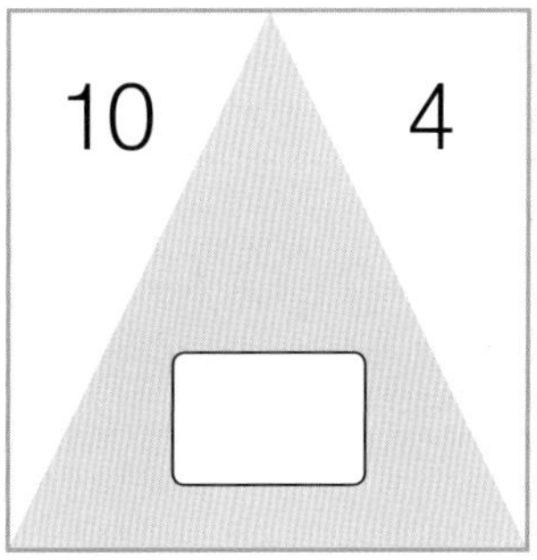

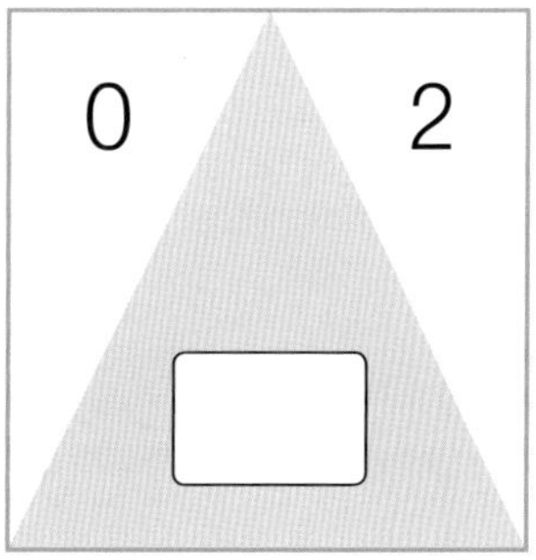

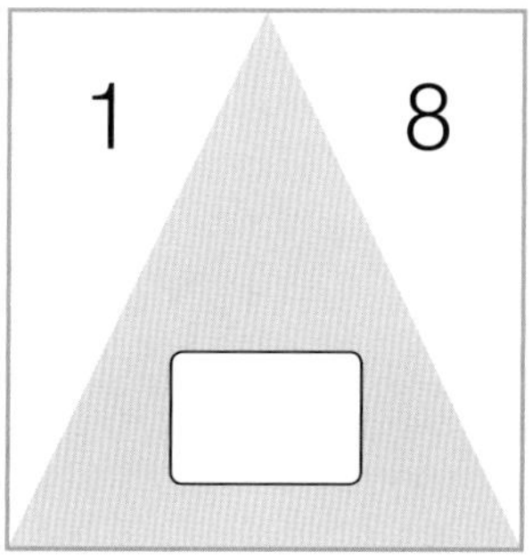

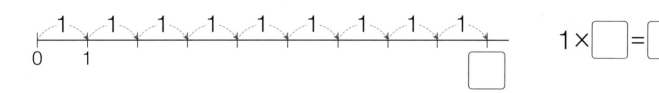

17 0단, 1단, 10단 (응용)

▌설명에 알맞은 단을 찾아 이으세요.

어떤 수를 곱하면 곱은 항상 0입니다.	★을 곱하면 곱은 항상 ★입니다.	곱하는 수가 1씩 커지면 그 곱은 10씩 커집니다.
•	•	•
•	•	•
0단	1단	10단

▌곱이 더 작은 것에 △표 하세요.

0×3	1×3	10×4	10×5
(　　)	(　　)	(　　)	(　　)
0×9	1×8	1×1	0×8
(　　)	(　　)	(　　)	(　　)
1×7	0×7	10×2	10×9
(　　)	(　　)	(　　)	(　　)

정답 18쪽

화살을 쏘고 얻은 점수는 몇 점인지 알아볼까요?

$1 \times \square = \square$(점)

$0 \times \square = \square$(점)

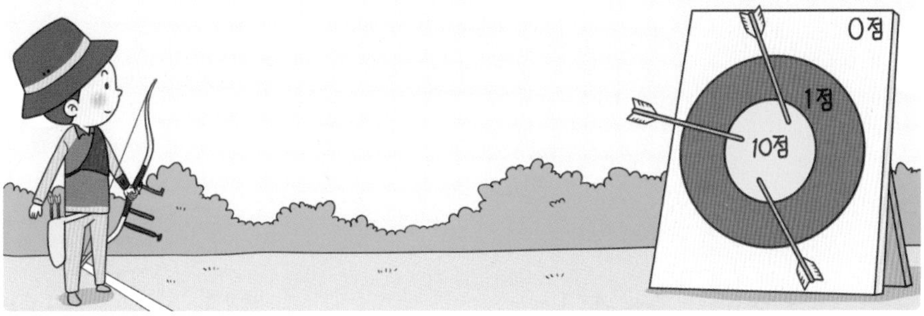

$10 \times \square = \square$(점)

물고기는 모두 몇 마리인가요?

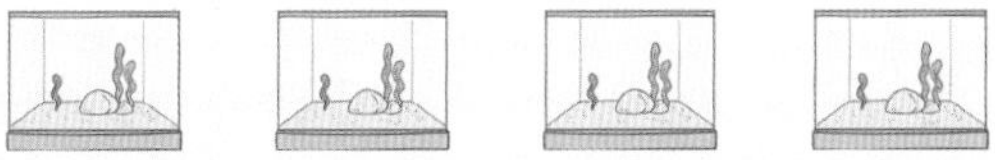

$0 \times \square = \square$(마리)

$1 \times \square = \square$(마리)

18 확인 구구단 마무리 평가

▌▢ 안에 알맞은 수를 써넣으세요.

$5\times9=\square$ $10\times3=\square$ $3\times5=\square$

$2\times8=\square$ $0\times9=\square$ $8\times8=\square$

$3\times6=\square$ $9\times4=\square$ $5\times7=\square$

$6\times5=\square$ $2\times3=\square$ $4\times4=\square$

$8\times3=\square$ $1\times8=\square$ $7\times4=\square$

▌▢ 안에 알맞은 수를 써넣으세요.

$4\times\square=20$ $7\times\square=49$ $10\times\square=90$

$3\times\square=12$ $6\times\square=18$ $6\times\square=36$

$9\times\square=63$ $2\times\square=8$ $3\times\square=24$

$7\times\square=21$ $1\times\square=5$ $8\times\square=56$

$5\times\square=40$ $9\times\square=54$ $4\times\square=36$

빈칸에 알맞은 수를 써넣으세요.

×	5	8
7		
9		

×	5	9
2		
8		

×	7	2
3		
6		

×	4	6
1		
5		

○ 안에 알맞은 수를 써넣으세요.

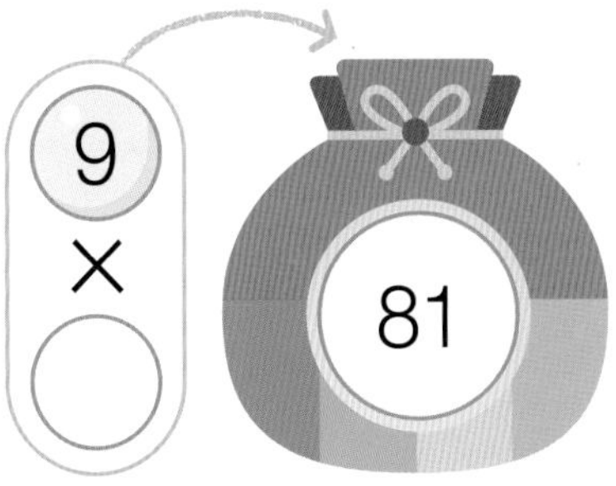

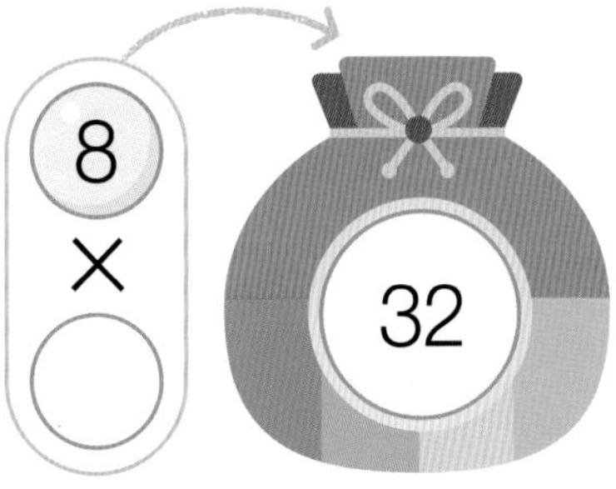

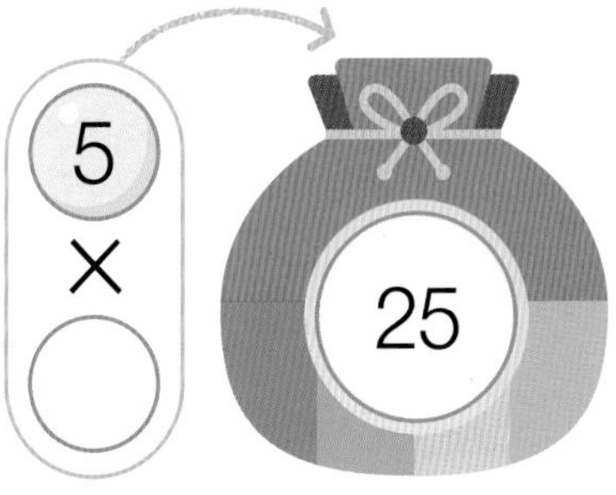

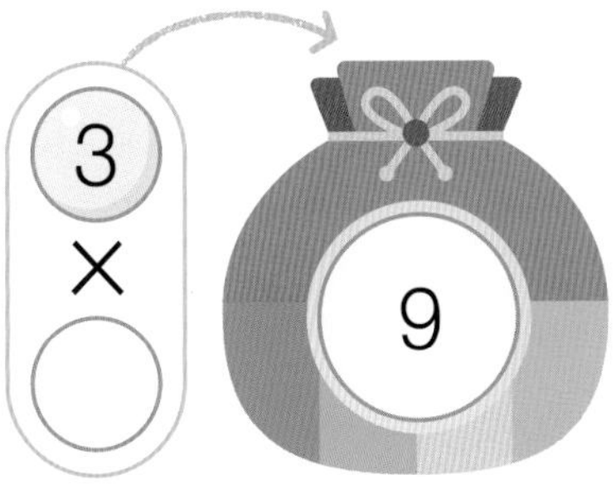

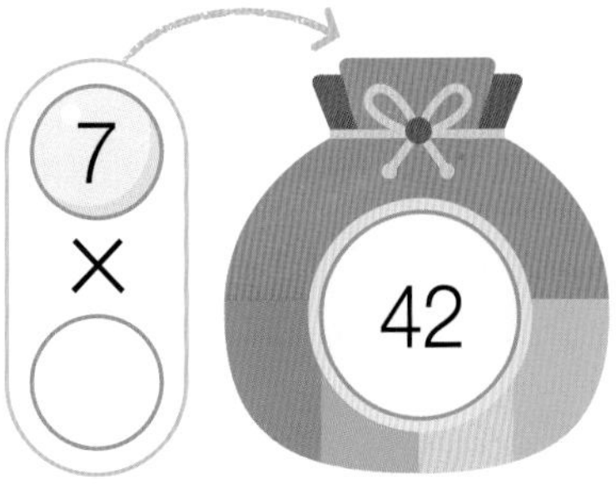

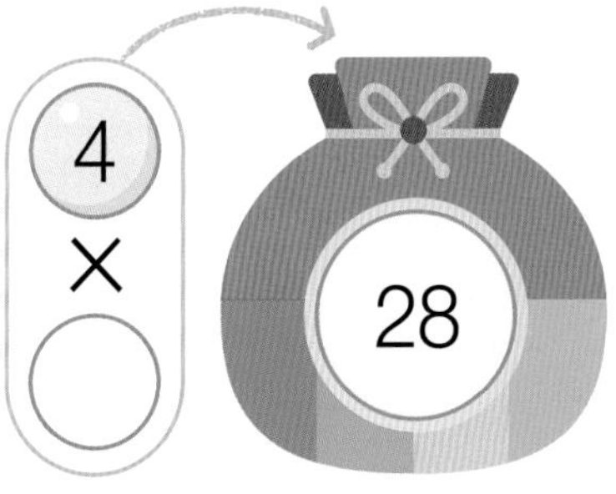

18 (확인) 구구단 마무리 평가

▌백현이의 일기를 읽고 물음에 답하세요.

20◯◯년 ◯◯월 ◯◯일

오늘은 엄마, 아빠와 캠핑을 왔다.

캠핑장에 오자마자 사진을 3×9장 찍고,

아빠와 함께 자전거를 10분씩 6번 탔다.

저녁을 먹고 나서 밤하늘을 보며 별을 5×3개 찾았다.

앞으로도 캠핑을 자주 오면 좋겠다.

백현이가 찍은 사진은 몇 장인가요?	☐장
백현이가 아빠와 함께 자전거를 몇 분 동안 탔나요?	☐분
백현이가 밤하늘을 보며 찾은 별은 몇 개인가요?	☐개

▌풍선은 모두 몇 개인가요?

☐×☐=☐(개)

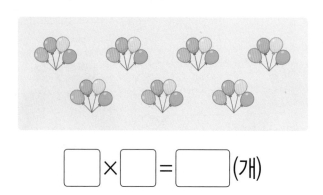

☐×☐=☐(개)

정답 19쪽

▌곱셈식이 바르게 되도록 빈칸에 알맞은 수를 써넣으세요.

→ 방향으로,
↓ 방향으로 읽어도
곱셈식이어야 해!

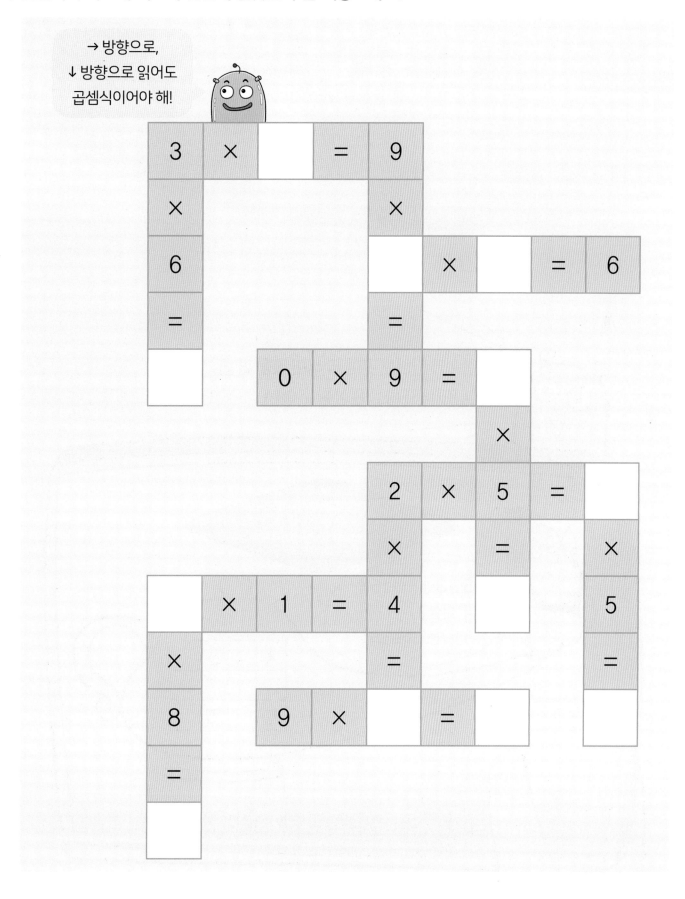

3	×	□	=	9				
×				×				
6				□	×	□	=	6
=				=				
□		0	×	9	=	□		
						×		
				2	×	5	=	□
				×		=		×
□	×	1	=	4		□		5
×				=				=
8		9	×	□	=	□		□
=								
□								

3단계 구구단 활용

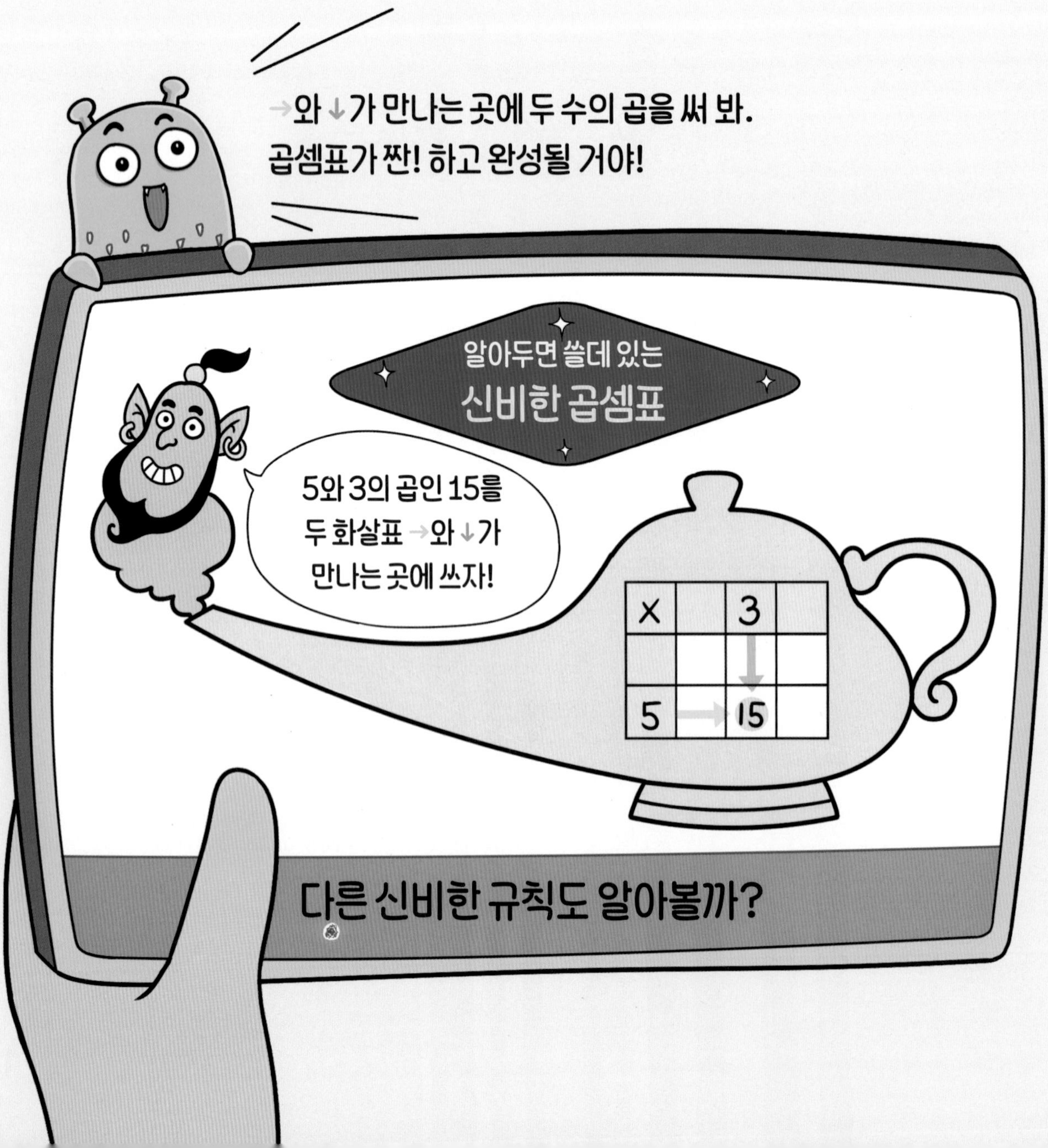
→와 ↓가 만나는 곳에 두 수의 곱을 써 봐.
곱셈표가 짠! 하고 완성될 거야!
알아두면 쓸데 있는
신비한 곱셈표
5와 3의 곱인 15를
두 화살표 →와 ↓가
만나는 곳에 쓰자!
×
3
5
15
다른 신비한 규칙도 알아볼까?

학습 계획표

학습 내용	학습 날짜
19 곱셈표 속 구구단 규칙	월 일
20 곱이 같은 곱셈식 만들기	월 일

19 곱셈표 속 구구단 규칙

곱셈표에서 →, ↓, ↘ 방향으로 규칙이 있어!

● **1단부터 9단까지 하나의 표에 나타내어 볼까요?**

×	1	2	3	4	5	6	7	8	9
1	1	2	3	4	5	6	7	8	9

⊕

×	1	2	3	4	5	6	7	8	9
2	2	4	6	8	10	12	14	16	18

⊕
⋮
⊕

×	1	2	3	4	5	6	7	8	9
9	9	18	27	36	45	54	63	72	81

×	1	2	3	4	5	6	7	8	9
1	1	2	3	4	5	6	7	8	9
2	2	4	6	8	10	12	14	16	18
3	3	6	9	12	15	18	21	24	27
4	4	8	12	16	20	24	28	32	36
5	5	10	15	20	25	30	35	40	45
6	6	12	18	24	30	36	42	48	54
7	7	14	21	28	35	42	49	56	63
8	8	16	24	32	40	48	56	64	72
9	9	18	27	36	45	54	63	72	81

• 오른쪽으로 갈수록 ☐씩 커집니다.

• 초록색 선을 따라 접으면 만나는 수가 서로 같습니다.

• 아래쪽으로 내려갈수록 ☐씩 커집니다.

이것도 알면 좋아

초록색 선을 따라 접으면 7×8과 8×7의 곱이 같아요. → 곱하는 두 수의 순서를 바꾸어도 곱이 같아요.

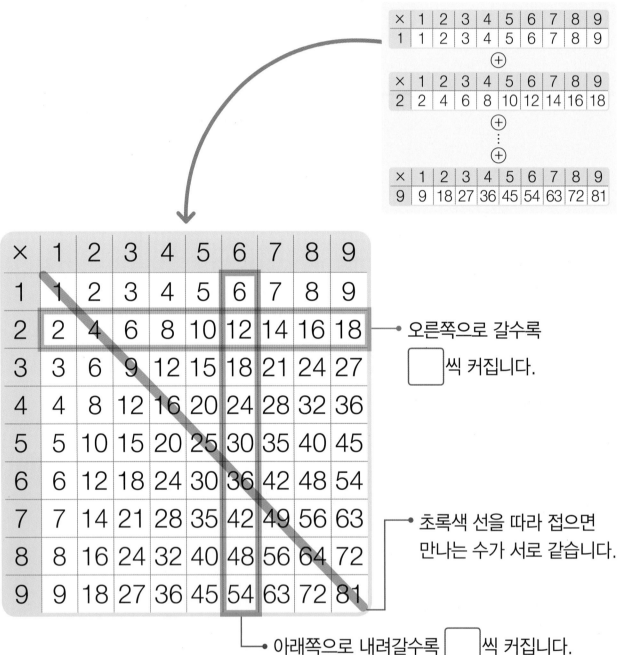

정답 19쪽

▌빈칸에 알맞은 수를 써넣으세요.

×	1	2	3
1			
2			
3			

×	4	5	6
4			
5			
6			

×	7	8	9
7			
8			
9			

×	1	3	5
2			
4			
6			

×	2	6	8
3			
6			
9			

×	5	7	9
5			
7			
9			

▌□ 안에 알맞은 수를 써넣으세요.

×	1	2	3	4
□	7	14	21	28

×	3	4	5	6
□	24	32	40	48

×	6	7	8	9
□	24	28	32	36

×	5	6	7	8
□	15	18	21	24

19 곱셈표 속 구구단 규칙 (연습)

▌곱셈표를 보고 알맞은 수 또는 말에 ○표 하세요.

×	1	2	3	4
1	1	2	3	4
2	2	4	6	8
3	3	6	9	12
4	4	8	12	16

□ 으로 칠해진 수는

오른쪽으로 갈수록

(3 , 5)씩 커집니다.

×	4	5	6	7
4	16	20	24	28
5	20	25	30	35
6	24	30	36	42
7	28	35	42	49

□ 으로 칠해진 수는

아래쪽으로 내려갈수록

(4 , 5)씩 커집니다.

×	6	7	8	9
6	36	42	48	54
7	42	49	56	63
8	48	56	64	72
9	54	63	72	81

□와 곱이 같은 곱셈식은

(6×9 , 7×8)입니다.

×	1	3	5	7
1	1	3	5	7
3	3	9	15	21
5	5	15	25	35
7	7	21	35	49

초록색 선을 따라 접으면

만나는 수가 서로

(같습니다 , 다릅니다).

정답 20쪽

▌빈칸에 알맞은 수를 써넣고, ▢의 수보다 곱이 큰 칸에 모두 색칠하세요.

×	1	2	3	4
1				
2		▢		
3				

×	5	6	7	8
3				
4			▢	
5				

×	4	5	6	7
5				▢
6				
7				

×	6	7	8	9
7			▢	
8				
9				

▌초록색 선의 규칙을 떠올리며 ★에 알맞은 수와 곱이 같은 칸에 ○표 하세요.

×	2	3	4	5
2				
3				
4		★		
5				

×	6	7	8	9
6			★	
7				
8				
9				

19 곱셈표 속 구구단 규칙 (응용)

곱셈표에서 규칙을 찾아 빈칸에 알맞은 수를 써넣으세요.

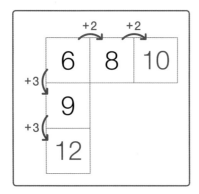

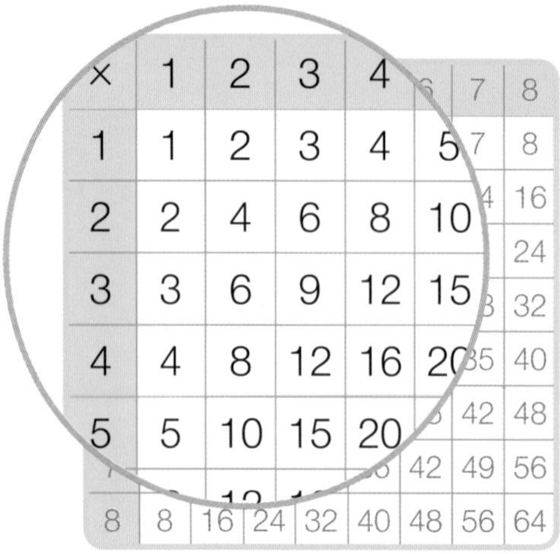

+2 +2 / +3 +3

6	8	10
9		
12		

12	15	18
	20	24

	49		
48	56		
	63	72	

5	10	15
6	12	

42	49	
48	56	64

6			
9	12	15	18
	16		24

		49
40	48	56
	54	

12	16	
15	20	
18		

	2		
2	4	6	
3	6		

정답 20쪽

보보가 제일 좋아하는 음식을 찾아 ○표 하세요.

안녕? 난 보보야.
□ 안에 알맞은 수나 말을 따라가면
내가 제일 좋아하는 음식을 알 수 있어!

×	1	2	3	4	5	6	7	8	9
1									
2									
3									
4									
5									
6			★						
7									
8									
9									

출발

□으로 칠해진 수는
→ 방향으로 □씩 커집니다.

(→ 4) (↓ 7)

□으로 칠해진 수는
↓ 방향으로 □씩 커집니다.

(↙ 6) (↓ 8)

★에 알맞은 수는
□□입니다.

(→ 18) (↓ 24)

초록색 선을 따라 접으면
만나는 수가 서로 □□□□.

(↙ 같습니다) (↓ 다릅니다)

□으로 칠해진 수의 규칙은
□단의 규칙과 같습니다.

(→ 6) (↓ 3)

5단에서 일의 자리 숫자는
5와 □이/가 반복됩니다.

(↓ 0)

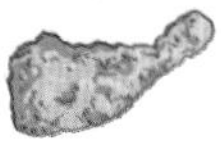

20 곱이 같은 곱셈식 만들기

묶는 수를 바꾸어 곱이 같은 곱셈식을 만들어!

● **지우개의 수를 세어 곱이 8인 곱셈식을 만들어 볼까요?**

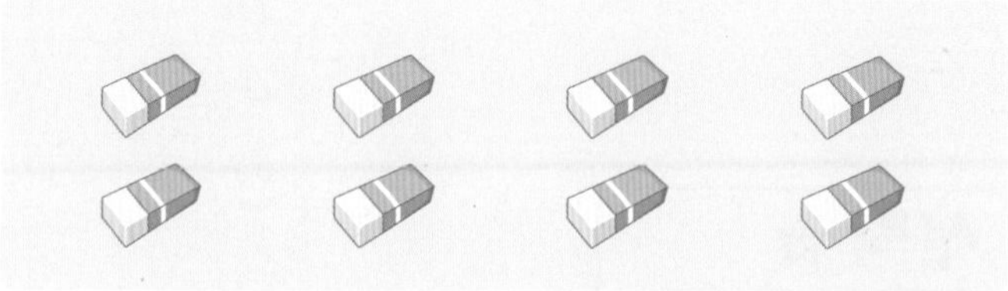

(방법 1) 2씩 묶어 세기

2×□=8

(방법 2) 4씩 묶어 세기

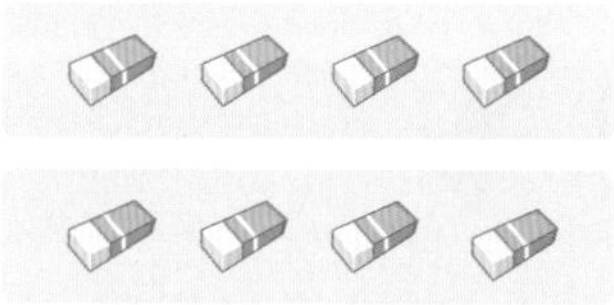

4×□=8

곱하는 두 수의 순서를 바꾸어도 곱은 같아요.

(방법 3) 1씩 묶어 세기

1×□=8

(방법 4) 8씩 묶어 세기

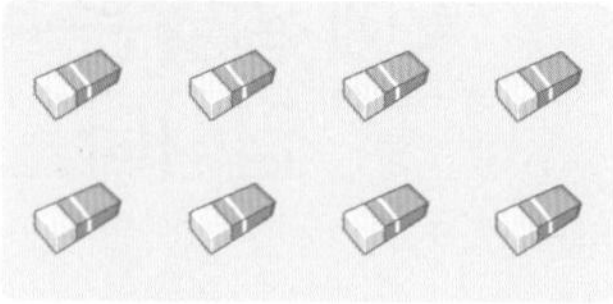

8×□=8

곱하는 두 수의 순서를 바꾸어도 곱은 같아요.

→ 곱이 8인 곱셈식은 1×□, 2×□,

4×□, 8×□입니다.

정답 20쪽

▌주어진 수로 묶어 세어 곱이 같은 곱셈식을 만들어 보세요.

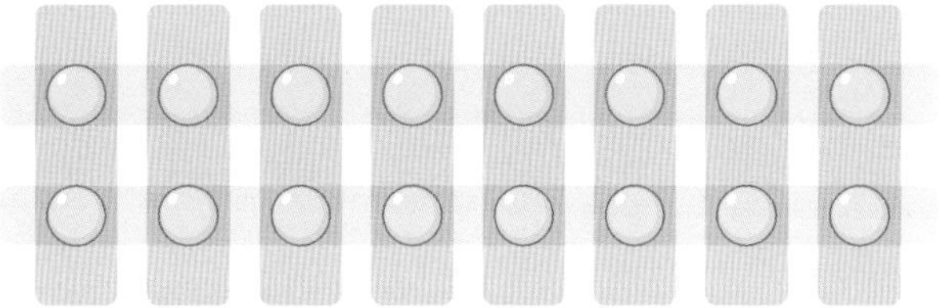

$2 \times \square = \square$

$8 \times \square = \square$

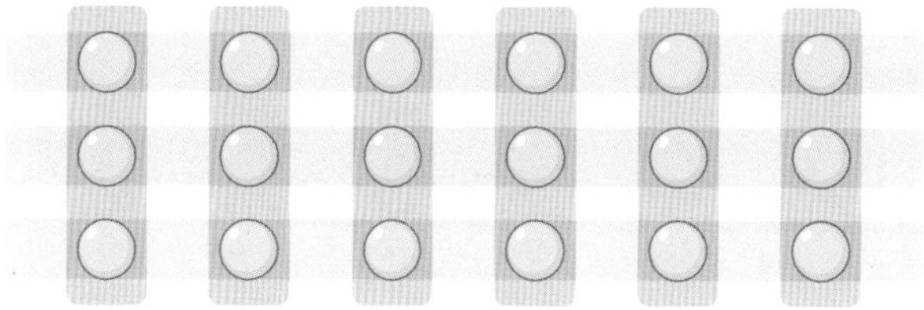

$3 \times \square = \square$

$6 \times \square = \square$

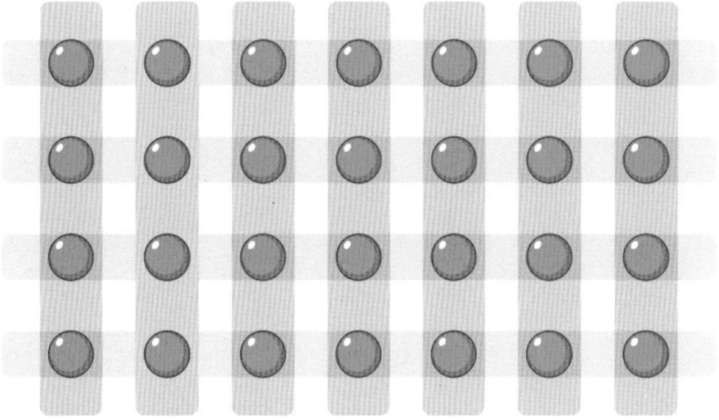

$4 \times \square = \square$

$7 \times \square = \square$

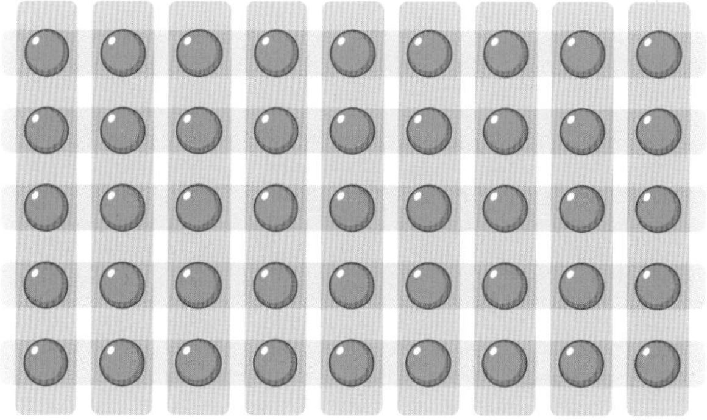

$5 \times \square = \square$

$9 \times \square = \square$

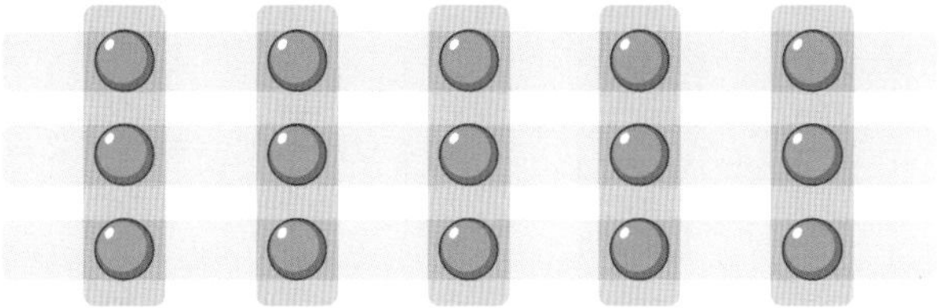

$3 \times \square = \square$

$5 \times \square = \square$

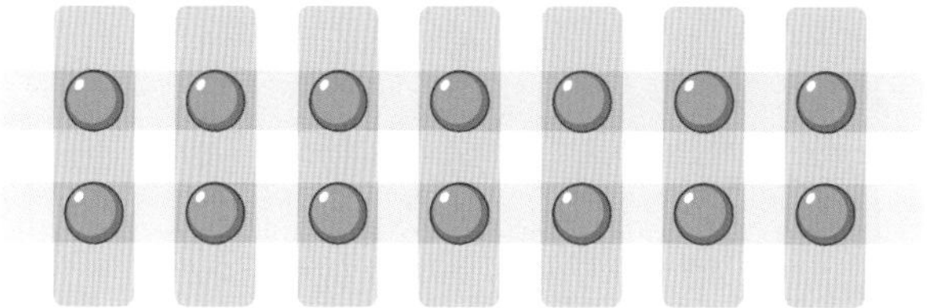

$2 \times \square = \square$

$7 \times \square = \square$

20 곱이 같은 곱셈식 만들기 (연습)

곱하는 두 수의 순서를 바꾸어 곱이 같은 곱셈식으로 나타내세요.

$7\times8=56$

→ $8\times7=56$

$4\times5=\square$

→ $\square\times\square=\square$

$9\times3=\square$

→ $\square\times\square=\square$

$5\times8=\square$

→ $\square\times\square=\square$

$6\times5=\square$

→ $\square\times\square=\square$

$3\times7=\square$

→ $\square\times\square=\square$

그림을 보고 알맞은 곱셈식으로 나타내세요.

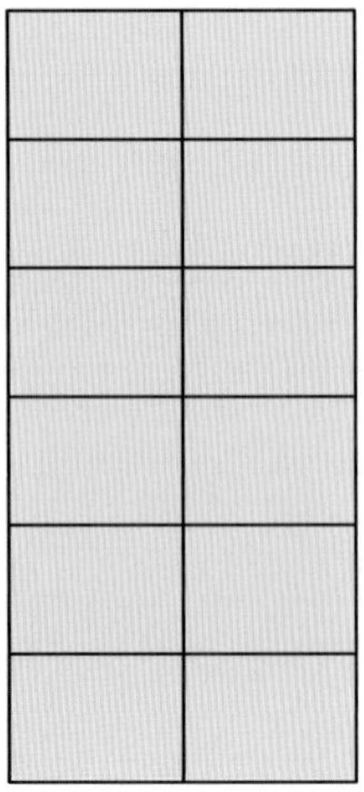

$2\times\square=\square$

$3\times\square=\square$

$4\times\square=\square$

$6\times\square=\square$

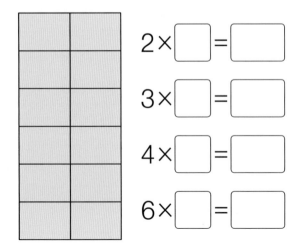

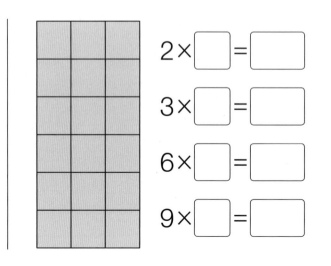

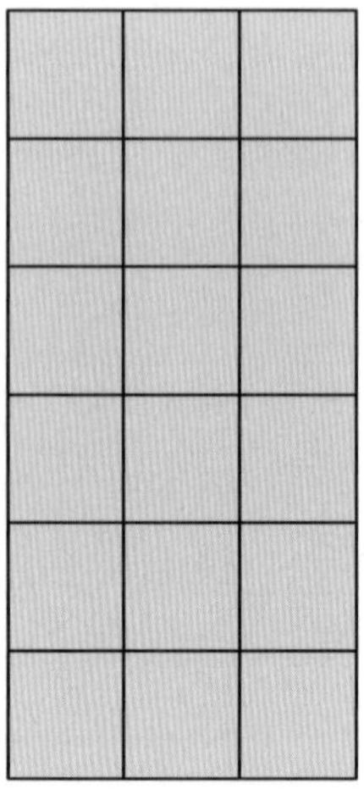

$2\times\square=\square$

$3\times\square=\square$

$6\times\square=\square$

$9\times\square=\square$

정답 **21**쪽

과일의 수를 곱셈식으로 바르게 나타낸 것에 모두 색칠하세요.

1×3=3	1×4=4
2×2=4	3×1=3
4×1=4	2×3=6

3×3=9	2×4=8
4×2=8	9×1=9
1×9=9	2×3=9

3×5=15	2×8=16
8×2=16	6×3=16
5×3=15	4×4=16

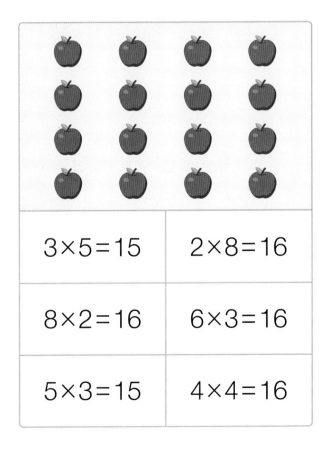

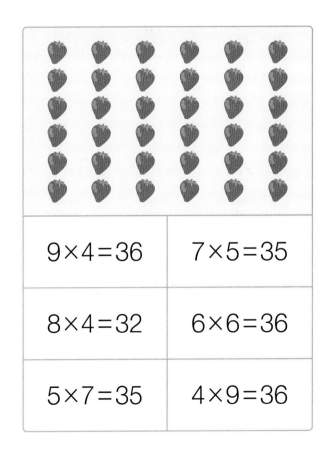

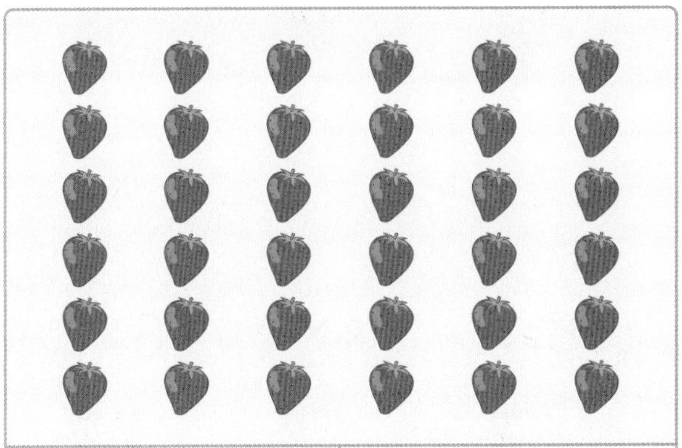

9×4=36	7×5=35
8×4=32	6×6=36
5×7=35	4×9=36

20 곱이 같은 곱셈식 만들기 (응용)

■ 곱이 같은 것끼리 이으세요

1×8 •	• 6×3	5×2 •	• 7×6
3×6 •	• 4×7	9×6 •	• 2×5
7×4 •	• 8×1	6×7 •	• 6×9

■ 곱이 다른 하나를 찾아 △표 하세요.

4×6　8×3　9×5

4×3　5×4　2×6

6×1　4×4　3×2

5×9　6×6　9×4

4×4　9×2　3×6

2×4　8×1　3×3

정답 21쪽

곱이 같은 친구끼리 짝을 지어 달리기를 하려고 합니다. 짝을 찾아 이어 보고, ▢ 안에 곱을 알맞게 써넣으세요.

한 번 더 확인하는

구구단 학습지

여러 단을 섞어서 푸는 연습을 하면
구구단을 더 확실하게 익힐 수 있어요.

❶ 2단, 5단 확인

❷ 3단, 6단 확인

❸ 2단, 5단, 3단, 6단 확인

❹ 4단, 8단 확인

❺ 7단, 9단 확인

❻ 4단, 8단, 7단, 9단 확인

❼ 2단 ~ 9단 확인

❽ 0단 ~ 10단 확인

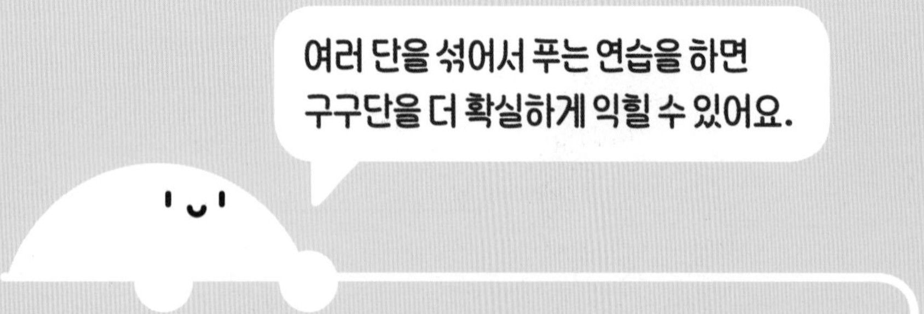

학습지 ① 2단, 5단 확인

● 정답 22쪽

▌□ 안에 알맞은 수를 써넣으세요.

$2\times1=\square$	$5\times3=\square$	$2\times4=\square$
$5\times2=\square$	$2\times8=\square$	$5\times7=\square$
$2\times9=\square$	$5\times6=\square$	$2\times6=\square$
$5\times8=\square$	$2\times3=\square$	$5\times9=\square$
$2\times5=\square$	$5\times4=\square$	$2\times7=\square$

▌□ 안에 알맞은 수를 써넣으세요.

$5\times\square=25$	$2\times\square=16$	$5\times\square=5$
$2\times\square=4$	$5\times\square=35$	$2\times\square=10$
$5\times\square=45$	$2\times\square=2$	$5\times\square=20$
$2\times\square=8$	$5\times\square=10$	$2\times\square=6$
$5\times\square=15$	$2\times\square=18$	$5\times\square=30$

● 정답 22쪽

빈칸에 알맞은 수를 써넣으세요.

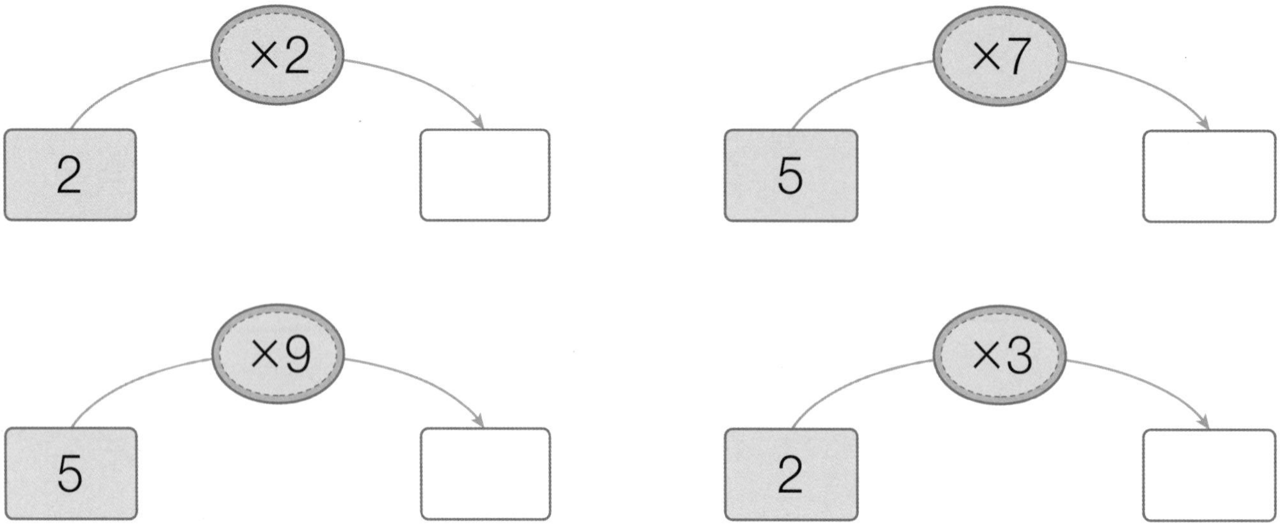

빈칸에 알맞은 수를 써넣으세요.

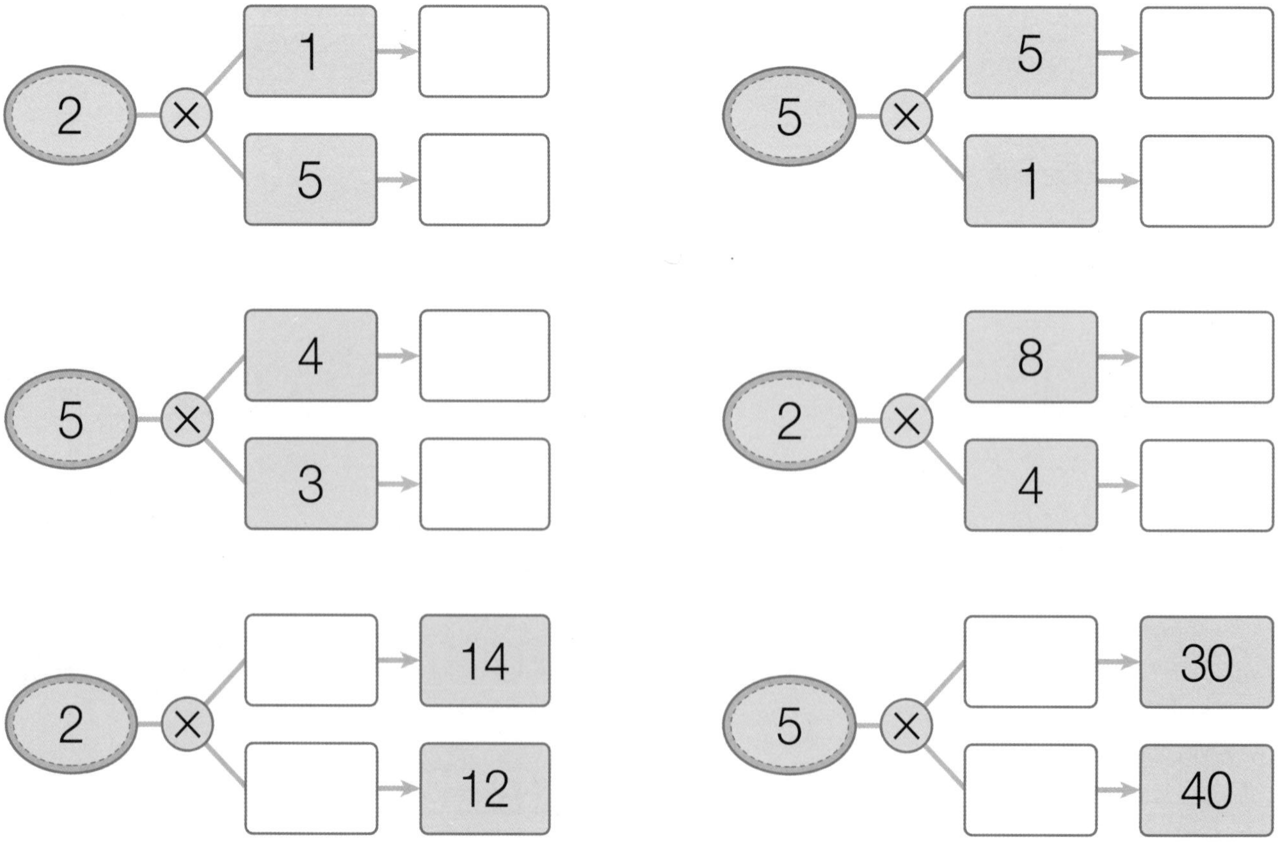

학습지 ② 3단, 6단 확인

● 정답 22쪽

▌▢ 안에 알맞은 수를 써넣으세요.

$3\times5=\square$	$6\times3=\square$	$3\times2=\square$
$6\times1=\square$	$3\times8=\square$	$6\times8=\square$
$3\times6=\square$	$6\times2=\square$	$3\times4=\square$
$6\times4=\square$	$3\times1=\square$	$6\times6=\square$
$3\times9=\square$	$6\times9=\square$	$3\times7=\square$

▌▢ 안에 알맞은 수를 써넣으세요.

$6\times\square=18$	$3\times\square=3$	$6\times\square=48$
$3\times\square=6$	$6\times\square=30$	$3\times\square=18$
$6\times\square=54$	$3\times\square=21$	$6\times\square=42$
$3\times\square=15$	$6\times\square=12$	$3\times\square=9$
$6\times\square=6$	$3\times\square=27$	$6\times\square=24$

학습지 ② 3단, 6단 확인

● 정답 22쪽

▌빈칸에 알맞은 수를 써넣으세요.

3 — ×3 → □
3 — ×9 → □

6 — ×1 → □
6 — ×7 → □

6 — ×2 → □
6 — ×5 → □

3 — ×5 → □
3 — ×6 → □

▌빈 곳에 알맞은 수를 써넣으세요.

6 × ( ) = 36

3 × ( ) = 12

3 × ( ) = 24

6 × ( ) = 54

6 × ( ) = 18

3 × ( ) = 21

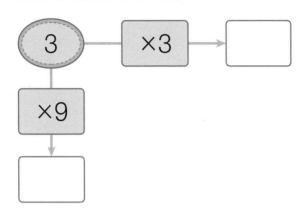

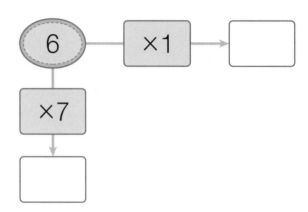

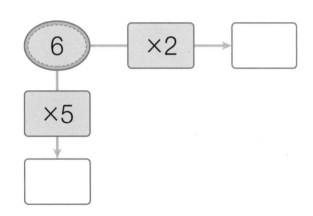

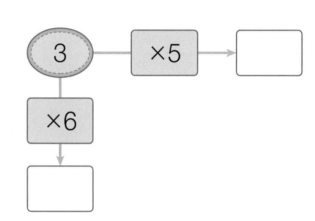

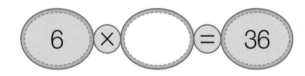

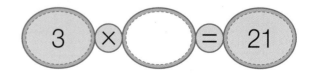

학습지 ③ 2단, 5단, 3단, 6단 확인

● 정답 22쪽

▮ ☐ 안에 알맞은 수를 써넣으세요.

$2 \times 3 = \square$　　$3 \times 8 = \square$　　$5 \times 5 = \square$

$3 \times 1 = \square$　　$6 \times 9 = \square$　　$6 \times 3 = \square$

$2 \times 7 = \square$　　$2 \times 4 = \square$　　$3 \times 4 = \square$

$5 \times 8 = \square$　　$5 \times 1 = \square$　　$5 \times 6 = \square$

$6 \times 6 = \square$　　$6 \times 8 = \square$　　$2 \times 2 = \square$

▮ ☐ 안에 알맞은 수를 써넣으세요.

$5 \times \square = 20$　　$6 \times \square = 6$　　$3 \times \square = 6$

$6 \times \square = 42$　　$5 \times \square = 15$　　$2 \times \square = 12$

$3 \times \square = 9$　　$2 \times \square = 16$　　$6 \times \square = 24$

$2 \times \square = 2$　　$6 \times \square = 30$　　$3 \times \square = 27$

$5 \times \square = 45$　　$3 \times \square = 18$　　$2 \times \square = 10$

학습지 ③ 2단, 5단, 3단, 6단 확인

● 정답 22쪽

▌빈칸에 알맞은 수를 써넣으세요.

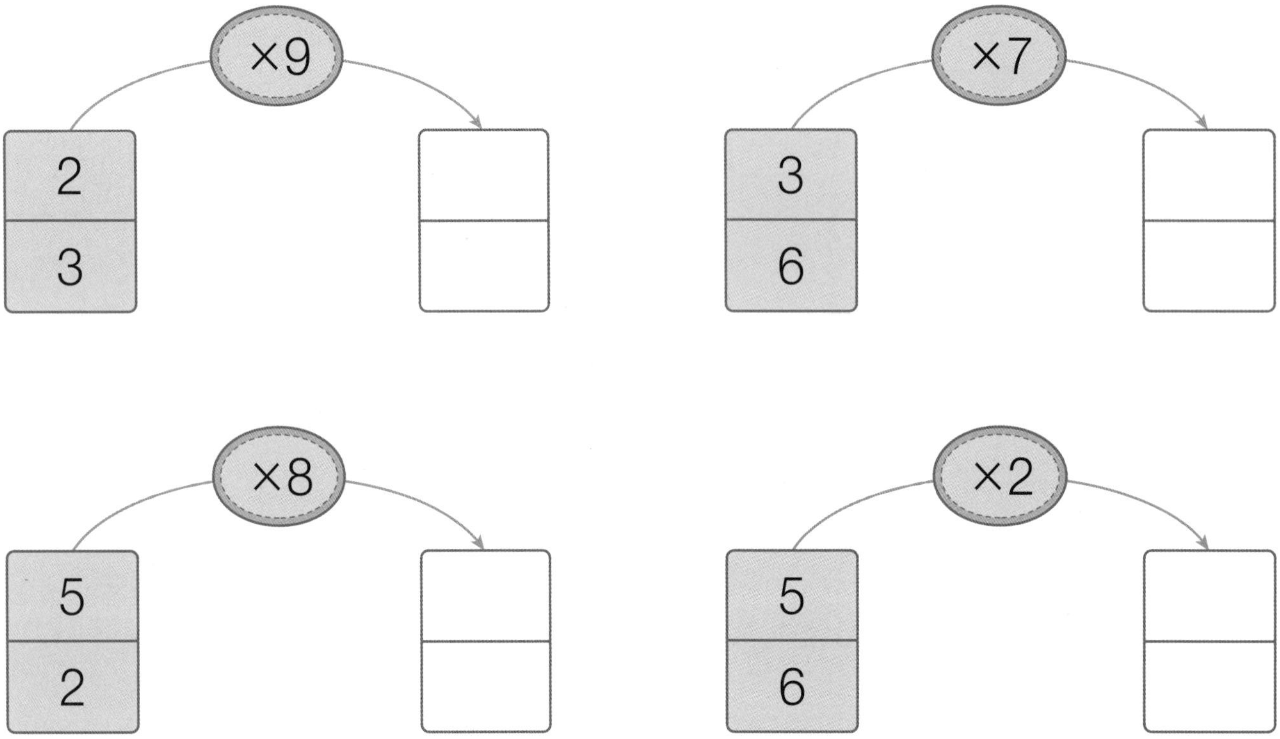

▌빈칸에 알맞은 수를 써넣으세요.

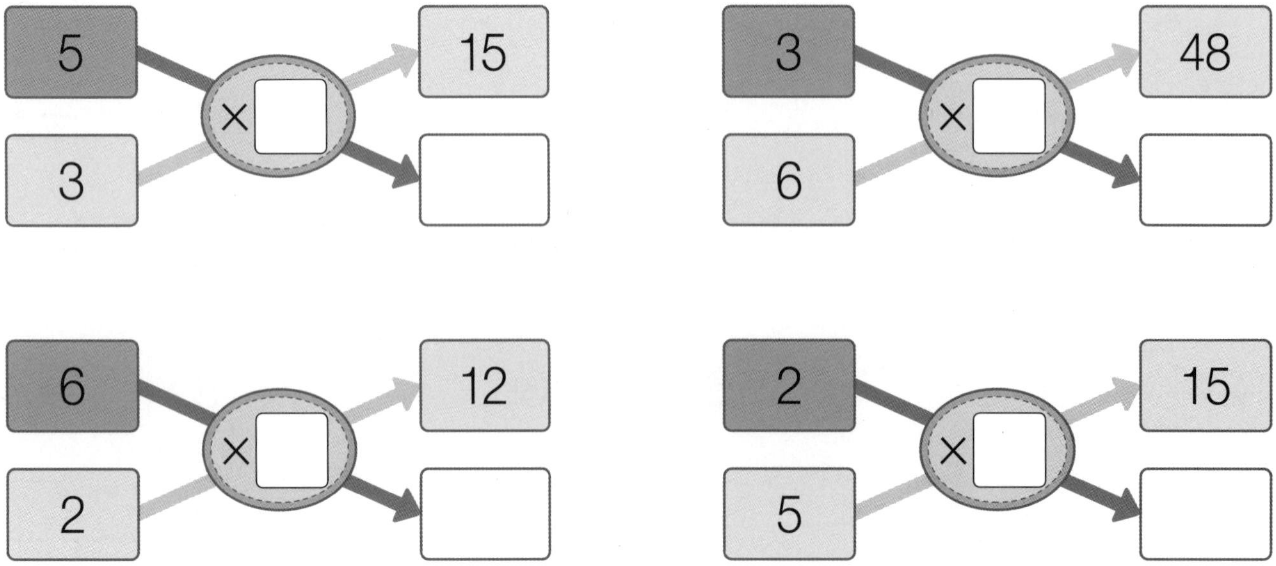

학습지 ④ 4단, 8단 확인

● 정답 23쪽

▮ ☐ 안에 알맞은 수를 써넣으세요.

$4\times6=\square$	$8\times2=\square$	$4\times8=\square$
$8\times5=\square$	$4\times1=\square$	$8\times7=\square$
$4\times9=\square$	$8\times9=\square$	$4\times5=\square$
$8\times4=\square$	$4\times3=\square$	$8\times1=\square$
$4\times7=\square$	$8\times8=\square$	$4\times4=\square$

▮ ☐ 안에 알맞은 수를 써넣으세요.

$8\times\square=48$	$4\times\square=24$	$8\times\square=64$
$4\times\square=4$	$8\times\square=40$	$4\times\square=8$
$8\times\square=24$	$4\times\square=12$	$8\times\square=72$
$4\times\square=16$	$8\times\square=8$	$4\times\square=28$
$8\times\square=56$	$4\times\square=32$	$8\times\square=16$

학습지 ④ 4단, 8단 확인

■ 빈 곳에 알맞은 수를 써넣으세요.

4 —(×2)→ □

8 —(×3)→ □

8 —(×9)→ □

4 —(×7)→ □

■ 빈칸에 알맞은 수를 써넣으세요.

4 × 4 → □
4 × 8 → □

8 × 6 → □
8 × 5 → □

8 × 8 → □
8 × 2 → □

4 × 1 → □
4 × 6 → □

4 × □ → 20
4 × □ → 36

8 × □ → 56
8 × □ → 32

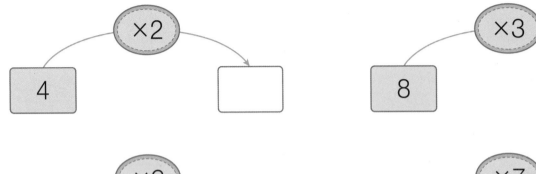

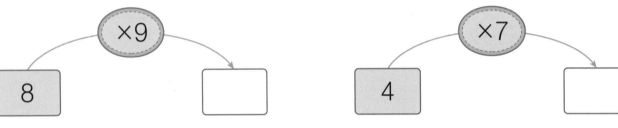

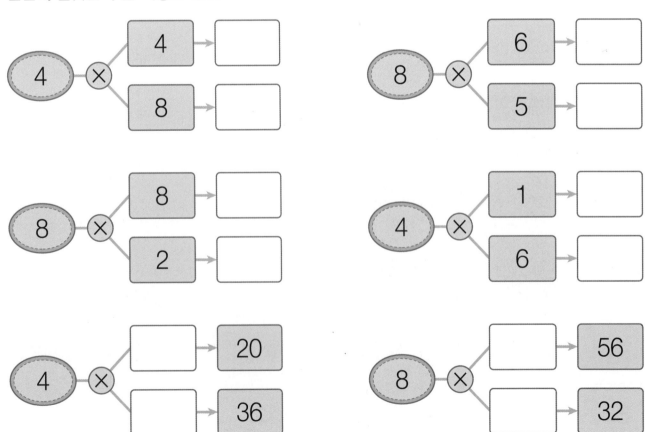

학습지 ⑤ 7단, 9단 확인

● 정답 23쪽

▌▢ 안에 알맞은 수를 써넣으세요.

$7\times7=\square$　　$9\times6=\square$　　$7\times8=\square$

$9\times3=\square$　　$7\times2=\square$　　$9\times1=\square$

$7\times1=\square$　　$9\times9=\square$　　$7\times4=\square$

$9\times8=\square$　　$7\times6=\square$　　$9\times5=\square$

$7\times9=\square$　　$9\times4=\square$　　$7\times3=\square$

▌▢ 안에 알맞은 수를 써넣으세요.

$9\times\square=9$　　$7\times\square=49$　　$9\times\square=45$

$7\times\square=21$　　$9\times\square=18$　　$7\times\square=7$

$9\times\square=54$　　$7\times\square=63$　　$9\times\square=63$

$7\times\square=42$　　$9\times\square=36$　　$7\times\square=28$

$9\times\square=72$　　$7\times\square=35$　　$9\times\square=81$

학습지 ⑤ 7단, 9단 확인

● 정답 23쪽

빈칸에 알맞은 수를 써넣으세요.

7 → ×7 → ☐
7 → ×5 → ☐

9 → ×2 → ☐
9 → ×8 → ☐

9 → ×7 → ☐
9 → ×1 → ☐

7 → ×3 → ☐
7 → ×9 → ☐

빈 곳에 알맞은 수를 써넣으세요.

9 × ( ) = 27

7 × ( ) = 28

7 × ( ) = 14

9 × ( ) = 81

9 × ( ) = 45

7 × ( ) = 56

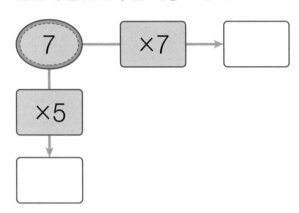

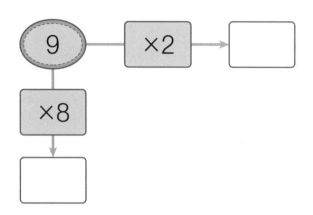

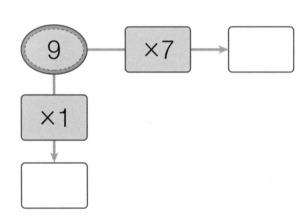

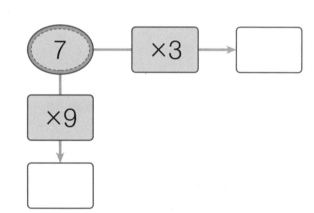

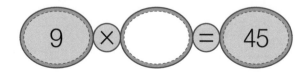

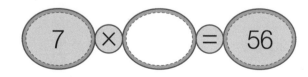

학습지 ⑥ 4단, 8단, 7단, 9단 확인

● 정답 23쪽

▌▢ 안에 알맞은 수를 써넣으세요.

$4\times2=\square$	$8\times1=\square$	$9\times6=\square$
$8\times7=\square$	$7\times4=\square$	$7\times2=\square$
$7\times1=\square$	$4\times6=\square$	$9\times5=\square$
$8\times4=\square$	$9\times9=\square$	$4\times7=\square$
$9\times3=\square$	$7\times8=\square$	$8\times9=\square$

▌▢ 안에 알맞은 수를 써넣으세요.

$8\times\square=16$	$4\times\square=4$	$7\times\square=35$
$4\times\square=20$	$7\times\square=63$	$9\times\square=63$
$9\times\square=72$	$8\times\square=24$	$4\times\square=36$
$7\times\square=49$	$4\times\square=32$	$9\times\square=18$
$8\times\square=64$	$9\times\square=36$	$8\times\square=48$

⑥ 4단, 8단, 7단, 9단 확인

● 정답 23쪽

빈칸에 알맞은 수를 써넣으세요.

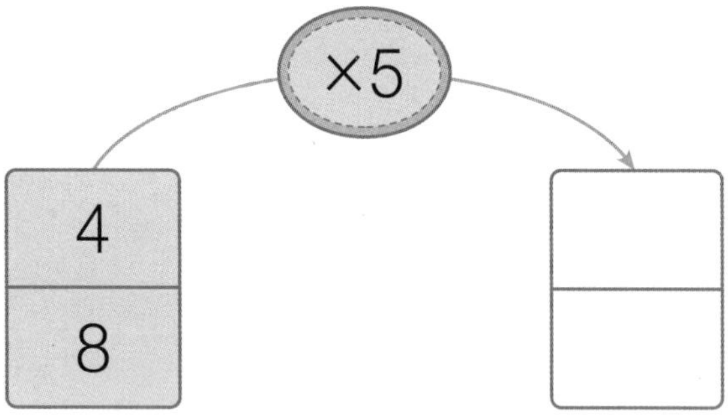

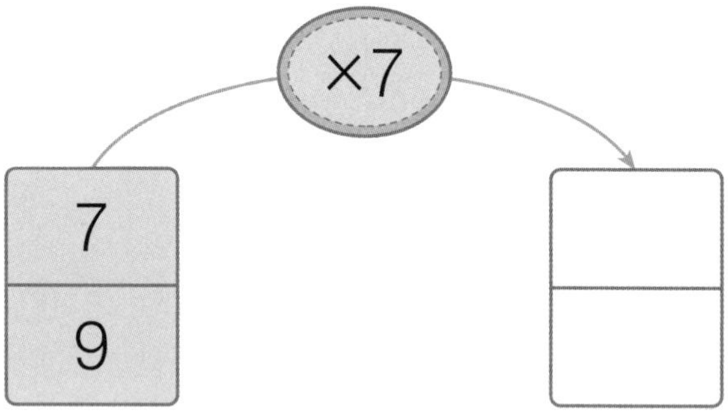

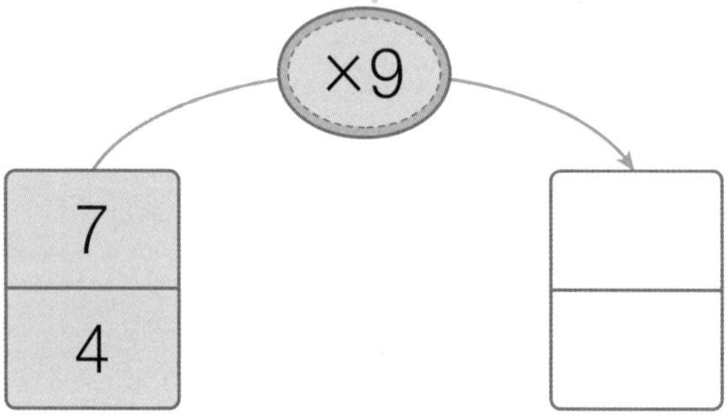

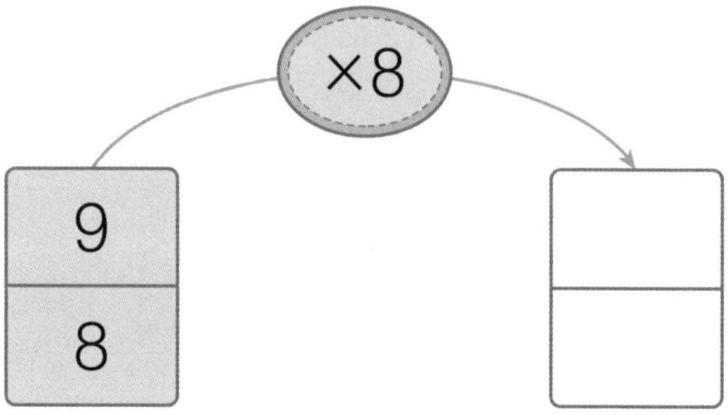

빈 곳에 알맞은 수를 써넣으세요.

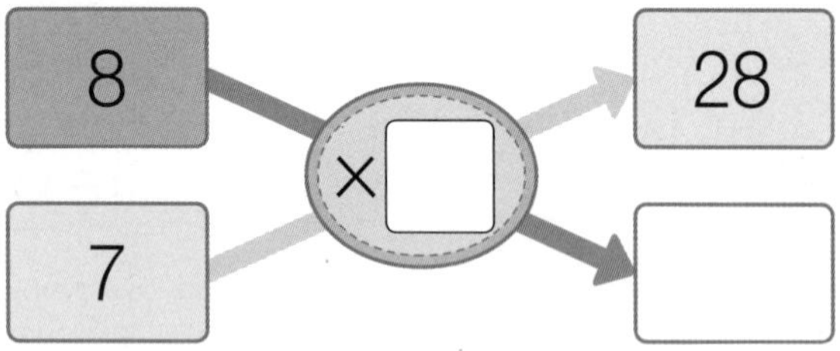

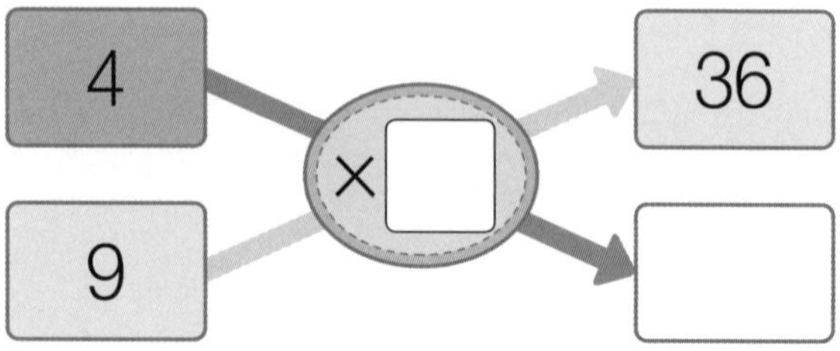

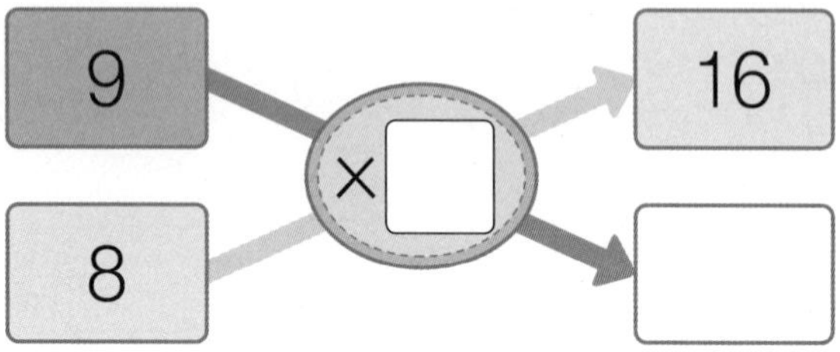

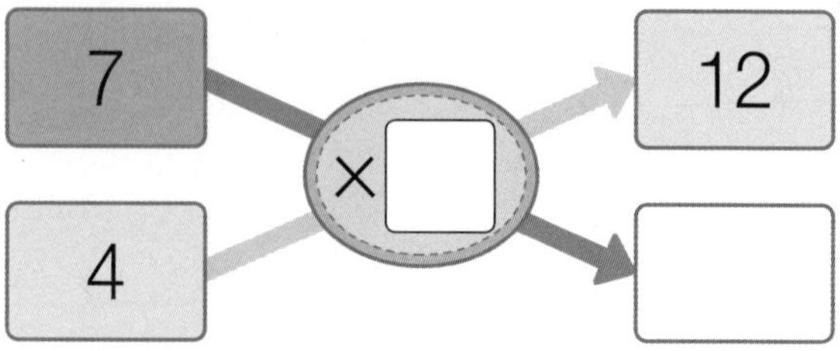

학습지 ⑦ 2단~9단 확인

● 정답 24쪽

▌▢ 안에 알맞은 수를 써넣으세요.

$3\times6=\square$	$2\times2=\square$	$5\times4=\square$
$6\times5=\square$	$8\times6=\square$	$7\times6=\square$
$4\times7=\square$	$7\times5=\square$	$4\times2=\square$
$8\times9=\square$	$5\times3=\square$	$3\times7=\square$
$9\times3=\square$	$6\times8=\square$	$9\times6=\square$

▌▢ 안에 알맞은 수를 써넣으세요.

$2\times\square=6$	$6\times\square=12$	$7\times\square=49$
$6\times\square=54$	$7\times\square=28$	$4\times\square=24$
$3\times\square=12$	$4\times\square=32$	$8\times\square=40$
$8\times\square=56$	$9\times\square=81$	$2\times\square=18$
$5\times\square=30$	$3\times\square=9$	$5\times\square=40$

● 정답 24쪽

▌빈칸에 알맞은 수를 써넣으세요.

×

6	7	

×

4	9	

×

7	8	

×

8	2	

×

9	5	

×

3	9	

▌○ 안에 알맞은 수를 써넣으세요.

3 × ○ → 15

5 × ○ → 35

4 × ○ → 20

2 × ○ → 16

9 × ○ → 36

7 × ○ → 63

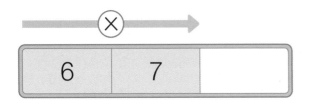

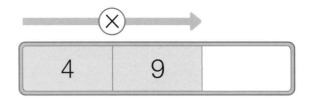

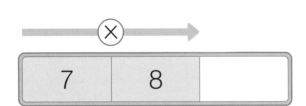

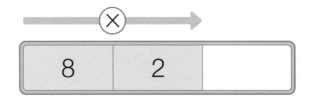

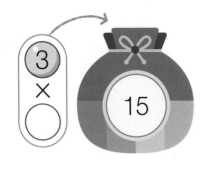

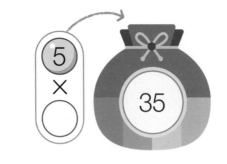

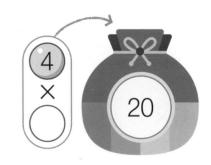

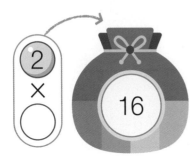

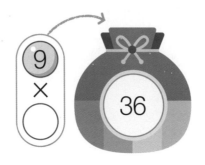

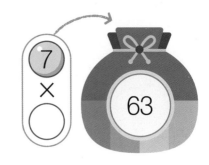

학습지 ⑧ 0단~10단 확인

● 정답 24쪽

▮ ▢ 안에 알맞은 수를 써넣으세요.

$1\times7=\square$	$5\times9=\square$	$7\times3=\square$
$8\times4=\square$	$0\times3=\square$	$3\times5=\square$
$6\times6=\square$	$2\times9=\square$	$4\times4=\square$
$3\times8=\square$	$9\times6=\square$	$8\times7=\square$
$6\times3=\square$	$7\times7=\square$	$10\times2=\square$

▮ ▢ 안에 알맞은 수를 써넣으세요.

$4\times\square=28$	$5\times\square=25$	$8\times\square=24$
$1\times\square=9$	$7\times\square=14$	$2\times\square=12$
$4\times\square=12$	$9\times\square=63$	$6\times\square=24$
$7\times\square=56$	$3\times\square=27$	$9\times\square=45$
$8\times\square=72$	$10\times\square=40$	$6\times\square=42$

● 정답 24쪽

빈칸에 알맞은 수를 써넣으세요.

×	1	5
2		
4		
6		

×	7	9
3		
9		
10		

×	8	2
8		
5		
7		

×	6	8
0		
1		
4		

□ 안에 알맞은 수를 써넣으세요.

1 → ×□ → 4
1 → ×□ → 7

5 → ×□ → 15
5 → ×□ → 30

9 → ×□ → 27
9 → ×□ → 72

6 → ×□ → 12
6 → ×□ → 54

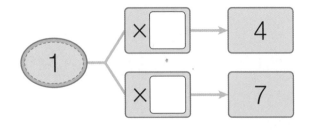

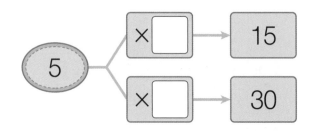

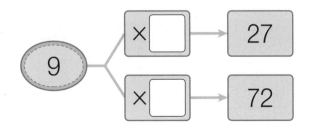

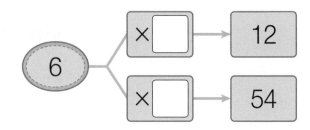

4

초능력

구구단 정답

초등 수학

1~2 학년

동아출판

차례

01 8~9쪽

뛰어 세기, 묶어 세기로 수를 세어 봐!

● 공룡의 수를 여러 가지 방법으로 세어 볼까요?

(방법 1) 하나씩 세기

1 2 3 4 5 6 7 8 9 10 11 12

→ 하나씩 세면 12입니다.

(방법 2) 2씩 뛰어 세기

0 1 2 3 4 5 6 7 8 9 10 11 12 (2씩 커져요.)

→ 2씩 6번 뛰어 세면 12입니다.

(방법 3) 2씩 묶어 세기

2 - 4 - 6 - 8 - 10 - 12

→ 2씩 6묶음은 12입니다.

▮ 수직선을 보고 알맞게 뛰어 세어 보세요.

3, 3, 3, 3: 0 1 2 3 6 9 12

2, 2, 2, 2, 2, 2, 2, 2, 2: 0 1 2 4 6 8 10 12 14 16 18

5, 5, 5, 5: 0 1 2 3 4 5 10 15 20

▮ 그림을 보고 □ 안에 알맞은 수를 써넣으세요.

4씩 4묶음   3씩 5묶음

2씩 7묶음   5씩 6묶음

01 10~11쪽

▮ 사탕은 모두 몇 개인지 뛰어 세어 보세요.

2씩 뛰어 세면 2, 4, 6, 8, 10입니다. → 10개

3씩 뛰어 세면 3, 6, 9, 12, 15, 18입니다. → 18개

4씩 뛰어 세면 4, 8, 12, 16입니다. → 16개

▮ 단추를 주어진 수만큼 묶고, □ 안에 알맞은 수를 써넣으세요.

2씩 묶기	3씩 묶기	4씩 묶기
	예	예
2씩 4묶음	3씩 5묶음	4씩 3묶음

▮ 공은 모두 몇 개인지 묶어 세어 보세요.

5 - 10 - 15 - 20 - 25

5씩 5묶음 → 25개

8 - 16 - 24 - 32

8씩 4묶음 → 32개

3 - 6 - 9 - 12 - 15 - 18 - 21

3씩 7묶음 → 21개

6 - 12 - 18 - 24 - 30 - 36

6씩 6묶음 → 36개

01 12~13쪽

▮ 두 가지 방법으로 묶어 세어 보세요.

5씩 4묶음, 4씩 5묶음 → 20개

6씩 3묶음, 3씩 6묶음 → 18개

▮ 그림을 보고 수를 세어 보세요.

24개   25개   12개

18개   8개   28개

▮ 종이에 적힌 재료의 수만큼 ○표 하세요.

샐러드에 방울토마토를 3씩 3묶음 넣어 주세요.

예

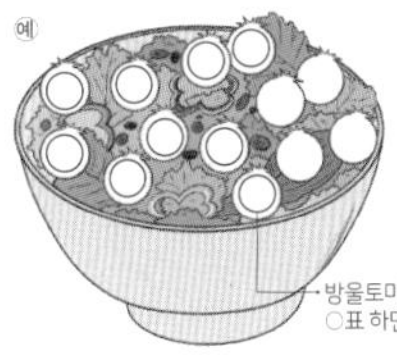

방울토마토 9개에 ○표 하면 정답입니다.

케이크에 초를 2씩 4묶음 꽂아 주세요.

예

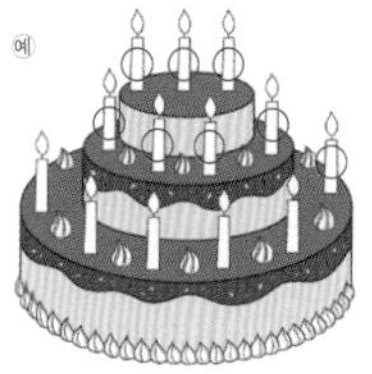

피자에 햄을 4씩 2묶음 올려 주세요.

예

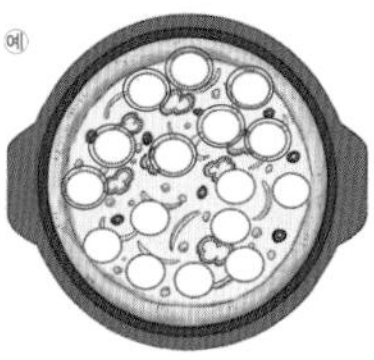

파스타에 새우를 5씩 3묶음 놓아 주세요.

예

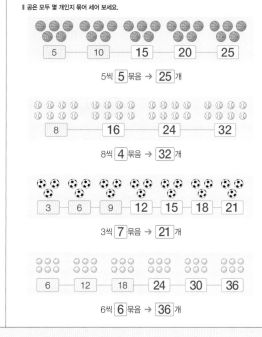

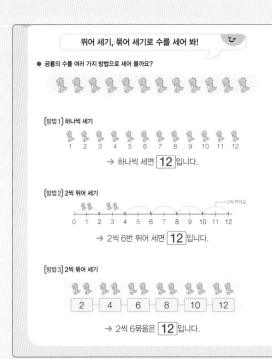

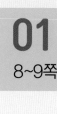

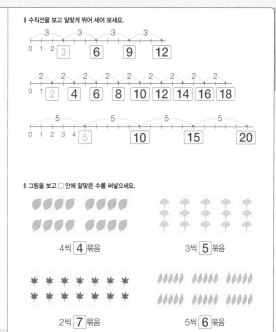

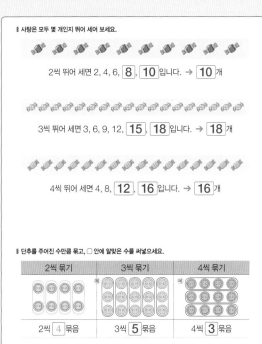

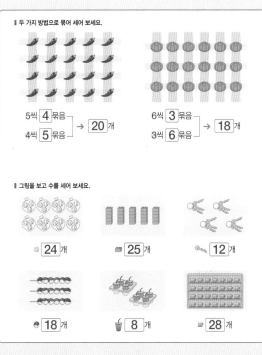

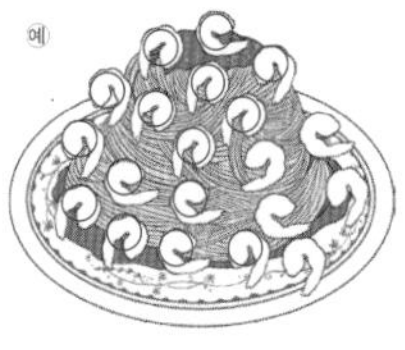

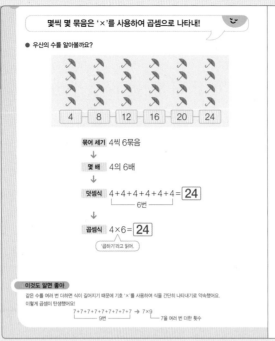

02 14~15쪽

몇씩 몇 묶음은 '×'를 사용하여 곱셈으로 나타내!

● 우산의 수를 알아볼까요?

4 – 8 – 12 – 16 – 20 – 24

묶어 세기 4씩 6묶음
↓
몇 배 4의 6배
↓
덧셈식 4+4+4+4+4+4=24 (6번)
↓
곱셈식 4×6=24 ('곱하기'라고 읽어.)

이것도 알면 좋아

같은 수를 여러 번 더하면 식이 길어지기 때문에 기호 '×'를 사용하여 식을 간단히 나타내기로 약속했어요. 이렇게 곱셈이 탄생했어요!

7+7+7+7+7+7+7+7+7 (9번) → 7×9 (7을 여러 번 더한 횟수)

▌그림을 보고 □ 안에 알맞은 수를 써넣으세요.

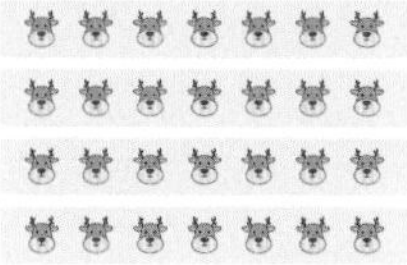

7씩 4묶음 → 7의 4배

5씩 5묶음 → 5의 5배

▌구슬의 수를 덧셈식과 곱셈식으로 나타내세요.

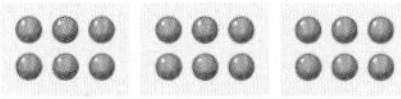

덧셈식 6+6+6=18
곱셈식 6×3=18

덧셈식 2+2+2+2=8
곱셈식 2×4=8

덧셈식 8+8=16
곱셈식 8×2=16

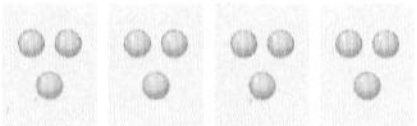

덧셈식 3+3+3+3=12
곱셈식 3×4=12

02 16~17쪽

▌빨간색 쌓기나무의 수는 노란색 쌓기나무 수의 몇 배인지 구하세요.

2배

3배

5배

9배

▌□ 안에 알맞은 수를 써넣으세요.

7씩 2묶음	4씩 5묶음	5씩 7묶음
→ 7의 2배, 7×2	→ 4의 5배, 4×5	→ 5의 7배, 5×7

2씩 9묶음	3씩 8묶음	8씩 6묶음
→ 2의 9배, 2×9	→ 3의 8배, 3×8	→ 8의 6배, 8×6

▌□ 안에 알맞은 수를 써넣으세요.

5+5+5+5=20 → 5×4=20

9+9+9+9+9+9=54 → 9×6=54

8+8+8+8+8+8+8=56 → 8×7=56

4+4+4+4+4+4+4+4+4=36 → 4×9=36

▌덧셈식과 곱셈식으로 나타내세요.

7의 3배
덧셈식 7+7+7=21
곱셈식 7×3=21

6의 6배
덧셈식 6+6+6+6+6+6=36
곱셈식 6×6=36

2의 8배
덧셈식 2+2+2+2+2+2+2+2=16
곱셈식 2×8=16

02 18~19쪽

▌같은 수를 나타내는 것끼리 이으세요.

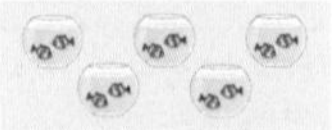

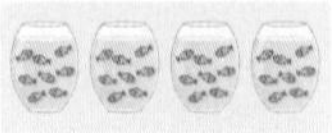

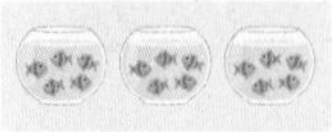

(첫째 그림)	2의 5배	8×4
(둘째 그림)	5의 3배	2×5
(셋째 그림)	8의 4배	5×3

▌그림을 보고 곱셈식으로 나타내세요.

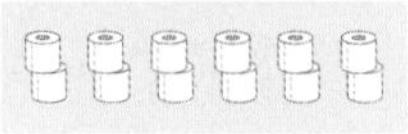

2×6=12

6×5=30

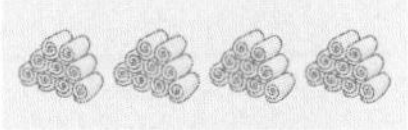

9×4=36

3×7=21

▌같은 수를 나타내는 길을 따라가 만나게 되는 동물을 찾아보세요.

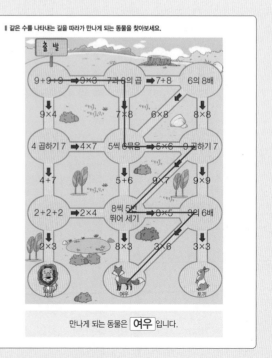

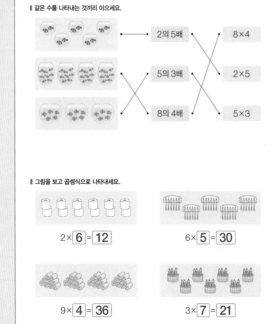

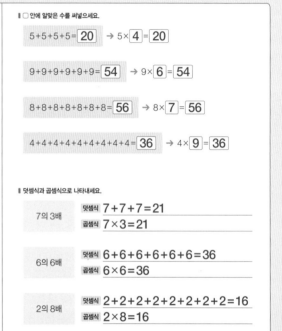

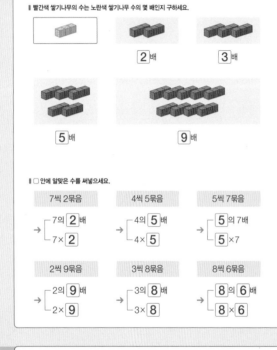

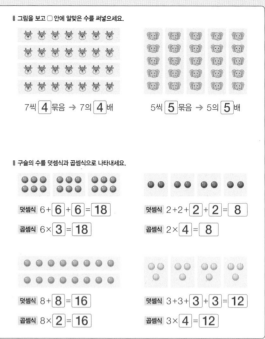

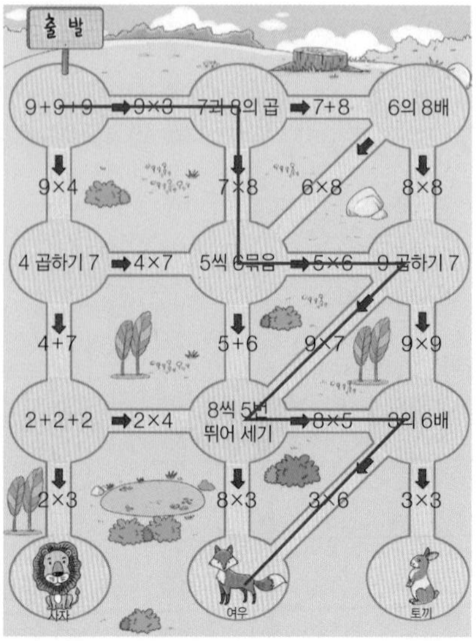

만나게 되는 동물은 여우입니다.

1분도 안 걸리는
곱셈식 복습

3의 7배
→ 3×7

8의 6배
→ 8×6

5의 2배
→ 5×2

6의 4배
→ 6×4

9의 8배
→ 9×8

4의 3배
→ 4×3

● 체리의 수를 알아볼까요?

2씩 9묶음
↓
2를 9번 더하기
↓
2+2+2+2+2+2+2+2+2=18
9번
↓
2×9=18

이것도 알면 좋아

2씩 ★묶음, 2를 ★번 더한 수를 곱셈식으로 나타내면 2×★이에요.
이때, ★을 곱하는 수라고 해요.
2에 1부터 9까지의 수를 곱한 곱셈식을 차례대로 나열한 것이 2단이에요.

2단의 곱이 2씩 커져!

노래로 외우는 2단

덧셈식	2단
2	2×1=2 (이 일은)
2+2=4	2×2=4 (이 이)
2+2+2=6	2×3=6 (이 삼은)
2+2+2+2=8	2×4=8 (이 사)
2+2+2+2+2=10	2×5=10 (이 오)
2+2+2+2+2+2=12	2×6=12 (이 육)
2+2+2+2+2+2+2=14	2×7=14 (이 칠)
2+2+2+2+2+2+2+2=16	2×8=16 (이 팔)
2+2+2+2+2+2+2+2+2=18	2×9=18 (이 구)

+2 +2 +2 +2 +2 +2 +2 +2

03
22~23쪽

▮ 2단을 외우고, 거꾸로 2단도 함께 외우세요.

2단	거꾸로 2단
2×1=2	2×9=18
2×2=4	2×8=16
2×3=6	2×7=14
2×4=8	2×6=12
2×5=10	2×5=10
2×6=12	2×4=8
2×7=14	2×3=6
2×8=16	2×2=4
2×9=18	2×1=2

▮ 2단의 곱을 ○ 안에 차례대로 써넣으세요.

▮ 2단을 3개씩 끊어서 외우세요.

2×1=2	2×4=8	2×7=14
2×2=4	2×5=10	2×8=16
2×3=6	2×6=12	2×9=18

▮ 2단을 잘 외웠는지 확인하세요.

2×1=2	2×4=8	2×8=16
2×7=14	2×9=18	2×3=6
2×5=10	2×2=4	2×6=12

▮ 2단의 곱을 찾아 이으세요.

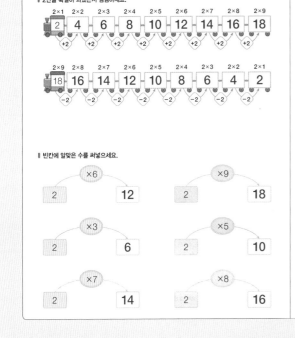

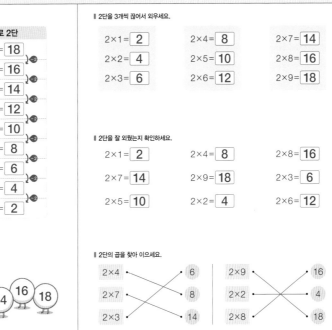

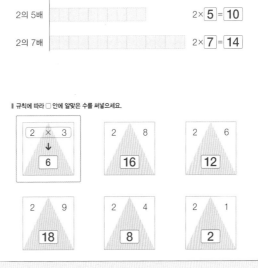

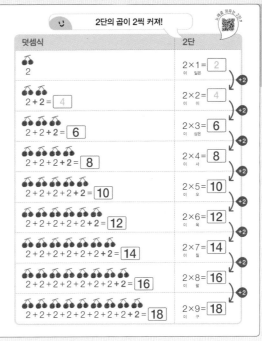

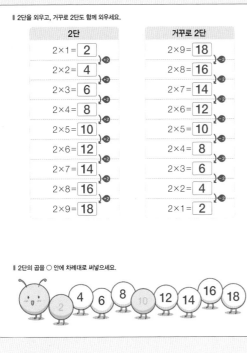

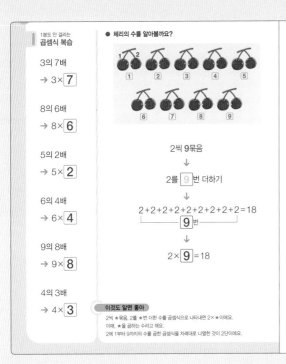

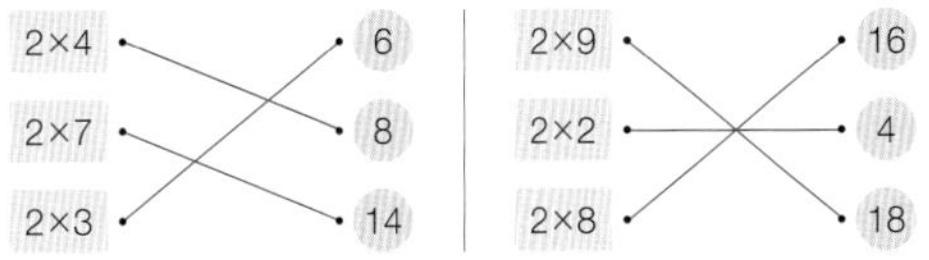

03
24~25쪽

▮ 2단을 확실히 외웠는지 점검하세요.

2×1 2×2 2×3 2×4 2×5 2×6 2×7 2×8 2×9
2 - 4 - 6 - 8 - 10 - 12 - 14 - 16 - 18
+2 +2 +2 +2 +2 +2 +2 +2

2×9 2×8 2×7 2×6 2×5 2×4 2×3 2×2 2×1
18 - 16 - 14 - 12 - 10 - 8 - 6 - 4 - 2
−2 −2 −2 −2 −2 −2 −2 −2

▮ 빈칸에 알맞은 수를 써넣으세요.

2	×6	12
2	×9	18
2	×3	6
2	×5	10
2	×7	14
2	×8	16

▮ 막대의 길이를 보고 올바른 2단 곱셈식을 쓰세요.

2

2의 2배 2×2=4

2의 5배 2×5=10

2의 7배 2×7=14

▮ 규칙에 따라 ▢ 안에 알맞은 수를 써넣으세요.

2 × 3 → 6	2, 8 → 16	2, 6 → 12
2, 9 → 18	2, 4 → 8	2, 1 → 2

03
26~27쪽

03
28~29쪽

▎나비가 말하는 수에 ○표 하세요.

- 2×6: 10, (12)
- 2×4: (8), 6
- 2×8: (16), 14
- 2×3: (6), 5
- 2×5: (10), 8
- 2×1: 3, (2)

▎그림을 보고 □ 안에 알맞은 수를 써넣으세요.

2×[2]=[4]　　2×[7]=[14]

2×[6]=[12]　　2×[9]=[18]

▎과일 가게에 각 과일이 모두 몇 개 있는지 알아볼까요?

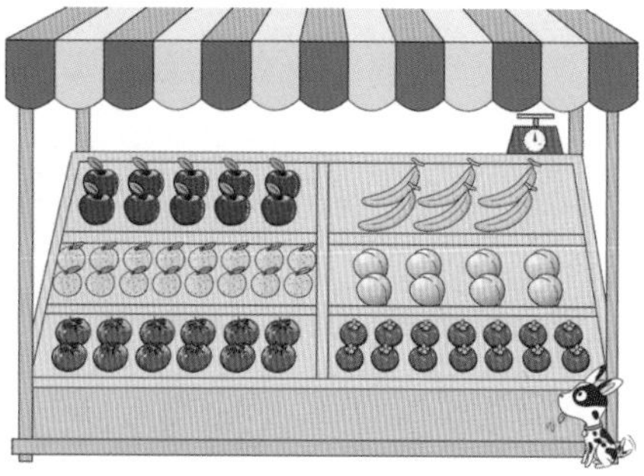

사과: 2×[5]=[10](개)　　바나나: 2×[3]=[6](개)

귤: 2×[8]=[16](개)　　복숭아: 2×[4]=[8](개)

토마토: 2×[6]=[12](개)　　감: 2×[7]=[14](개)

▎체리는 모두 몇 개인가요?

2×[4]=[8](개)　　2×[5]=[10](개)

04
30~31쪽

1분도 안 걸리는
2단 복습

2×8=[16]
2×2=[4]
2×9=[18]
2×6=[12]
2×3=[6]
2×7=[14]
2×1=[2]
2×5=[10]
2×4=[8]

● 손가락의 수를 알아볼까요?

5씩 6묶음
↓
5를 [6]번 더하기
↓
5+5+5+5+5+5=30
[6]번
↓
5×[6]=30

이것도 알면 좋아
5×★은 시계의 '분'을 생각하면 쉽게 외울 수 있어요.
긴바늘이 가리키는 숫자가 1이면 5분, 2이면 10분, ..., 9이면 45분을 나타내요.
5×1=5　5×2=10　5×9=45

5단의 곱이 5씩 커져!

덧셈식	5단
5	5×1=[5] 오 일은
5+5=[10]	5×2=[10] 오 이
5+5+5=[15]	5×3=[15] 오 삼
5+5+5+5=[20]	5×4=[20] 오 사
5+5+5+5+5=[25]	5×5=[25] 오 오
5+5+5+5+5+5=[30]	5×6=[30] 오 육
5+5+5+5+5+5+5=[35]	5×7=[35] 오 칠
5+5+5+5+5+5+5+5=[40]	5×8=[40] 오 팔
5+5+5+5+5+5+5+5+5=[45]	5×9=[45] 오 구

04
32~33쪽

▎5단을 외우고, 거꾸로 5단도 함께 외우세요.

5단	거꾸로 5단
5×1=[5]	5×9=[45]
5×2=[10]	5×8=[40]
5×3=[15]	5×7=[35]
5×4=[20]	5×6=[30]
5×5=[25]	5×5=[25]
5×6=[30]	5×4=[20]
5×7=[35]	5×3=[15]
5×8=[40]	5×2=[10]
5×9=[45]	5×1=[5]

▎노란색을 따라가며 5단의 곱을 □ 안에 차례대로 써넣으세요.

게임 설명: 노란색을 따라가며 점수를 얻어요!　점수 1000

5, 10, 15, 20, 25, 30, 35, 40, 45

▎5단을 3개씩 끊어서 외우세요.

5×1=[5]　5×2=[10]　5×3=[15]

5×4=[20]　5×5=[25]　5×6=[30]

5×7=[35]　5×8=[40]　5×9=[45]

▎5단을 잘 외웠는지 확인하세요.

5×7=[35]　5×2=[10]　5×8=[40]

5×9=[45]　5×6=[30]　5×1=[5]

5×5=[25]　5×3=[15]　5×4=[20]

▎5단의 곱을 찾아 이으세요.

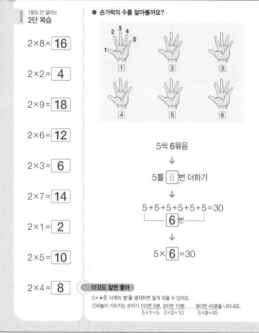

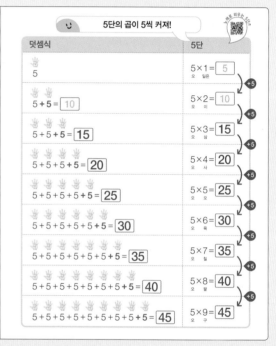

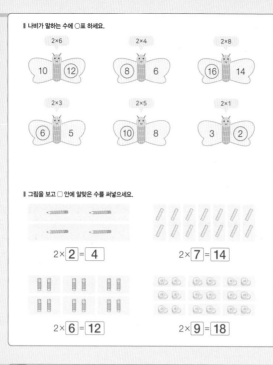

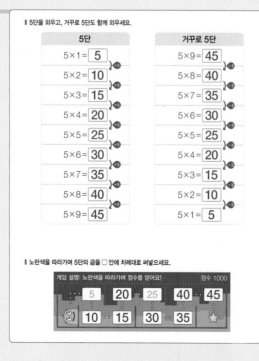

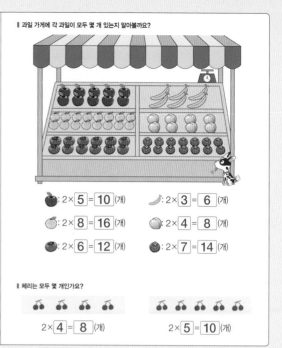

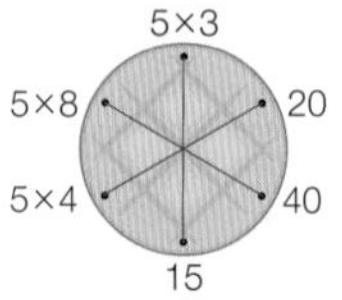

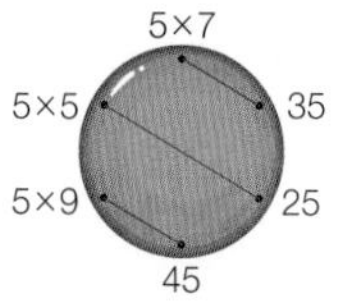

04 34~35쪽

▌5단을 확실히 외웠는지 점검하세요.

5×1	5×2	5×3	5×4	5×5	5×6	5×7	5×8	5×9
5	10	15	20	25	30	35	40	45

+5 +5 +5 +5 +5 +5 +5 +5

5×9	5×8	5×7	5×6	5×5	5×4	5×3	5×2	5×1
45	40	35	30	25	20	15	10	5

−5 −5 −5 −5 −5 −5 −5 −5

▌빈칸에 두 수의 곱을 써넣으세요.

5, 1 → 5
5, 4 → 20
5, 9 → 45
5, 8 → 40
5, 6 → 30
5, 7 → 35

▌수직선을 보고 올바른 5단 곱셈식을 쓰세요.

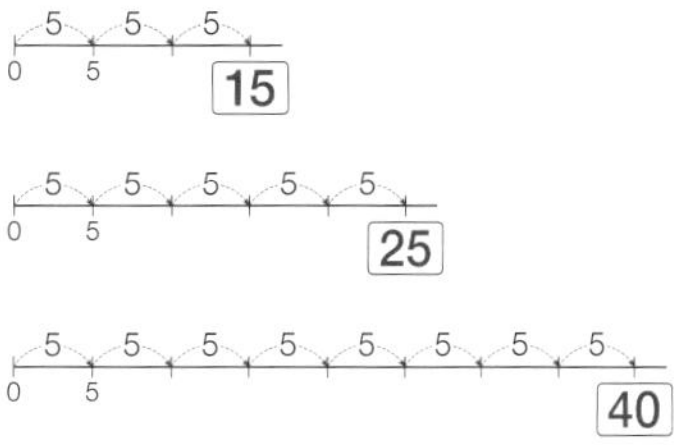

5×3=15

5×5=25

5×8=40

▌올바른 곱셈식이 되도록 길을 따라 가세요.

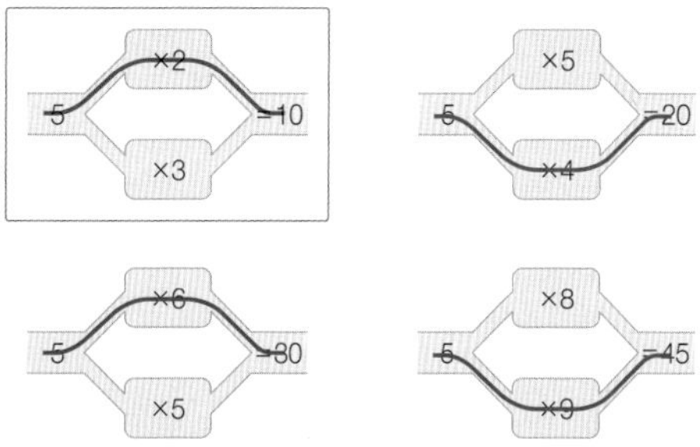

04 36~37쪽

▌더 큰 수에 ○표 하세요.

(5×5) 20 / 5×2 (15) / 5×8 (43)

(17) 5×3 / 40 (5×9) / 18 (5×4)

▌그림을 보고 □ 안에 알맞은 수를 써넣으세요.

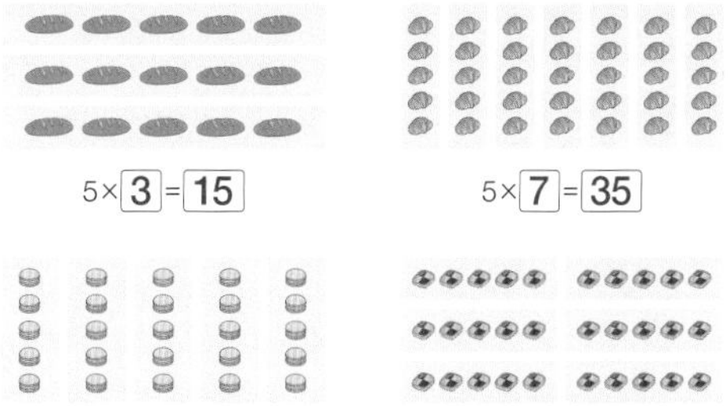

5×3=15 5×7=35

5×5=25 5×6=30

▌곧 도착하는 버스의 번호를 구하고, 그 번호의 버스를 찾아 ○표 하세요.

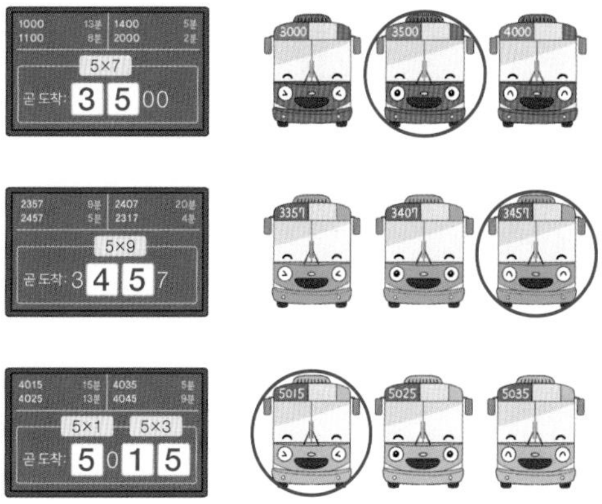

▌손가락은 모두 몇 개인가요?

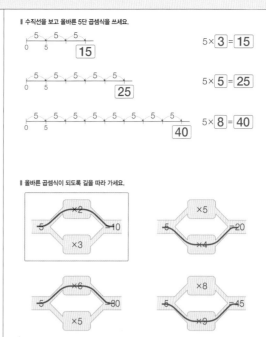

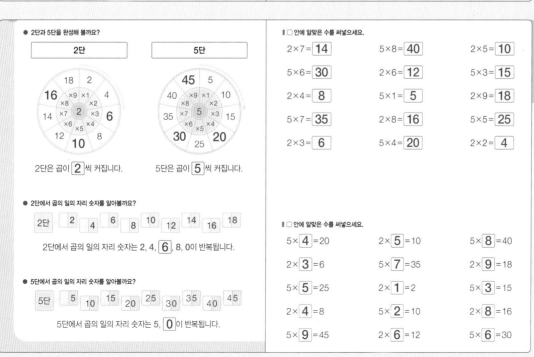

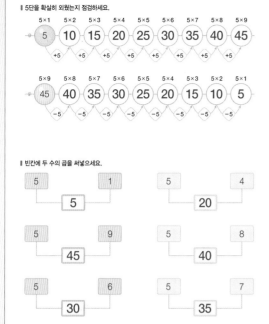

5×4=20(개) 5×8=40(개)

05 38~39쪽

● 2단과 5단을 완성해 볼까요?

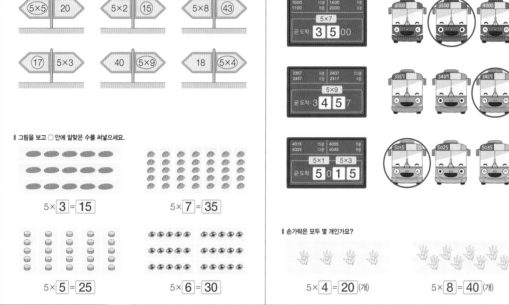

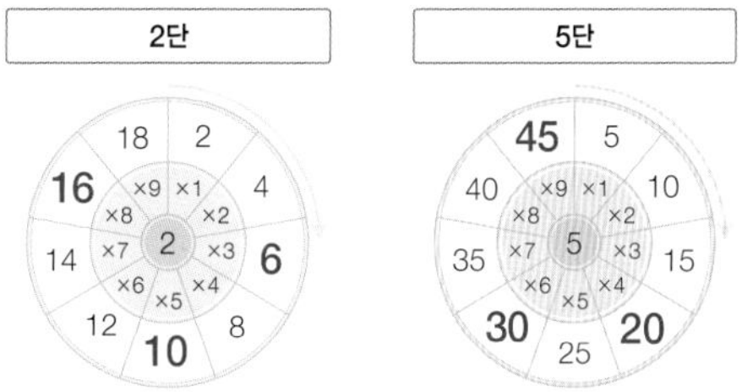

2단은 곱이 2씩 커집니다. 5단은 곱이 5씩 커집니다.

● 2단에서 곱의 일의 자리 숫자를 알아볼까요?

2단 2 4 6 8 10 12 14 16 18

2단에서 곱의 일의 자리 숫자는 2, 4, 6, 8, 0이 반복됩니다.

● 5단에서 곱의 일의 자리 숫자를 알아볼까요?

5단 5 10 15 20 25 30 35 40 45

5단에서 곱의 일의 자리 숫자는 5, 0이 반복됩니다.

▌□ 안에 알맞은 수를 써넣으세요.

2×7=14	5×8=40	2×5=10
5×6=30	2×6=12	5×3=15
2×4=8	5×1=5	2×9=18
5×7=35	2×8=16	5×5=25
2×3=6	5×4=20	2×2=4

▌□ 안에 알맞은 수를 써넣으세요.

5×4=20	2×5=10	5×8=40
2×3=6	5×7=35	2×9=18
5×5=25	2×1=2	5×3=15
2×4=8	5×2=10	2×8=16
5×9=45	2×6=12	5×6=30

▌ 올바른 곱을 찾아 ○표 하세요.

2×4	5×6	2×9
4 6 (8)	(30) 33 35	16 (18) 20

5×2	2×7	5×8
5 (10) 15	12 (14) 16	(40) 45 48

▌ 각 단의 곱을 가장 작은 수부터 차례대로 도착점까지 선으로 이으세요.

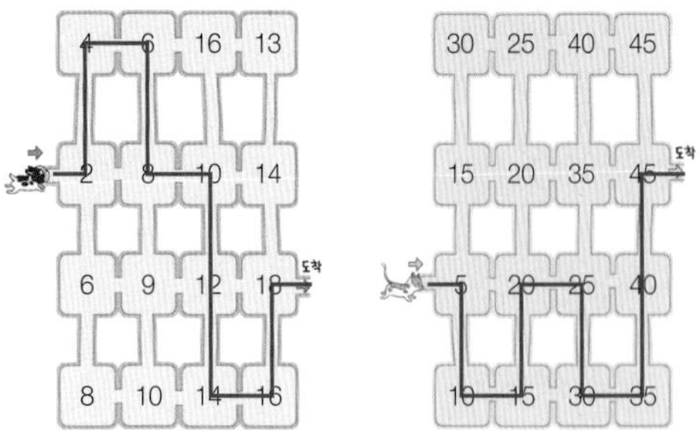

2단 / 5단

▌ 빈칸에 알맞은 수를 써넣으세요.

2 ×3 → 6, ×5 → 10

5 ×5 → 25, ×1 → 5

5 ×3 → 15, ×9 → 45

2 ×8 → 16, ×2 → 4

2 ×4 → 8, ×6 → 12

5 ×7 → 35, ×4 → 20

▌ 0부터 시작하여 각 단의 일의 자리 숫자를 차례대로 이으세요.

2단 / 5가지 모양 중에 하나야~! / 5단

1분도 안 걸리는 5단 복습

5×9 = 45
5×1 = 5
5×6 = 30
5×4 = 20
5×2 = 10
5×5 = 25
5×8 = 40
5×3 = 15
5×7 = 35

● 풍선의 수를 알아볼까요?

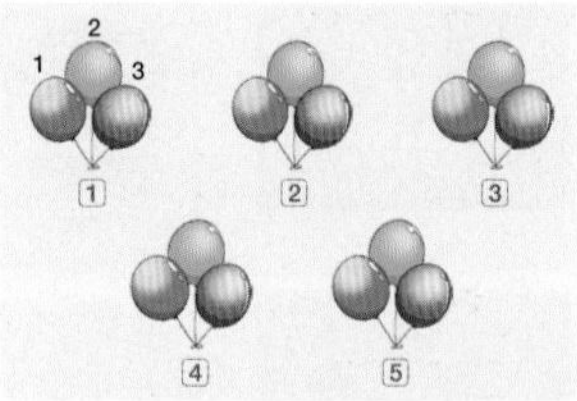

3씩 5묶음
↓
3을 5번 더하기
↓
3+3+3+3+3=15
5번
↓
3×5=15

이것도 알면 좋아
3×5=15에서 1+5=6인 것처럼
3×★의 곱에서 십의 자리와 일의 자리 수의 합은 3, 6, 9 중 하나예요.
곱을 바르게 구했는지 확인할 때 유용한 규칙이니 기억하면 좋아요!

3단의 곱이 3씩 커져!

덧셈식	3단
3	3×1= 3 삼 일은
3+3 = 6	3×2= 6 삼 이
3+3+3 = 9	3×3= 9 삼 삼은
3+3+3+3 = 12	3×4= 12 삼 사
3+3+3+3+3 = 15	3×5= 15 삼 오
3+3+3+3+3+3 = 18	3×6= 18 삼 육
3+3+3+3+3+3+3 = 21	3×7= 21 삼 칠
3+3+3+3+3+3+3+3 = 24	3×8= 24 삼 팔
3+3+3+3+3+3+3+3+3 = 27	3×9= 27 삼 구

▌ 3단을 외우고, 거꾸로 3단도 함께 외우세요.

3단	거꾸로 3단
3×1= 3	3×9= 27
3×2= 6	3×8= 24
3×3= 9	3×7= 21
3×4= 12	3×6= 18
3×5= 15	3×5= 15
3×6= 18	3×4= 12
3×7= 21	3×3= 9
3×8= 24	3×2= 6
3×9= 27	3×1= 3

▌ 3단의 곱을 ○ 안에 차례대로 써넣으세요.

6 9 12 18 21 24 27

▌ 3단을 3개씩 끊어서 외우세요.

3×1= 3	3×4= 12	3×7= 21
3×2= 6	3×5= 15	3×8= 24
3×3= 9	3×6= 18	3×9= 27

▌ 3단을 잘 외웠는지 확인하세요.

3×5= 15	3×1= 3	3×3= 9
3×8= 24	3×9= 27	3×7= 21
3×2= 6	3×4= 12	3×6= 18

▌ 3단의 곱을 찾아 이으세요.

3×2 · · 18
3×6 · · 6
3×4 · · 12

3×8 · · 9
3×5 · · 24
3×3 · · 15

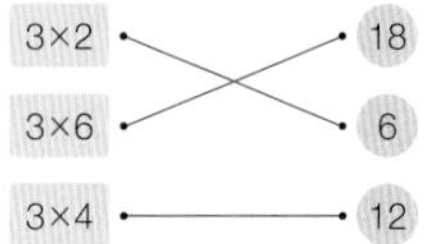

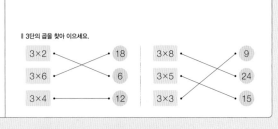

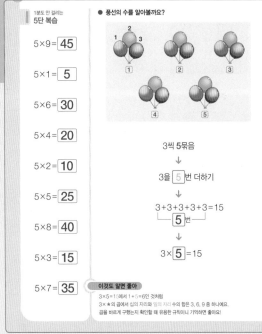

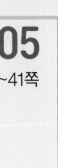

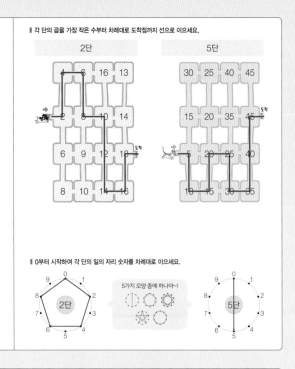

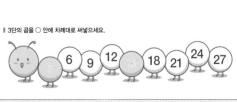

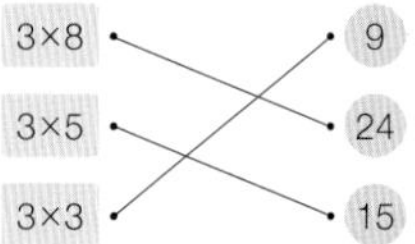

06 46~47쪽

▮ 3단을 확실히 외웠는지 점검하세요.

3×1	3×2	3×3	3×4	3×5	3×6	3×7	3×8	3×9
3	6	9	12	15	18	21	24	27

+3 +3 +3 +3 +3 +3 +3 +3

3×9	3×8	3×7	3×6	3×5	3×4	3×3	3×2	3×1
27	24	21	18	15	12	9	6	3

−3 −3 −3 −3 −3 −3 −3 −3

▮ 빈칸에 알맞은 수를 써넣으세요.

×4: 3 → 12　　×6: 3 → 18

×2: 3 → 6　　×5: 3 → 15

×9: 3 → 27　　×3: 3 → 9

▮ 막대의 길이를 보고 올바른 3단 곱셈식을 쓰세요.

3

3의 3배　3×3=9

3의 6배　3×6=18

3의 7배　3×7=21

▮ 규칙에 따라 □ 안에 알맞은 수를 써넣으세요.

3 × 8 → 24

3, 2 → 6　　3, 5 → 15

3, 1 → 3　　3, 4 → 12　　3, 9 → 27

06 48~49쪽

▮ 나비가 말하는 수에 ○표 하세요.

3×8: (24) 21　　3×1: 5 (3)　　3×9: 29 (27)

3×7: 19 (21)　　3×3: (9) 6　　3×4: (12) 10

▮ 그림을 보고 □ 안에 알맞은 수를 써넣으세요.

3×2=6　　3×6=18

3×5=15　　3×4=12

▮ 생선 가게에 각 수산물이 모두 몇 마리 있는지 알아볼까요?
(수산물: 바다나 강에서 나는 물고기, 식물, 조개, 게 등)

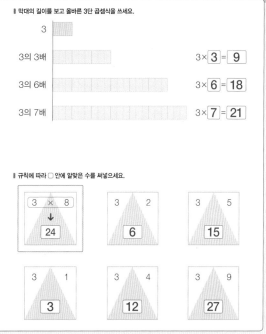

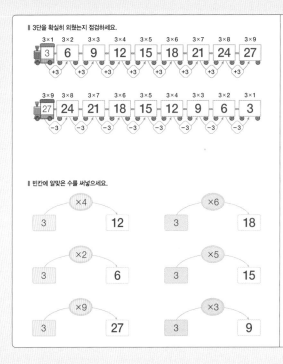

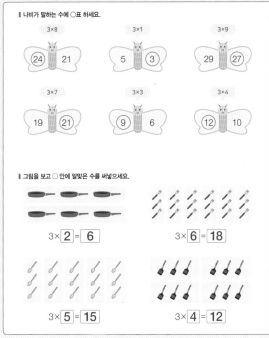

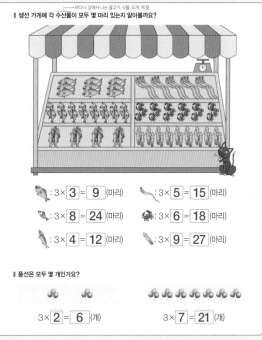

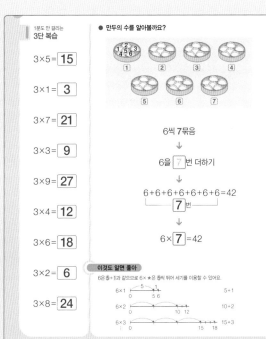

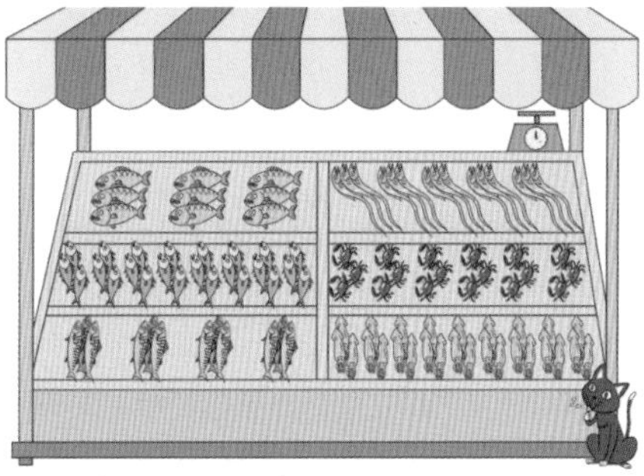

: 3×3=9 (마리)　　: 3×5=15 (마리)

: 3×8=24 (마리)　　: 3×6=18 (마리)

: 3×4=12 (마리)　　: 3×9=27 (마리)

▮ 풍선은 모두 몇 개인가요?

3×2=6 (개)　　3×7=21 (개)

07 50~51쪽

1분도 안 걸리는
3단 복습

3×5=15

3×1=3

3×7=21

3×3=9

3×9=27

3×4=12

3×6=18

3×2=6

3×8=24

● 만두의 수를 알아볼까요?

6씩 7묶음

↓

6을 7번 더하기

↓

6+6+6+6+6+6+6=42
(7번)

↓

6×7=42

이것도 알면 좋아

6은 5+1과 같으므로 6×★은 5씩 뛰어 세기를 이용할 수 있어요.

6×1　5+1

6×2　10+2

6×3　15+3

6단의 곱이 6씩 커져!

덧셈식	6단
6	6×1=6 (육 일은)
6+6=12	6×2=12 (육 이)
6+6+6=18	6×3=18 (육 삼)
6+6+6+6=24	6×4=24 (육 사)
6+6+6+6+6=30	6×5=30 (육 오)
6+6+6+6+6+6=36	6×6=36 (육 육)
6+6+6+6+6+6+6=42	6×7=42 (육 칠)
6+6+6+6+6+6+6+6=48	6×8=48 (육 팔)
6+6+6+6+6+6+6+6+6=54	6×9=54 (육 구)

(+6씩)

07
52~53쪽

▮ 6단을 외우고, 거꾸로 6단도 함께 외우세요.

6단	거꾸로 6단
6×1=6	6×9=54
6×2=12	6×8=48
6×3=18	6×7=42
6×4=24	6×6=36
6×5=30	6×5=30
6×6=36	6×4=24
6×7=42	6×3=18
6×8=48	6×2=12
6×9=54	6×1=6

▮ 노란색을 따라가며 6단의 곱을 □ 안에 차례대로 써넣으세요.

▮ 6단을 3개씩 끊어서 외우세요.

6×1=6	6×4=24	6×7=42
6×2=12	6×5=30	6×8=48
6×3=18	6×6=36	6×9=54

▮ 6단을 잘 외웠는지 확인하세요.

6×1=6	6×4=24	6×8=48
6×7=42	6×9=54	6×3=18
6×5=30	6×2=12	6×6=36

▮ 6단의 곱을 찾아 이으세요.

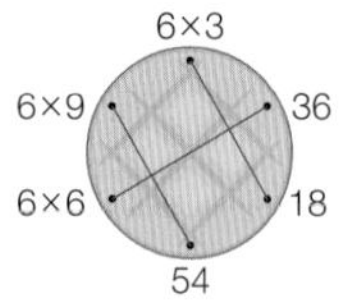

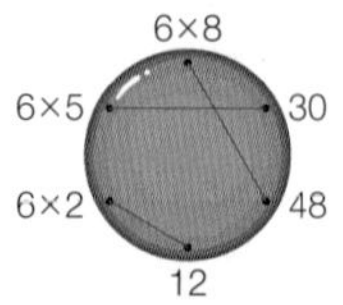

07
54~55쪽

▮ 6단을 확실히 외웠는지 점검하세요.

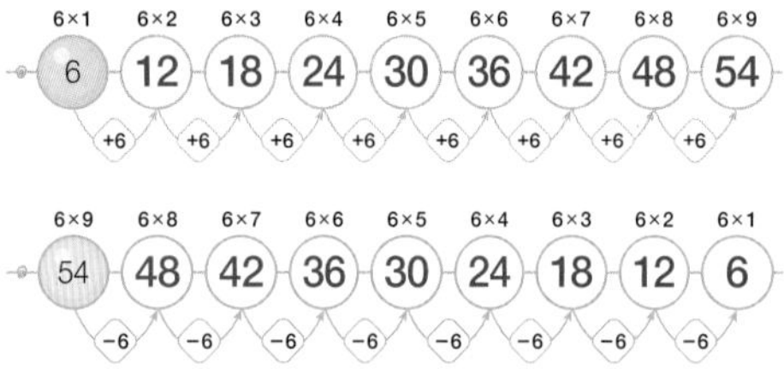

▮ 빈칸에 두 수의 곱을 써넣으세요.

6	7	42
6	6	36
6	4	24
6	8	48
6	1	6
6	5	30

▮ 수직선을 보고 올바른 6단 곱셈식을 쓰세요.

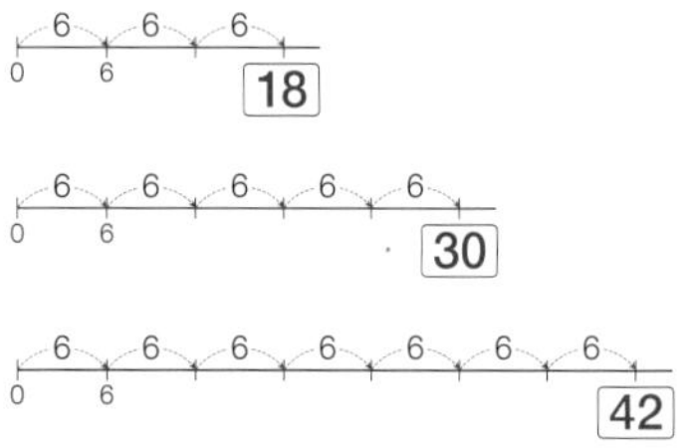

6×3=18

6×5=30

6×7=42

▮ 올바른 곱셈식이 되도록 길을 따라 가세요.

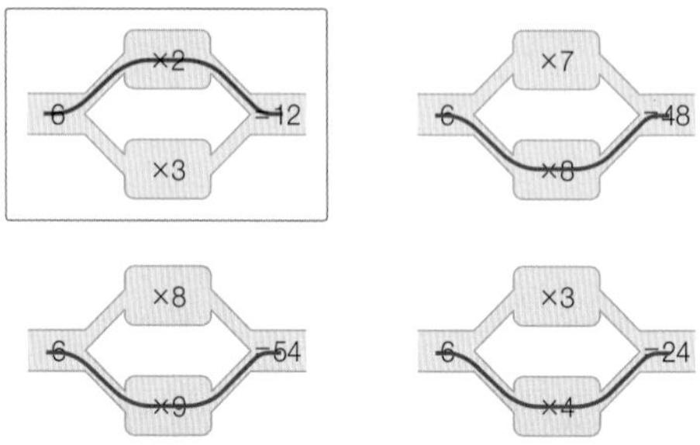

07
56~57쪽

▮ 더 큰 수에 ○표 하세요.

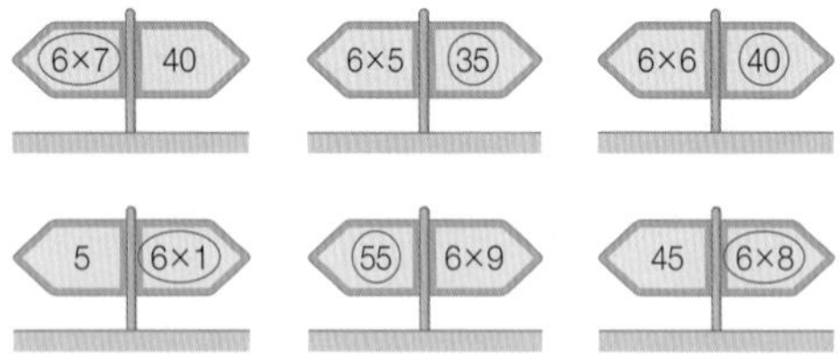

▮ 그림을 보고 □ 안에 알맞은 수를 써넣으세요.

6×2=12

6×4=24

6×3=18

6×7=42

▮ 열쇠의 번호를 구하고, 열쇠로 열 수 있는 사물함을 찾아 ○표 하세요.

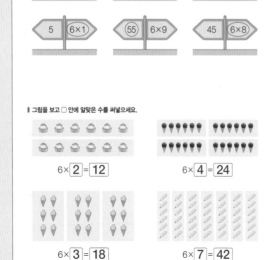

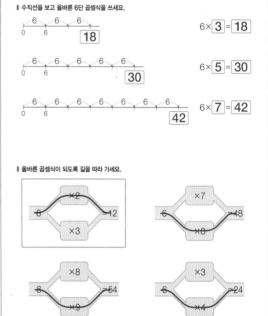

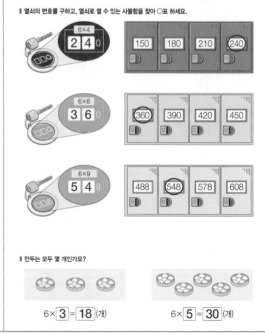

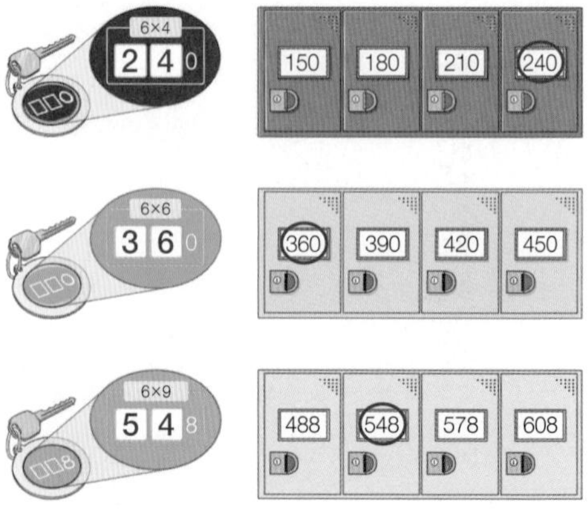

▮ 만두는 모두 몇 개인가요?

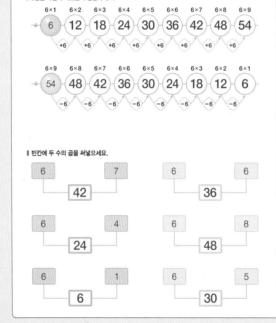

6×3=18(개)

6×5=30(개)

08 58~59쪽

● 3단과 6단을 완성해 볼까요?

3단	6단

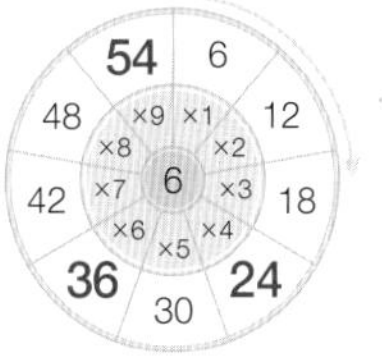

3단은 곱이 3씩 커집니다.　　6단은 곱이 6씩 커집니다.

● 3단과 6단의 관계를 알아볼까요?

6씩 1번 뛰어 센 수는 3씩 2번 뛰어 센 수와 같습니다.

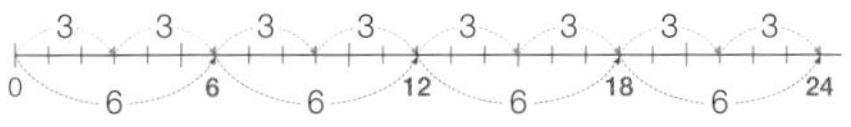

3×2=6	3×4=12	3×6=18	3×8=24
2배	2배	2배	2배
6×1=6	6×2=12	6×3=18	6×4=24

▮ □ 안에 알맞은 수를 써넣으세요.

3×7=21	6×6=36	3×3=9
6×3=18	3×4=12	6×5=30
3×5=15	6×8=48	3×8=24
6×1=6	3×9=27	6×9=54
3×2=6	6×7=42	3×6=18

▮ □ 안에 알맞은 수를 써넣으세요.

6×7=42	3×8=24	6×4=24
3×3=9	6×9=54	3×2=6
6×2=12	3×4=12	6×8=48
3×9=27	6×6=36	3×5=15
6×5=30	3×1=3	6×3=18

08 60~61쪽

▮ 올바른 곱을 찾아 ○표 하세요.

3×5	6×2	3×9
13 (15) 17	(12) 14 16	23 25 (27)

6×9	3×6	6×6
(54) 56 58	14 16 (18)	34 (36) 38

▮ 빈칸에 알맞은 수를 써넣으세요.

3 → ×8 → 24; 3 → ×3 → 9

6 → ×4 → 24; 6 → ×7 → 42

6 → ×5 → 30; 6 → ×8 → 48

3 → ×7 → 21; 3 → ×4 → 12

▮ 3단의 곱을 모두 찾아 색칠하고, 6단의 곱을 모두 찾아 ○표 하세요.

1	2	3	4	5	(6)	7	8	9	10
11	(12)	13	14	15	16	17	(18)	19	20
21	22	23	(24)	25	26	27	28	29	(30)

▮ 0부터 시작하여 각 단의 일의 자리 숫자를 차례대로 이으세요.

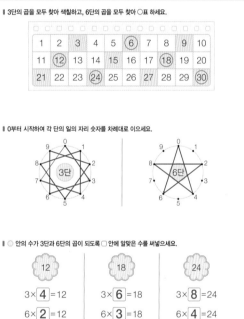

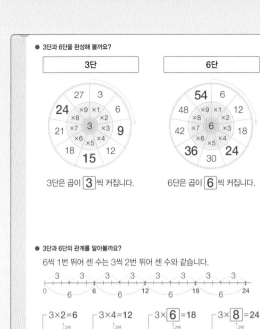

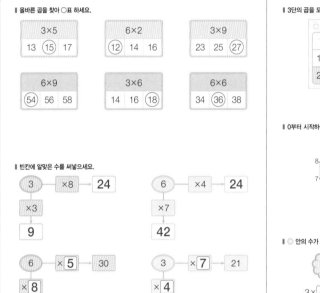

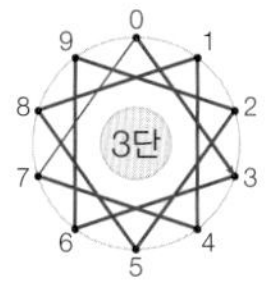

▮ ◎ 안의 수가 3단과 6단의 곱이 되도록 □ 안에 알맞은 수를 써넣으세요.

12	18	24
3×4=12	3×6=18	3×8=24
6×2=12	6×3=18	6×4=24

09 62~63쪽

▮ □ 안에 알맞은 수를 써넣으세요.

3×1=3	5×3=15	2×2=4
6×4=24	3×4=12	3×9=27
2×8=16	6×9=54	6×7=42
5×1=5	2×6=12	5×8=40
3×8=24	5×4=20	2×3=6

▮ □ 안에 알맞은 수를 써넣으세요.

5×5=25	3×6=18	6×5=30
6×2=12	2×5=10	3×5=15
2×7=14	5×7=35	2×4=8
3×3=9	6×8=48	5×2=10
5×9=45	3×7=21	6×6=36

▮ 빈칸에 알맞은 수를 써넣으세요.

×6: 2 → 12, 5 → 30

×3: 6 → 18, 3 → 9

×2: 3 → 6, 5 → 10

×9: 6 → 54, 2 → 18

▮ 주어진 단의 곱이 아닌 것을 찾아 ×표 하세요.

2단: 10, 16, ✕, 6

6단: 42, 30, 6, ✕

3단: 6, ✕, 21, 3

5단: 15, ✕, 40, 45

09
64~65쪽

▌보보의 편지를 읽고 물음에 답하세요.

안녕? 나는 보보라고 해.
난 초능력 아파트 5×5층에 살고 있어.
오늘은 친구들과 대형 마트에 가서 먹을거리를 구경했어.
한 봉지에 3개짜리 사탕을 7봉지 사서 기분이 좋았어.
그런데 사탕이 너무 맛있어서 2×2개를 한입에 넣었다가
엄마께 무척 혼이 났어.

보보는 몇 층에 살고 있나요?	25 층
보보는 사탕을 몇 개 샀나요?	21 개
보보는 한입에 사탕을 몇 개 넣었나요?	4 개

▌색연필은 모두 몇 자루인가요?

3 × 6 = 18 (자루)

5 × 4 = 20 (자루)

▌올바른 곱이 적힌 길을 따라가 도착하게 되는 집을 찾아보세요.

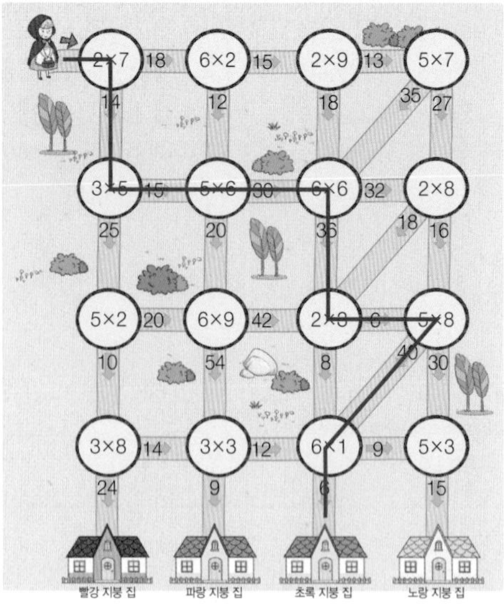

도착하게 되는 집은 초록 지붕 집입니다.

10
66~67쪽

1분도 안 걸리는
6단 복습

6×3= 18
6×5= 30
6×7= 42
6×4= 24
6×1= 6
6×8= 48
6×6= 36
6×2= 12
6×9= 54

● 네잎클로버의 잎 수를 알아볼까요?

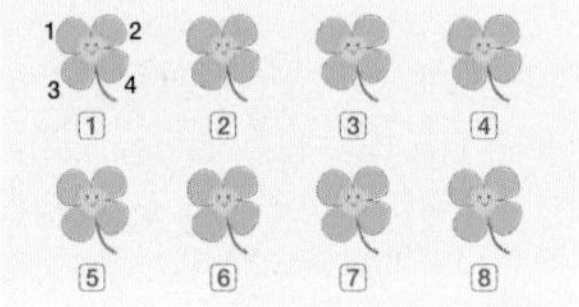

4씩 8묶음
↓
4를 8 번 더하기
↓
4+4+4+4+4+4+4+4=32
8 번
↓
4× 8 =32

이것도 알면 좋아

4는 5−1과 같으므로 4×★은 5씩 뛰어 세기를 이용할 수 있어요.

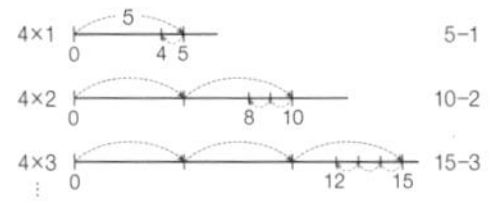

4단의 곱이 4씩 커져!

노래로 외우는 4단

덧셈식	4단
4	4×1= 4 (사 일은)
4+4= 8	4×2= 8 (사 이) +4
4+4+4= 12	4×3= 12 (사 삼) +4
4+4+4+4= 16	4×4= 16 (사 사) +4
4+4+4+4+4= 20	4×5= 20 (사 오) +4
4+4+4+4+4+4= 24	4×6= 24 (사 육) +4
4+4+4+4+4+4+4= 28	4×7= 28 (사 칠) +4
4+4+4+4+4+4+4+4= 32	4×8= 32 (사 팔) +4
4+4+4+4+4+4+4+4+4= 36	4×9= 36 (사 구) +4

10
68~69쪽

▌4단을 외우고, 거꾸로 4단도 함께 외우세요.

4단	거꾸로 4단
4×1= 4	4×9= 36
4×2= 8	4×8= 32
4×3= 12	4×7= 28
4×4= 16	4×6= 24
4×5= 20	4×5= 20
4×6= 24	4×4= 16
4×7= 28	4×3= 12
4×8= 32	4×2= 8
4×9= 36	4×1= 4

▌4단의 곱을 ○ 안에 차례대로 써넣으세요.

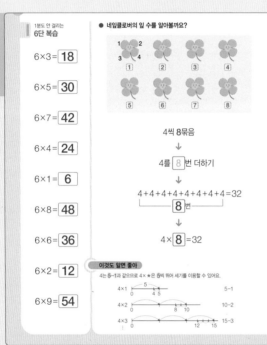

▌4단을 3개씩 끊어서 외우세요.

4×1= 4	4×4= 16	4×7= 28
4×2= 8	4×5= 20	4×8= 32
4×3= 12	4×6= 24	4×9= 36

▌4단을 잘 외웠는지 확인하세요.

4×6= 24	4×3= 12	4×7= 28
4×2= 8	4×8= 32	4×1= 4
4×9= 36	4×5= 20	4×4= 16

▌4단의 곱을 찾아 이으세요.

4×5 — 20
4×3 — 12
4×8 — 32

4×4 — 16
4×2 — 8
4×7 — 28

10 70~71쪽

■ 4단을 확실히 외웠는지 점검하세요.

4×1	4×2	4×3	4×4	4×5	4×6	4×7	4×8	4×9
4	8	12	16	20	24	28	32	36

(+4씩)

4×9	4×8	4×7	4×6	4×5	4×4	4×3	4×2	4×1
36	32	28	24	20	16	12	8	4

(−4씩)

■ 빈칸에 알맞은 수를 써넣으세요.

- 4 →(×4)→ 16
- 4 →(×9)→ 36
- 4 →(×7)→ 28
- 4 →(×2)→ 8
- 4 →(×5)→ 20
- 4 →(×8)→ 32

■ 막대의 길이를 보고 올바른 4단 곱셈식을 쓰세요.

- 4
- 4의 3배 4×3=12
- 4의 4배 4×4=16
- 4의 6배 4×6=24

■ 규칙에 따라 □ 안에 알맞은 수를 써넣으세요.

- 4 × 3 → 12
- 4 5 → 20
- 4 9 → 36
- 4 2 → 8
- 4 7 → 28
- 4 1 → 4

10 72~73쪽

■ 나비가 말하는 수에 ○표 하세요.

- 4×2: 6, (8)
- 4×7: (28), 26
- 4×6: (24), 22
- 4×9: (36), 38
- 4×8: (32), 30
- 4×4: 12, (16)

■ 그림을 보고 □ 안에 알맞은 수를 써넣으세요.

- 4×3=12
- 4×6=24
- 4×5=20
- 4×8=32

■ 동물원에 각 동물의 다리가 모두 몇 개 있는지 알아볼까요?

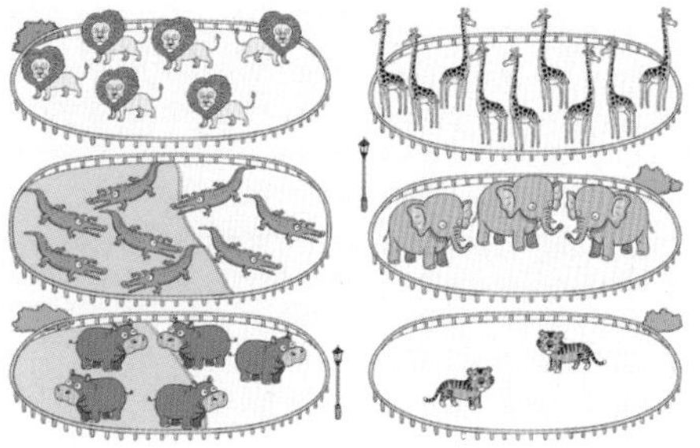

- 사자: 4×6=24(개)
- 기린: 4×9=36(개)
- 악어: 4×8=32(개)
- 코끼리: 4×3=12(개)
- 하마: 4×5=20(개)
- 호랑이: 4×2=8(개)

■ 네잎클로버의 잎은 모두 몇 장인가요?

- 4×4=16(장)
- 4×7=28(장)

11 74~75쪽

1분도 안 걸리는
4단 복습

- 4×3=12
- 4×8=32
- 4×2=8
- 4×4=16
- 4×7=28
- 4×9=36
- 4×6=24
- 4×1=4
- 4×5=20

● 조각 케이크의 수를 알아볼까요?

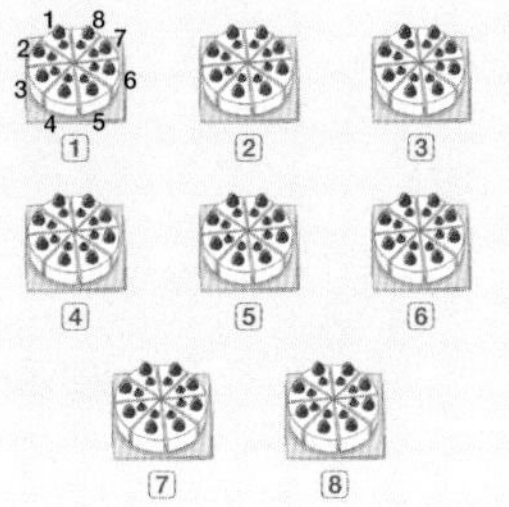

8씩 8묶음
↓
8을 8번 더하기
↓
8+8+8+8+8+8+8+8=64
8번
↓
8×8=64

8단의 곱이 8씩 커져!

덧셈식	8단
8	8×1=8 (팔 일은)
8+8=16	8×2=16 (팔 이)
8+8+8=24	8×3=24 (팔 삼)
8+8+8+8=32	8×4=32 (팔 사)
8+8+8+8+8=40	8×5=40 (팔 오)
8+8+8+8+8+8=48	8×6=48 (팔 육)
8+8+8+8+8+8+8=56	8×7=56 (팔 칠)
8+8+8+8+8+8+8+8=64	8×8=64 (팔 팔)
8+8+8+8+8+8+8+8+8=72	8×9=72 (팔 구)

(+8씩)

11
76~77쪽

▮ 8단을 외우고, 거꾸로 8단도 함께 외우세요.

8단	거꾸로 8단
8×1= 8	8×9= 72
8×2= 16	8×8= 64
8×3= 24	8×7= 56
8×4= 32	8×6= 48
8×5= 40	8×5= 40
8×6= 48	8×4= 32
8×7= 56	8×3= 24
8×8= 64	8×2= 16
8×9= 72	8×1= 8

▮ 노란색을 따라가며 8단의 곱을 ▢ 안에 차례대로 써넣으세요.

▮ 8단을 3개씩 끊어서 외우세요.

8×1= 8	8×4= 32	8×7= 56
8×2= 16	8×5= 40	8×8= 64
8×3= 24	8×6= 48	8×9= 72

▮ 8단을 잘 외웠는지 확인하세요.

8×3= 24	8×7= 56	8×2= 16
8×5= 40	8×1= 8	8×9= 72
8×8= 64	8×6= 48	8×4= 32

▮ 8단의 곱을 찾아 이으세요.

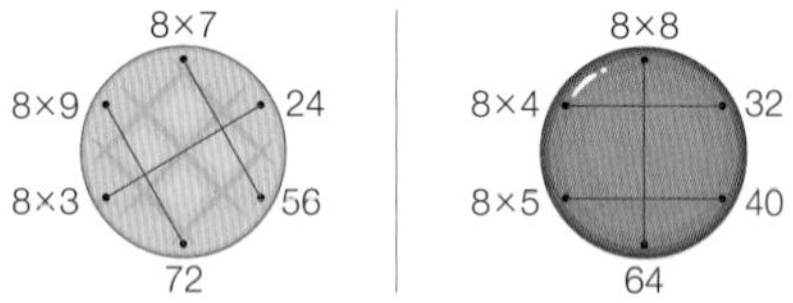

11
78~79쪽

▮ 8단을 확실히 외웠는지 점검하세요.

8×1	8×2	8×3	8×4	8×5	8×6	8×7	8×8	8×9
8	16	24	32	40	48	56	64	72

+8 +8 +8 +8 +8 +8 +8 +8

8×9	8×8	8×7	8×6	8×5	8×4	8×3	8×2	8×1
72	64	56	48	40	32	24	16	8

−8 −8 −8 −8 −8 −8 −8 −8

▮ 빈칸에 두 수의 곱을 써넣으세요.

8	7	56
8	2	16
8	1	8
8	9	72
8	8	64
8	5	40

▮ 수직선을 보고 올바른 8단 곱셈식을 쓰세요.

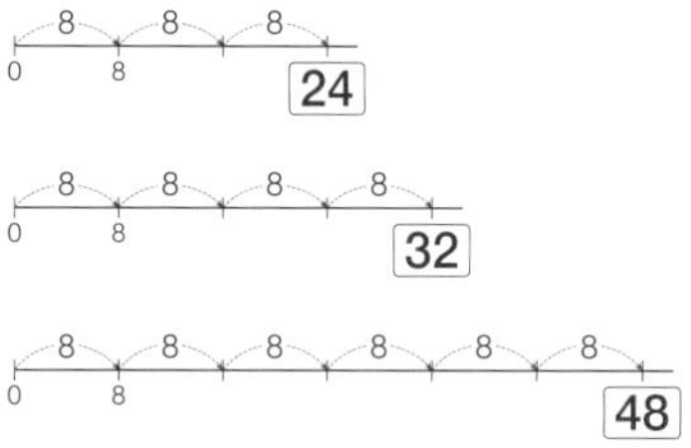

8×3= 24

8×4= 32

8×6= 48

▮ 올바른 곱셈식이 되도록 길을 따라 가세요.

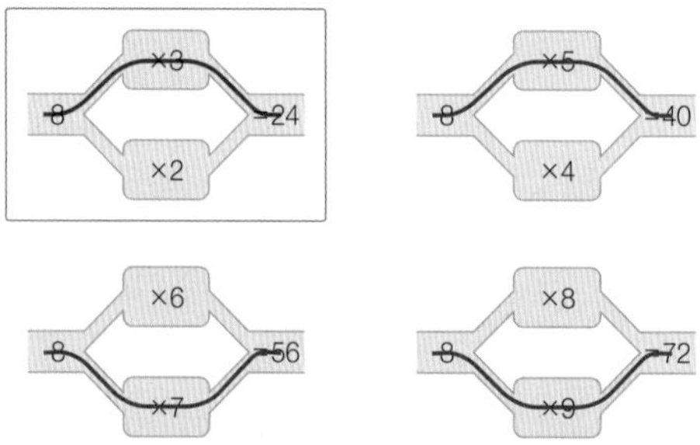

11
80~81쪽

▮ 더 큰 수에 ○표 하세요.

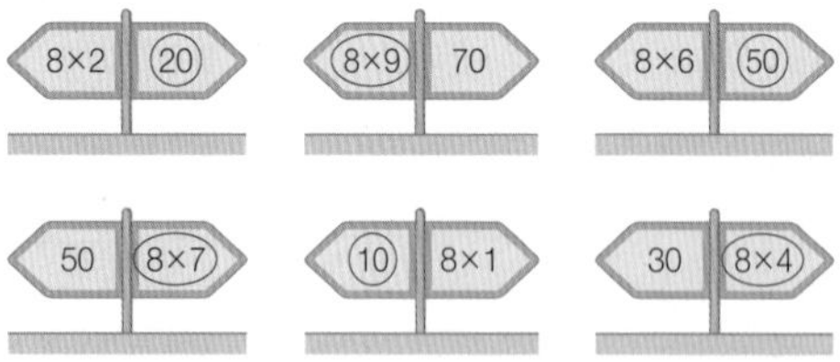

▮ 그림을 보고 ▢ 안에 알맞은 수를 써넣으세요.

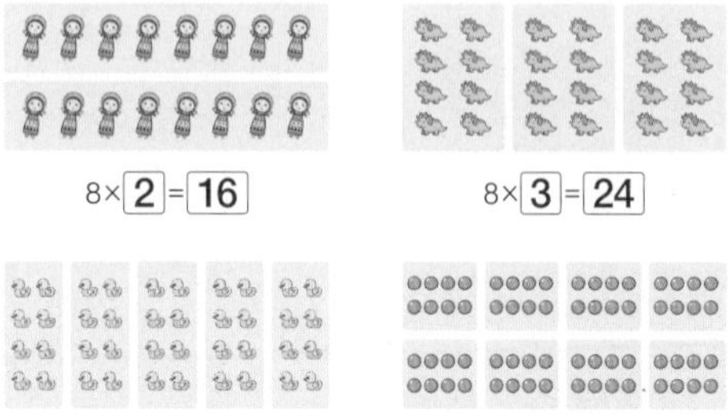

8×2= 16

8×3= 24

8×5= 40

8×8= 64

▮ 봉투에 적힌 주소를 구하고, 봉투를 넣어야 하는 우편함을 찾아 ○표 하세요.

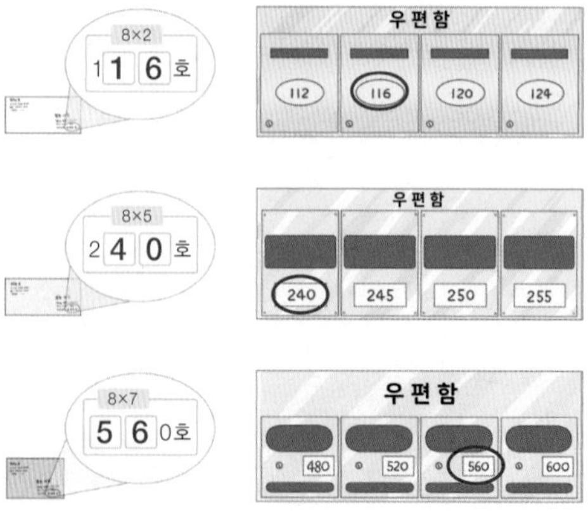

▮ 조각 케이크는 모두 몇 개인가요?

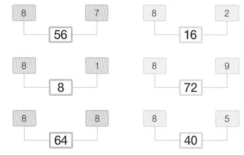

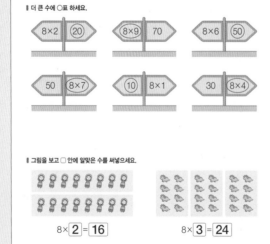

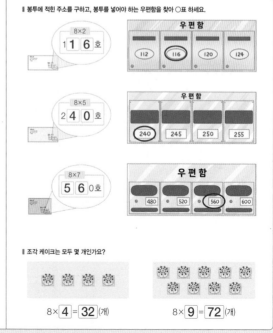

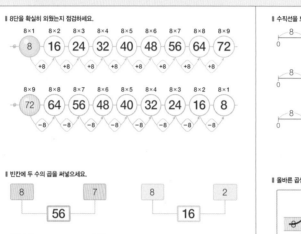

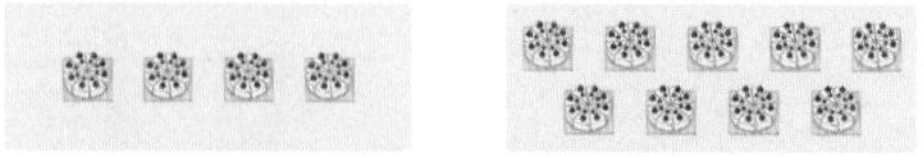

8×4= 32(개)

8×9= 72(개)

● 4단과 8단을 완성해 볼까요?

4단 / 8단

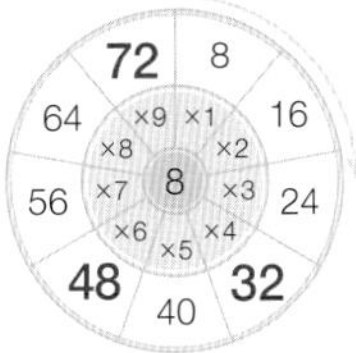

4단은 곱이 4씩 커집니다. 8단은 곱이 8씩 커집니다.

● 4단에서 곱의 일의 자리 숫자를 알아볼까요?

4단 4 8 12 16 20 24 28 32 36

4단에서 곱의 일의 자리 숫자는 4, 8, 2, 6, 0이 반복됩니다.

● 8단에서 곱의 일의 자리 숫자를 알아볼까요?

8단 8 16 24 32 40 48 56 64 72

8단에서 곱의 일의 자리 숫자는 8, 6, 4, 2, 0이 반복됩니다.

▮ □ 안에 알맞은 수를 써넣으세요.

4×4=16　8×5=40　4×8=32
8×7=56　4×6=24　8×9=72
4×9=36　8×8=64　4×5=20
8×2=16　4×1=4　8×6=48
4×3=12　8×3=24　4×2=8

▮ □ 안에 알맞은 수를 써넣으세요.

8×6=48　4×5=20　8×8=64
4×3=12　8×9=72　4×4=16
8×4=32　4×8=32　8×5=40
4×7=28　8×1=8　4×9=36
8×3=24　4×6=24　8×7=56

12
82~83쪽

▮ 올바른 곱을 찾아 ○표 하세요.

4×2: 6 (8) 10
8×9: 68 (72) 76
4×5: 10 16 (20)
8×3: 16 20 (24)
4×8: 28 (32) 36
8×6: (48) 52 56

▮ 빈칸에 알맞은 수를 써넣으세요.

4 → ×4 → 16, ×9 → 36
8 → ×2 → 16, ×7 → 56
8 → ×1 → 8, ×4 → 32
4 → ×6 → 24, ×1 → 4
4 → ×7 → 28, ×3 → 12
8 → ×5 → 40, ×8 → 64

▮ 4단의 곱을 모두 찾아 색칠하고, 8단의 곱을 모두 찾아 △표 하세요.

1	2	3	4	5	6	7	8△	9	10
11	12	13	14	15	16△	17	18	19	20
21	22	23	24△	25	26	27	28	29	30
31	32△	33	34	35	36	37	38	39	40△

▮ 0부터 시작하여 각 단의 일의 자리 숫자를 차례대로 이으세요.

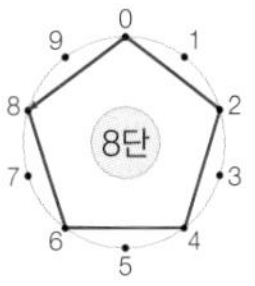

▮ ◯ 안의 수가 4단과 8단의 곱이 되도록 □ 안에 알맞은 수를 써넣으세요.

32: 4×8=32, 8×4=32
8: 4×2=8, 8×1=8
16: 4×4=16, 8×2=16

12
84~85쪽

▮ 1분도 안 걸리는 8단 복습

8×6=48
8×3=24
8×7=56
8×1=8
8×4=32
8×9=72
8×2=16
8×5=40
8×8=64

● 쌓기나무의 수를 알아볼까요?

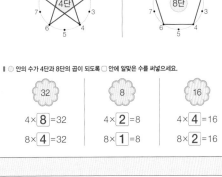

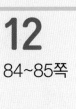

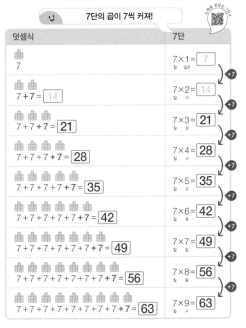

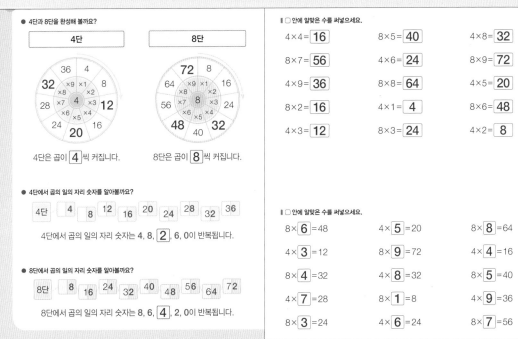

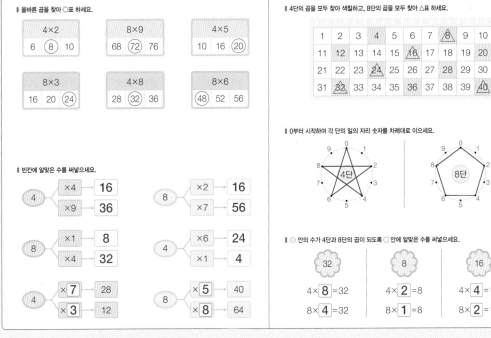

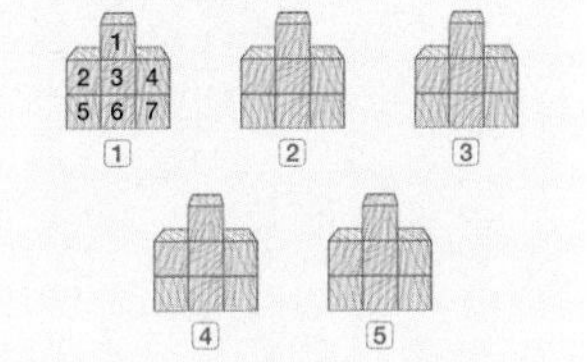

7씩 5묶음
↓
7을 5번 더하기
↓
7+7+7+7+7=35 (5번)
↓
7×5=35

이것도 알면 좋아

7+7+7+7+7은 7+7+7+7에 +7이 더 있어요. (5번, 4번)
따라서 7×5는 7×4에 7을 더한 값이에요!

7단의 곱이 7씩 커져!

노래로 외우는 7단

덧셈식	7단
7	7×1=7 (칠 일은)
7+7=14	7×2=14 (칠 이)
7+7+7=21	7×3=21 (칠 삼)
7+7+7+7=28	7×4=28 (칠 사)
7+7+7+7+7=35	7×5=35 (칠 오)
7+7+7+7+7+7=42	7×6=42 (칠 육)
7+7+7+7+7+7+7=49	7×7=49 (칠 칠)
7+7+7+7+7+7+7+7=56	7×8=56 (칠 팔)
7+7+7+7+7+7+7+7+7=63	7×9=63 (칠 구)

(+7)

13
86~87쪽

13
88~89쪽

▌7단을 외우고, 거꾸로 7단도 함께 외우세요.

7단	거꾸로 7단
7×1=7	7×9=63
7×2=14	7×8=56
7×3=21	7×7=49
7×4=28	7×6=42
7×5=35	7×5=35
7×6=42	7×4=28
7×7=49	7×3=21
7×8=56	7×2=14
7×9=63	7×1=7

▌7단의 곱을 ○ 안에 차례대로 써넣으세요.

7, 14, 21, 28, 35, 42, 49, 56, 63

▌7단을 3개씩 끊어서 외우세요.

7×1=7, 7×2=14, 7×3=21
7×4=28, 7×5=35, 7×6=42
7×7=49, 7×8=56, 7×9=63

▌7단을 잘 외웠는지 확인하세요.

7×4=28, 7×9=63, 7×8=56
7×6=42, 7×2=14, 7×7=49
7×3=21, 7×5=35, 7×1=7

▌7단의 곱을 찾아 이으세요.

7×4 — 28, 7×9 — 63, 7×6 — 42
7×7 — 49, 7×2 — 14, 7×5 — 35

13
90~91쪽

▌7단을 확실히 외웠는지 점검하세요.

7×1 7×2 7×3 7×4 7×5 7×6 7×7 7×8 7×9
7, 14, 21, 28, 35, 42, 49, 56, 63 (+7)

7×9 7×8 7×7 7×6 7×5 7×4 7×3 7×2 7×1
63, 56, 49, 42, 35, 28, 21, 14, 7 (−7)

▌막대의 길이를 보고 올바른 7단 곱셈식을 쓰세요.

7
7의 2배 7×2=14
7의 4배 7×4=28
7의 5배 7×5=35

▌빈칸에 알맞은 수를 써넣으세요.

7 ×5 → 35
7 ×9 → 63
7 ×2 → 14
7 ×3 → 21
7 ×8 → 56
7 ×7 → 49

▌규칙에 따라 ▢ 안에 알맞은 수를 써넣으세요.

7 × 4 → 28
7, 6 → 42
7, 7 → 49
7, 9 → 63
7, 1 → 7
7, 8 → 56

13
92~93쪽

▌나비가 말하는 수에 ○표 하세요.

7×4: (28) 24
7×9: (63) 61
7×7: 47 (49)
7×8: (56) 58
7×1: (7) 14
7×5: (35) 45

▌그림을 보고 ▢ 안에 알맞은 수를 써넣으세요.

7×3=21
7×2=14
7×5=35
7×6=42

▌각 농작물이 모두 몇 개 있는지 알아볼까요?
(농작물: 논이나 밭에 심어 키운 옥수수, 고추, 쌀 등)

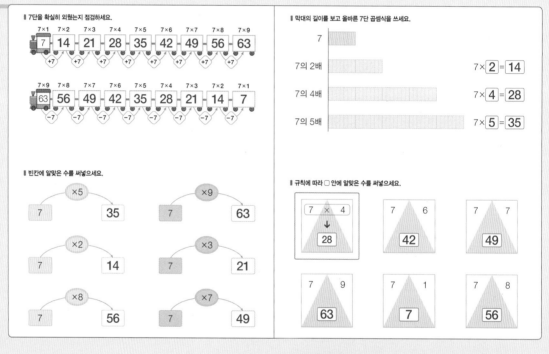

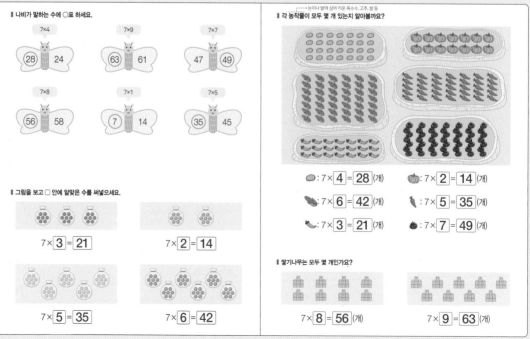

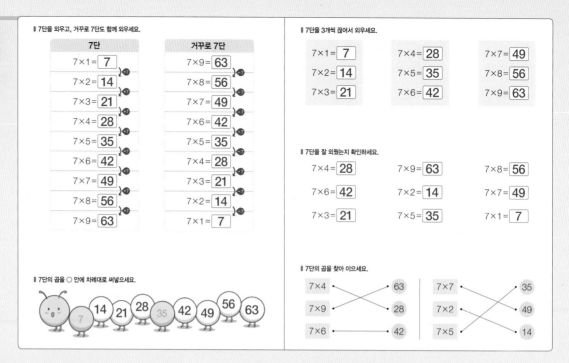

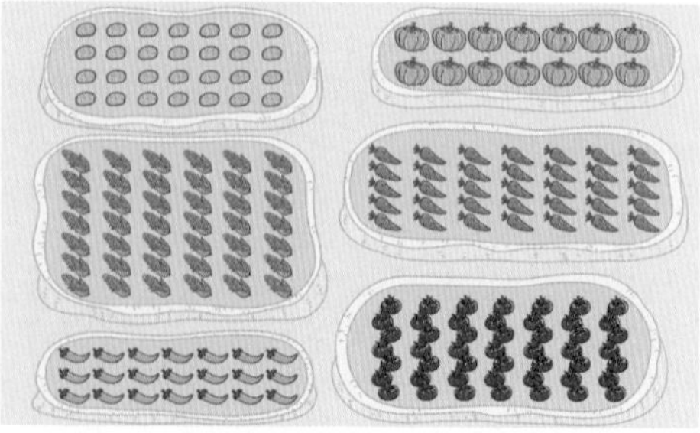

: 7×4=28(개)
: 7×2=14(개)
: 7×6=42(개)
: 7×5=35(개)
: 7×3=21(개)
: 7×7=49(개)

▌쌓기나무는 모두 몇 개인가요?

7×8=56(개)
7×9=63(개)

14
94~95쪽

1분도 안 걸리는
7단 복습

7×3= 21
7×7= 49
7×4= 28
7×5= 35
7×9= 63
7×1= 7
7×8= 56
7×2= 14
7×6= 42

● 바둑알의 수를 알아볼까요?

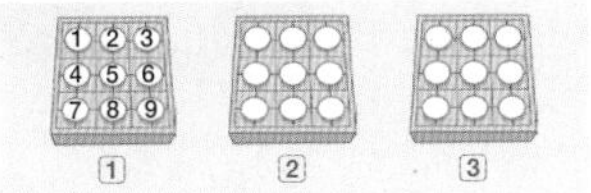

9씩 3묶음
↓
9를 3 번 더하기
↓
9+9+9=27
3번
↓
9×3=27

이것도 알면 좋아
9는 10−1과 같으므로 9×★은 10씩 뛰어 세기를 이용할 수 있어요.

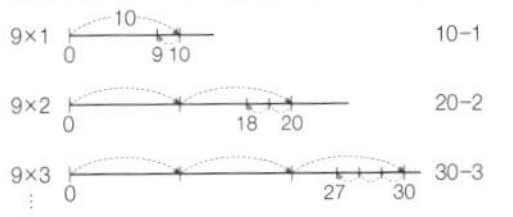

9단의 곱이 9씩 커져!

덧셈식	9단
9	9×1= 9 (구 일은)
9+9= 18	9×2= 18 (구 이)
9+9+9= 27	9×3= 27 (구 삼)
9+9+9+9= 36	9×4= 36 (구 사)
9+9+9+9+9= 45	9×5= 45 (구 오)
9+9+9+9+9+9= 54	9×6= 54 (구 육)
9+9+9+9+9+9+9= 63	9×7= 63 (구 칠)
9+9+9+9+9+9+9+9= 72	9×8= 72 (구 팔)
9+9+9+9+9+9+9+9+9= 81	9×9= 81 (구 구)

(+9)

14
96~97쪽

▌9단을 외우고, 거꾸로 9단도 함께 외우세요.

9단	거꾸로 9단
9×1= 9	9×9= 81
9×2= 18	9×8= 72
9×3= 27	9×7= 63
9×4= 36	9×6= 54
9×5= 45	9×5= 45
9×6= 54	9×4= 36
9×7= 63	9×3= 27
9×8= 72	9×2= 18
9×9= 81	9×1= 9

▌노란색을 따라가며 9단의 곱을 ▢ 안에 차례대로 써넣으세요.

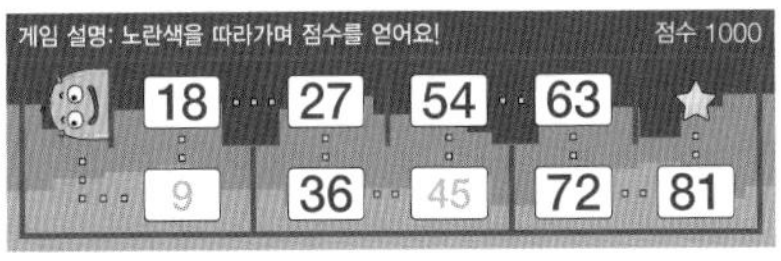

▌9단을 3개씩 끊어서 외우세요.

9×1= 9　9×4= 36　9×7= 63
9×2= 18　9×5= 45　9×8= 72
9×3= 27　9×6= 54　9×9= 81

▌9단을 잘 외웠는지 확인하세요.

9×5= 45　9×7= 63　9×3= 27
9×2= 18　9×4= 36　9×1= 9
9×9= 81　9×8= 72　9×6= 54

▌9단의 곱을 찾아 이으세요.

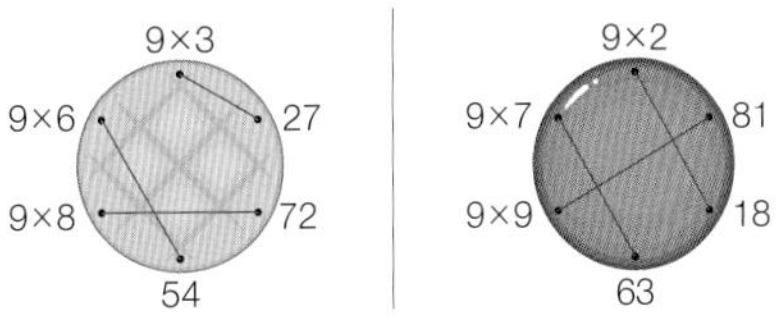

14
98~99쪽

▌9단을 확실히 외웠는지 점검하세요.

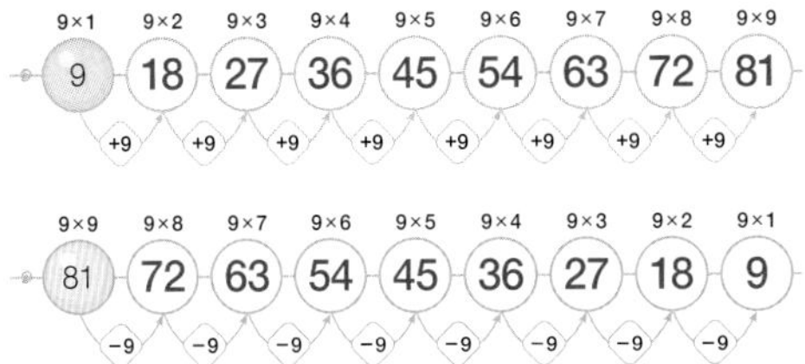

▌빈칸에 두 수의 곱을 써넣으세요.

9, 9 → 81　9, 5 → 45
9, 3 → 27　9, 8 → 72
9, 7 → 63　9, 4 → 36

▌수직선을 보고 올바른 9단 곱셈식을 쓰세요.

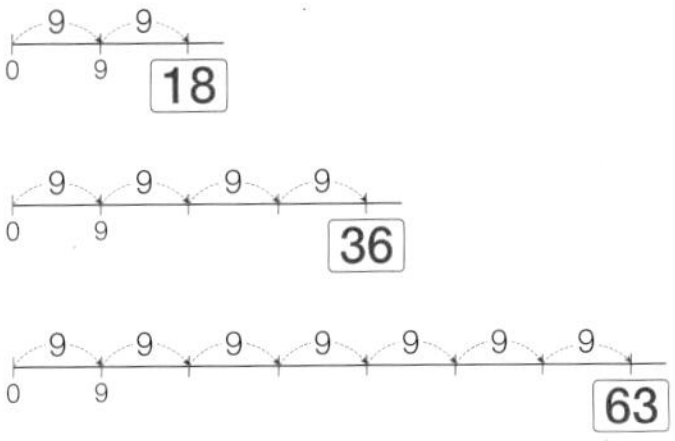

9×2=18
9×4=36
9×7=63

▌올바른 곱셈식이 되도록 길을 따라 가세요.

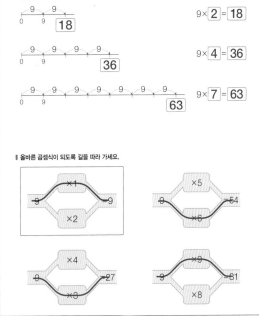

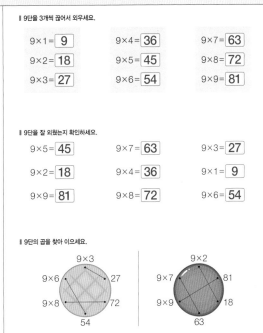

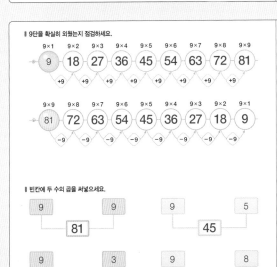

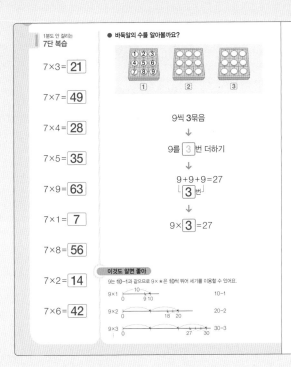

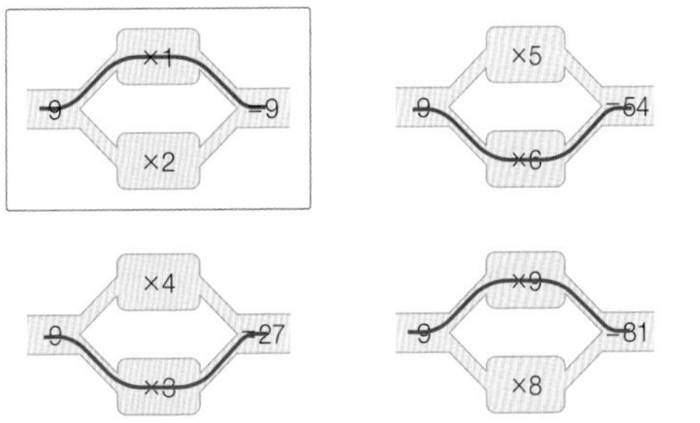

14
100~101쪽

▮ 더 큰 수에 ○표 하세요.

(9×5) 40	9×3 (30)	(9×9) 80
50 (9×6)	(75) 9×8	(10) 9×1

▮ 그림을 보고 □ 안에 알맞은 수를 써넣으세요.

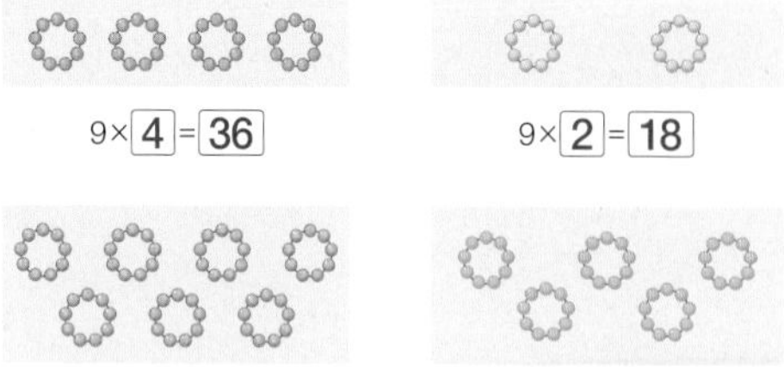

9× 4 = 36

9× 2 = 18

9× 7 = 63

9× 5 = 45

▮ 접수 번호를 구하고, 접수 번호에 맞는 직원을 찾아 ○표 하세요.

▮ 바둑알은 모두 몇 개인가요?

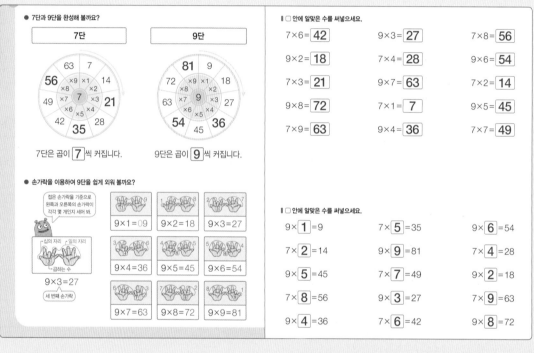

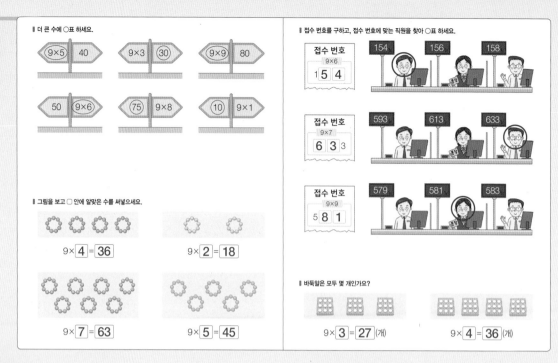

9× 3 = 27 (개)

9× 4 = 36 (개)

15
102~103쪽

● 7단과 9단을 완성해 볼까요?

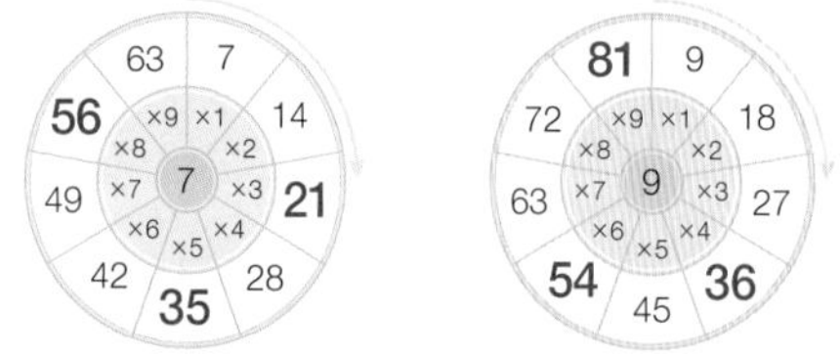

7단은 곱이 7 씩 커집니다.

9단은 곱이 9 씩 커집니다.

● 손가락을 이용하여 9단을 쉽게 외워 볼까요?

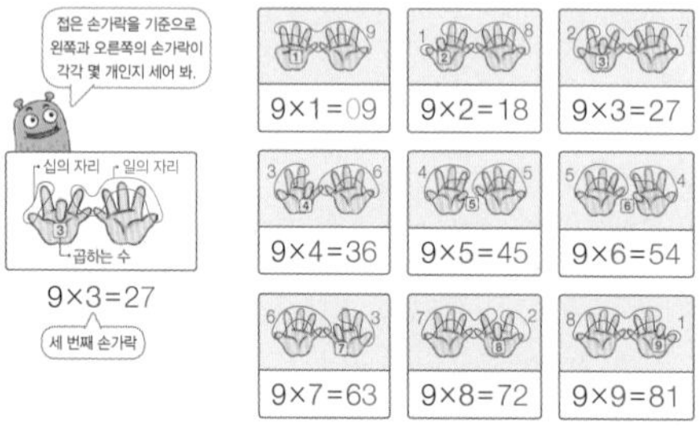

▮ □ 안에 알맞은 수를 써넣으세요.

7×6= 42	9×3= 27	7×8= 56
9×2= 18	7×4= 28	9×6= 54
7×3= 21	9×7= 63	7×2= 14
9×8= 72	7×1= 7	9×5= 45
7×9= 63	9×4= 36	7×7= 49

▮ □ 안에 알맞은 수를 써넣으세요.

9× 1 =9	7× 5 =35	9× 6 =54
7× 2 =14	9× 9 =81	7× 4 =28
9× 5 =45	7× 7 =49	9× 2 =18
7× 8 =56	9× 3 =27	7× 9 =63
9× 4 =36	7× 6 =42	9× 8 =72

15
104~105쪽

▮ 올바른 곱을 찾아 ○표 하세요.

7×6: 39 (42) 49	9×9: 63 72 (81)	7×8: 48 52 (56)
9×2: (18) 24 27	7×3: 19 (21) 24	9×5: 41 (45) 49

▮ 빈칸에 알맞은 수를 써넣으세요.

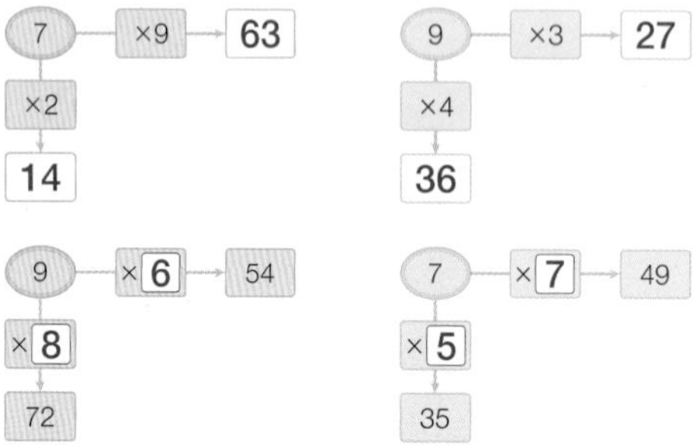

▮ 각 단의 곱을 가장 작은 수부터 차례대로 도착점까지 선으로 이으세요.

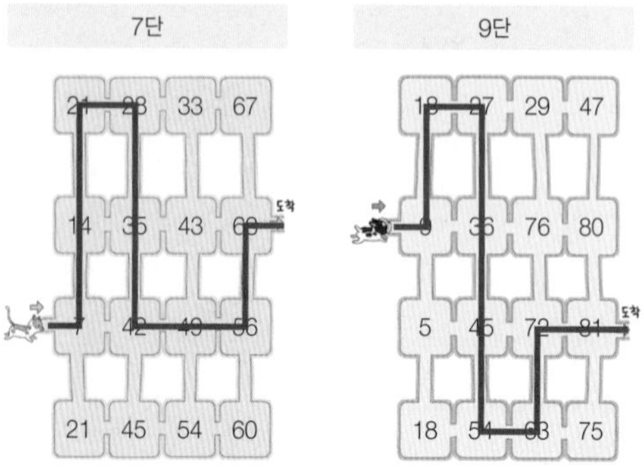

▮ 0부터 시작하여 각 단의 일의 자리 숫자를 차례대로 이으세요.

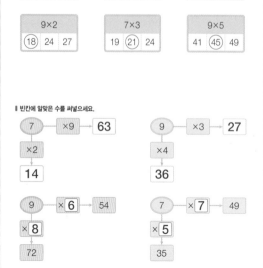

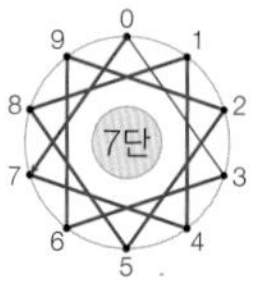

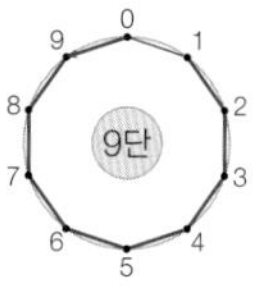

16 106~107쪽

▌□ 안에 알맞은 수를 써넣으세요.

4×3= 12 | 8×8= 64 | 7×5= 35
9×2= 18 | 7×4= 28 | 9×7= 63
7×9= 63 | 9×6= 54 | 4×1= 4
8×6= 48 | 4×8= 32 | 8×3= 24
4×5= 20 | 8×9= 72 | 7×1= 7

▌빈칸에 알맞은 수를 써넣으세요.

×5: 8 → 40, 9 → 45
×7: 7 → 49, 4 → 28
×8: 4 → 32, 7 → 56
×3: 9 → 27, 8 → 24

▌□ 안에 알맞은 수를 써넣으세요.

9×9=81 | 4×2=8 | 8×7=56
4×4=16 | 8×4=32 | 7×2=14
8×1=8 | 7×3=21 | 9×4=36
7×6=42 | 9×5=45 | 4×6=24
9×8=72 | 4×9=36 | 8×2=16

▌주어진 단의 곱이 아닌 것을 찾아 ×표 하세요.

4단: ~~10~~ 16 24 32
8단: 24 ~~48~~ 56 64
7단: 7 21 ~~28~~ 63
9단: 9 27 45 ~~80~~

16 108~109쪽

▌지우의 일기를 읽고 물음에 답하세요.

20◯◯년 ◯◯월 ◯◯일

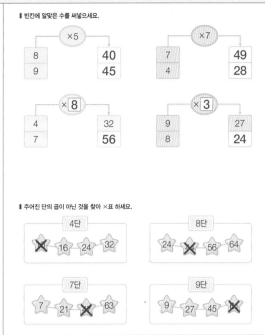

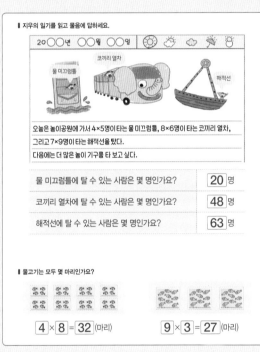

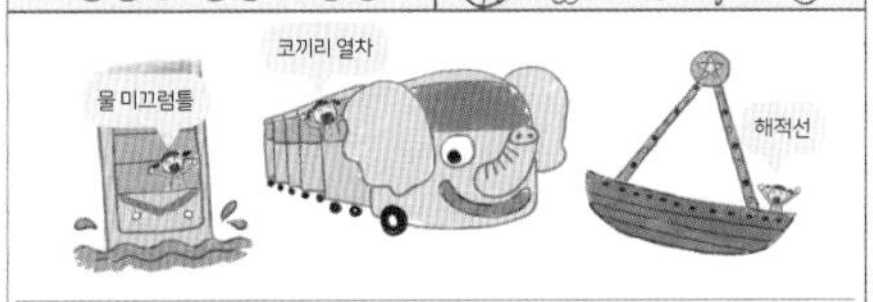

오늘은 놀이공원에 가서 4×5명이 타는 물 미끄럼틀, 8×6명이 타는 코끼리 열차,
그리고 7×9명이 타는 해적선을 탔다.
다음에는 더 많은 놀이 기구를 타 보고 싶다.

물 미끄럼틀에 탈 수 있는 사람은 몇 명인가요?	20 명
코끼리 열차에 탈 수 있는 사람은 몇 명인가요?	48 명
해적선에 탈 수 있는 사람은 몇 명인가요?	63 명

▌물고기는 모두 몇 마리인가요?

4 × 8 = 32 (마리)　　9 × 3 = 27 (마리)

▌망치에 적힌 곱셈의 곱을 찾아 ◯표 하세요.

7×6: 38, (42), 46
8×2: (16), 20, 24
4×3: 8, 10, (12)
9×9: 79, (81), 83
7×4: (28), 35, 40
8×7: 42, 48, (56)

17 110~111쪽

1분도 안 걸리는
9단 복습

9×2= 18
9×6= 54
9×4= 36
9×7= 63
9×1= 9
9×9= 81
9×3= 27
9×8= 72
9×5= 45

● 물고기의 수를 알아볼까요?

0×1= 0
0×2= 0
0×3= 0
1×1= 1
1×2= 2
1×3= 3
10×1= 10
10×2= 20
10×3= 30

0단의 곱은 항상 0이야!

0단

×	1	2	3	4	5	6	7	8	9
0	0	0	0	0	0	0	0	0	0

1과 ★의 곱은 항상 ★이야!

1단

×	1	2	3	4	5	6	7	8	9
1	1	2	3	4	5	6	7	8	9

+1 +1 +1 +1 +1 +1 +1 +1

10단의 곱이 10씩 커져!

10단

×	1	2	3	4	5	6	7	8	9
10	10	20	30	40	50	60	70	80	90

+10 +10 +10 +10 +10 +10 +10 +10

17
112~113쪽

▌1단을 외우고, 거꾸로 1단도 함께 외우세요.

1단	거꾸로 1단
1×1= 1	1×9= 9
1×2= 2	1×8= 8
1×3= 3	1×7= 7
1×4= 4	1×6= 6
1×5= 5	1×5= 5
1×6= 6	1×4= 4
1×7= 7	1×3= 3
1×8= 8	1×2= 2
1×9= 9	1×1= 1

▌10단의 곱을 ○ 안에 차례대로 써넣으세요.

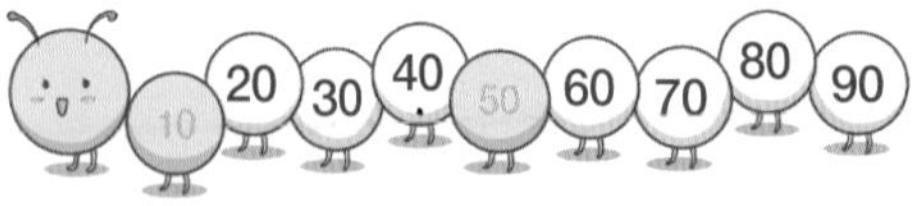

▌0단을 3개씩 끊어서 외우세요.

0×1= 0	0×4= 0	0×7= 0
0×2= 0	0×5= 0	0×8= 0
0×3= 0	0×6= 0	0×9= 0

▌0단, 1단, 10단을 잘 외웠는지 확인하세요.

0×7= 0	1×9= 9	10×1= 10
0×4= 0	1×5= 5	10×8= 80
0×2= 0	1×6= 6	10×3= 30

▌1단, 10단의 곱을 찾아 이으세요.

1×2 — 2, 1×8 — 8, 1×4 — 4

10×5 — 50, 10×9 — 90, 10×2 — 20

17
114~115쪽

▌10단을 확실히 외웠는지 점검하세요.

10×1	10×2	10×3	10×4	10×5	10×6	10×7	10×8	10×9
10	20	30	40	50	60	70	80	90

+10 +10 +10 +10 +10 +10 +10 +10

10×9	10×8	10×7	10×6	10×5	10×4	10×3	10×2	10×1
90	80	70	60	50	40	30	20	10

−10 −10 −10 −10 −10 −10 −10 −10

▌빈칸에 두 수의 곱을 써넣으세요.

0	3	0
0	8	0
1	5	5
1	2	2
10	9	90
10	7	70

▌수직선을 보고 올바른 1단 곱셈식을 쓰세요.

0, 1 … 4 → 1× 4 = 4

0, 1 … 7 → 1× 7 = 7

0, 1 … 9 → 1× 9 = 9

▌규칙에 따라 □ 안에 알맞은 수를 써넣으세요.

0 × 5 → 0	1, 3 → 3	10, 6 → 60
10, 4 → 40	0, 2 → 0	1, 8 → 8

17
116~117쪽

▌설명에 알맞은 단을 찾아 이으세요.

어떤 수를 곱하면 곱은 항상 0입니다. — 0단

★을 곱하면 곱은 항상 ★입니다. — 1단

곱하는 수가 1씩 커지면 그 곱은 10씩 커집니다. — 10단

▌곱이 더 작은 것에 △표 하세요.

0×3	1×3	10×4	10×5
(△)	( )	(△)	( )
0×9	1×8	1×1	0×8
(△)	( )	( )	(△)
1×7	0×7	10×2	10×9
( )	(△)	(△)	( )

▌화살을 쏘고 얻은 점수는 몇 점인지 알아볼까요?

1× 6 = 6 (점)

0× 5 = 0 (점)

10× 3 = 30 (점)

▌물고기는 모두 몇 마리인가요?

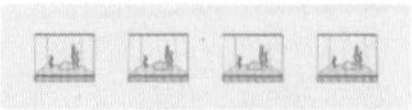

0× 4 = 0 (마리)

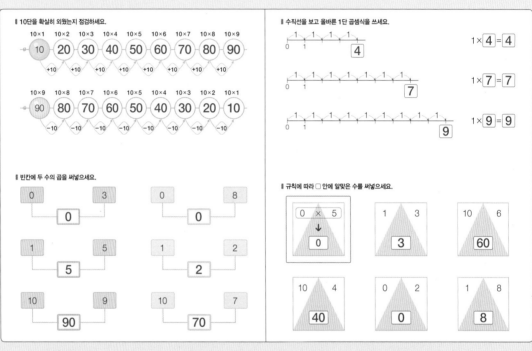

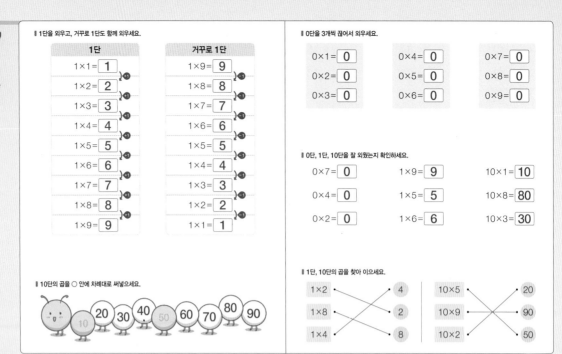

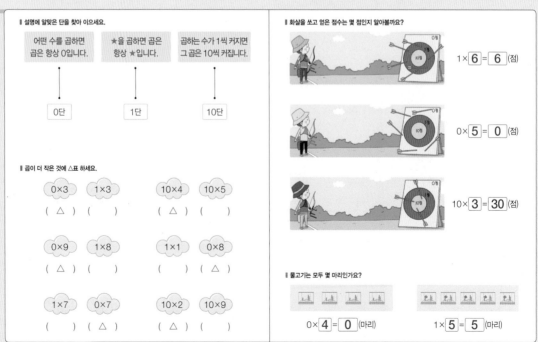

1× 5 = 5 (마리)

18 118~119쪽

▮ □ 안에 알맞은 수를 써넣으세요.

5×9= 45 10×3= 30 3×5= 15

2×8= 16 0×9= 0 8×8= 64

3×6= 18 9×4= 36 5×7= 35

6×5= 30 2×3= 6 4×4= 16

8×3= 24 1×8= 8 7×4= 28

▮ □ 안에 알맞은 수를 써넣으세요.

4× 5 =20 7× 7 =49 10× 9 =90

3× 4 =12 6× 3 =18 6× 6 =36

9× 7 =63 2× 4 =8 3× 8 =24

7× 3 =21 1× 5 =5 8× 7 =56

5× 8 =40 9× 6 =54 4× 9 =36

▮ 빈칸에 알맞은 수를 써넣으세요.

×	5	8
7	35	56
9	45	72

×	5	9
2	10	18
8	40	72

×	7	2
3	21	6
6	42	12

×	4	6
1	4	6
5	20	30

▮ ○ 안에 알맞은 수를 써넣으세요.

9 × 9 → 81

8 × 4 → 32

5 × 5 → 25

3 × 3 → 9

7 × 6 → 42

4 × 7 → 28

18 120~121쪽

▮ 백현이의 일기를 읽고 물음에 답하세요.

20○○년 ○○월 ○○일

오늘은 엄마, 아빠와 캠핑을 왔다.

캠핑장에 오자마자 사진을 3×9장 찍고,

아빠와 함께 자전거를 10분씩 6번 탔다.

저녁을 먹고 나서 밤하늘을 보며 별을 5×3개 찾았다.

앞으로도 캠핑을 자주 오면 좋겠다.

백현이가 찍은 사진은 몇 장인가요?	27 장
백현이가 아빠와 함께 자전거를 몇 분 동안 탔나요?	60 분
백현이가 밤하늘을 보며 찾은 별은 몇 개인가요?	15 개

▮ 풍선은 모두 몇 개인가요?

4 × 7 = 28 (개)

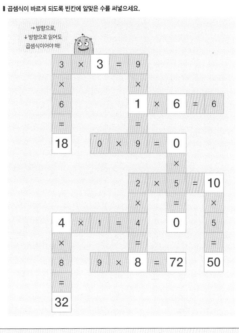

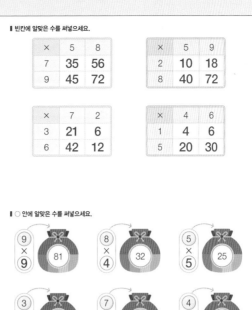

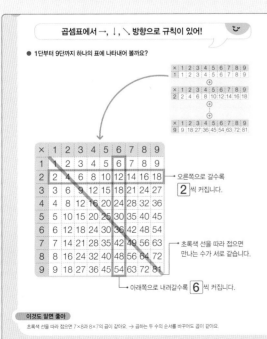

6 × 9 = 54 (개)

▮ 곱셈식이 바르게 되도록 빈칸에 알맞은 수를 써넣으세요.

→ 방향으로,
↓ 방향으로 읽어도
곱셈식이어야 해!

3	×	3	=	9				
×				×				
6				1	×	6	=	6
=				=				
18		0	×	9	=	0		
						×		
				2	×	5	=	10
				×		=		×
4	×	1	=	4		0		5
×				=				=
8		9	×	8	=	72		50
=								
32								

19 124~125쪽

곱셈표에서 →, ↓, ↘ 방향으로 규칙이 있어!

● 1단부터 9단까지 하나의 표에 나타내어 볼까요?

×	1	2	3	4	5	6	7	8	9
1	1	2	3	4	5	6	7	8	9

⊕

×	1	2	3	4	5	6	7	8	9
2	2	4	6	8	10	12	14	16	18

⊕
⋮
⊕

×	1	2	3	4	5	6	7	8	9
9	9	18	27	36	45	54	63	72	81

×	1	2	3	4	5	6	7	8	9
1	1	2	3	4	5	6	7	8	9
2	2	4	6	8	10	12	14	16	18
3	3	6	9	12	15	18	21	24	27
4	4	8	12	16	20	24	28	32	36
5	5	10	15	20	25	30	35	40	45
6	6	12	18	24	30	36	42	48	54
7	7	14	21	28	35	42	49	56	63
8	8	16	24	32	40	48	56	64	72
9	9	18	27	36	45	54	63	72	81

• 오른쪽으로 갈수록 2 씩 커집니다.

• 초록색 선을 따라 접으면 만나는 수가 서로 같습니다.

• 아래쪽으로 내려갈수록 6 씩 커집니다.

이것도 알면 좋아

초록색 선을 따라 접으면 7×8과 8×7의 곱이 같아요. → 곱하는 두 수의 순서를 바꾸어도 곱이 같아요.

▮ 빈칸에 알맞은 수를 써넣으세요.

×	1	2	3
1	1	2	3
2	2	4	6
3	3	6	9

×	4	5	6
4	16	20	24
5	20	25	30
6	24	30	36

×	7	8	9
7	49	56	63
8	56	64	72
9	63	72	81

×	1	3	5
2	2	6	10
4	4	12	20
6	6	18	30

×	2	6	8
3	6	18	24
6	12	36	48
9	18	54	72

×	5	7	9
5	25	35	45
7	35	49	63
9	45	63	81

▮ □ 안에 알맞은 수를 써넣으세요.

×	1	2	3	4
7	7	14	21	28

×	3	4	5	6
8	24	32	40	48

×	6	7	8	9
4	24	28	32	36

×	5	6	7	8
3	15	18	21	24

19
126~127쪽

■ 곱셈표를 보고 알맞은 수 또는 말에 ○표 하세요.

×	1	2	3	4
1	1	2	3	4
2	2	4	6	8
3	3	6	9	12
4	4	8	12	16

으로 칠해진 수는 오른쪽으로 갈수록 (③, 5)씩 커집니다.

×	4	5	6	7
4	16	20	24	28
5	20	25	30	35
6	24	30	36	42
7	28	35	42	49

으로 칠해진 수는 아래쪽으로 내려갈수록 (4 ,⑤)씩 커집니다.

×	6	7	8	9
6	36	42	48	54
7	42	49	56	63
8	48	56	64	72
9	54	63	72	81

와 곱이 같은 곱셈식은 (⑥×⑨, 7×8)입니다.

×	1	3	5	7
1	1	3	5	7
3	3	9	15	21
5	5	15	25	35
7	7	21	35	49

초록색 선을 따라 접으면 만나는 수가 서로 (같습니다(○), 다릅니다).

■ 빈칸에 알맞은 수를 써넣고, □의 수보다 곱이 큰 칸에 모두 색칠하세요.

×	1	2	3	4
1	1	2	3	4
2	2	4	6	8
3	3	6	9	12

×	5	6	7	8
3	15	18	21	24
4	20	24	28	32
5	25	30	35	40

×	4	5	6	7
5	20	25	30	35
6	24	30	36	42
7	28	35	42	49

×	6	7	8	9
7	42	49	56	63
8	48	56	64	72
9	54	63	72	81

■ 초록색 선의 규칙을 떠올리며 ★에 알맞은 수와 곱이 같은 칸에 ○표 하세요.

×	2	3	4	5
2				
3			○	
4		★		
5				

×	6	7	8	9
6			★	
7				
8	○			
9				

19
128~129쪽

■ 곱셈표에서 규칙을 찾아 빈칸에 알맞은 수를 써넣으세요.

×	1	2	3	4	5
1	1	2	3	4	5
2	2	4	6	8	10
3	3	6	9	12	15
4	4	8	12	16	20
5	5	10	15	20	

+2 +2 / +3 +3

6	8	10
9		
12		

12	15	18
	20	24
	25	30

	49		
48	56	64	72
	63	72	81

4		
5	10	15
6	12	18

42	49	
48	56	64
54	63	

6			12
9	12	15	18
12	16		24

		49
40	48	56
45	54	63

12	16	
15	20	
18	24	30

	2		
2	4	6	
3	6	9	12

■ 보보가 제일 좋아하는 음식을 찾아 ○표 하세요.

안녕? 난 보보야.
□ 안에 알맞은 수나 말을 따라가면
내가 제일 좋아하는 음식을 알 수 있어!
★ 보보의 선택 ★
치킨

×	1	2	3	4	5	6	7	8	9
1									
2									
3									
4									
5									
6			★						
7									
8									
9									

출발

으로 칠해진 수는 → 방향으로 □씩 커집니다. → 4 / 7

으로 칠해진 수는 ↓ 방향으로 □씩 커집니다. → 6 / 8

★에 알맞은 수는 □□입니다. → 18 / 24

초록색 선을 따라 접으면 만나는 수가 서로 □□□□. → 같습니다 / 다릅니다

으로 칠해진 수의 규칙은 □단의 규칙과 같습니다. → 6 / 3

5단에서 일의 자리 숫자는 5와 □이/가 반복됩니다. → 0

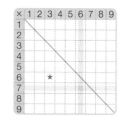

20
130~131쪽

묶는 수를 바꾸어 곱이 같은 곱셈식을 만들어!

● 지우개의 수를 세어 곱이 8인 곱셈식을 만들어 볼까요?

(방법 1) 2씩 묶어 세기

$2\times\boxed{4}=8$

(방법 2) 4씩 묶어 세기

$4\times\boxed{2}=8$

곱하는 두 수의 순서를 바꾸어도 곱은 같아요.

(방법 3) 1씩 묶어 세기

$1\times\boxed{8}=8$

(방법 4) 8씩 묶어 세기

$8\times\boxed{1}=8$

곱하는 두 수의 순서를 바꾸어도 곱은 같아요.

→ 곱이 8인 곱셈식은 $1\times\boxed{8}$, $2\times\boxed{4}$, $4\times\boxed{2}$, $8\times\boxed{1}$ 입니다.

■ 주어진 수로 묶어 세어 곱이 같은 곱셈식을 만들어 보세요.

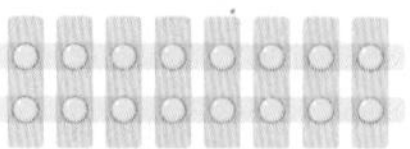

$2\times\boxed{8}=\boxed{16}$
$8\times\boxed{2}=\boxed{16}$

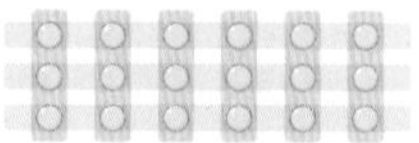

$3\times\boxed{6}=\boxed{18}$
$6\times\boxed{3}=\boxed{18}$

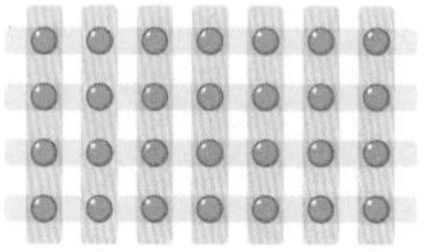

$4\times\boxed{7}=\boxed{28}$
$7\times\boxed{4}=\boxed{28}$

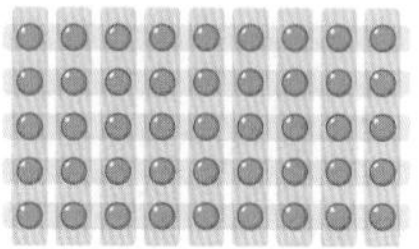

$5\times\boxed{9}=\boxed{45}$
$9\times\boxed{5}=\boxed{45}$

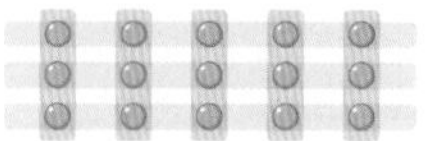

$3\times\boxed{5}=\boxed{15}$
$5\times\boxed{3}=\boxed{15}$

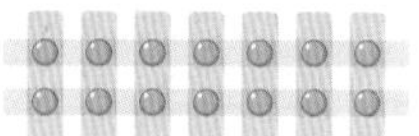

$2\times\boxed{7}=\boxed{14}$
$7\times\boxed{2}=\boxed{14}$

20
132~133쪽

■ 곱하는 두 수의 순서를 바꾸어 곱이 같은 곱셈식으로 나타내세요.

7×8=56 → 8×7=56

4×5=20 → 5×4=20

9×3=27 → 3×9=27

5×8=40 → 8×5=40

6×5=30 → 5×6=30

3×7=21 → 7×3=21

■ 그림을 보고 알맞은 곱셈식으로 나타내세요.

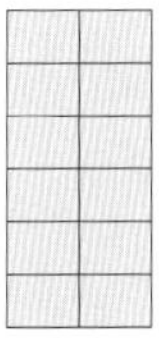

2×6=12
3×4=12
4×3=12
6×2=12

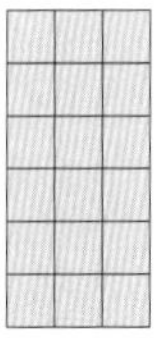

2×9=18
3×6=18
6×3=18
9×2=18

■ 과일의 수를 곱셈식으로 바르게 나타낸 것에 모두 색칠하세요.

1×3=3	1×4=4
2×2=4	3×1=3
4×1=4	2×3=6

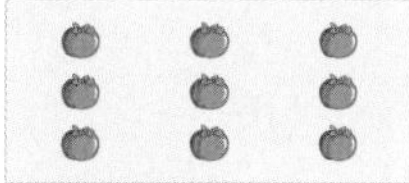

3×3=9	2×4=8
4×2=8	9×1=9
1×9=9	2×3=9

3×5=15	2×8=16
8×2=16	6×3=16
5×3=15	4×4=16

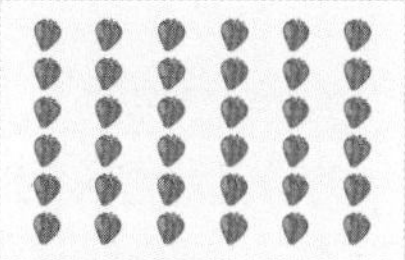

9×4=36	7×5=35
8×4=32	6×6=36
5×7=35	4×9=36

20
134~135쪽

■ 곱이 같은 것끼리 이으세요.

1×8 — 8×1
3×6 — 6×3
7×4 — 4×7

5×2 — 2×5
9×6 — 6×9
6×7 — 7×6

■ 곱이 다른 하나를 찾아 △표 하세요.

4×6, 8×3, △9×5

4×3, △5×4, 2×6

6×1, △4×4, 3×2

△5×9, 6×6, 9×4

△4×4, 9×2, 3×6

2×4, 8×1, △3×3

■ 곱이 같은 친구끼리 짝을 지어 달리기를 하려고 합니다. 짝을 찾아 이어 보고, □ 안에 곱을 알맞게 써넣으세요.

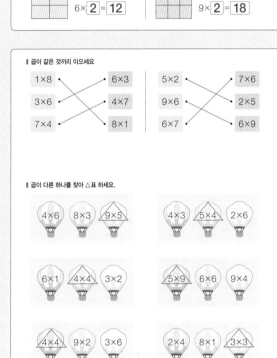

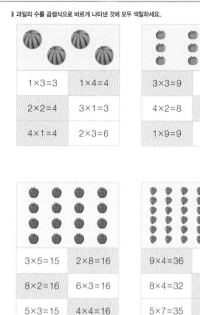

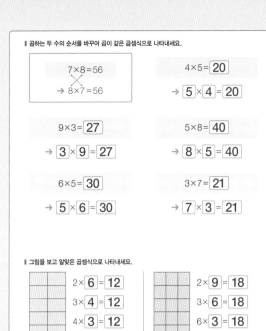

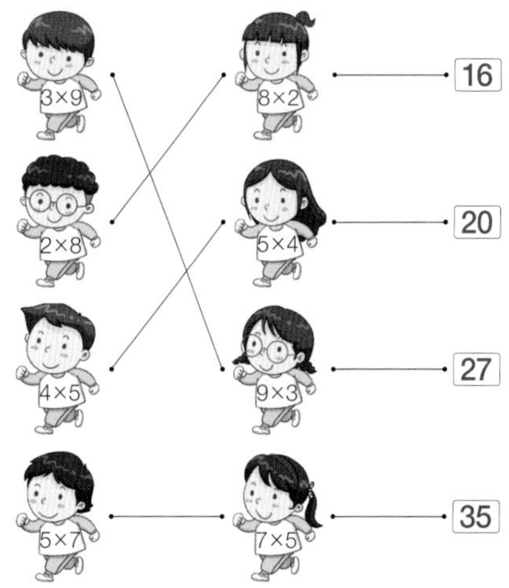

학습지① 137~138쪽

□ 안에 알맞은 수를 써넣으세요.

2×1=2	5×3=15	2×4=8
5×2=10	2×8=16	5×7=35
2×9=18	5×6=30	2×6=12
5×8=40	2×3=6	5×9=45
2×5=10	5×4=20	2×7=14

□ 안에 알맞은 수를 써넣으세요.

5×5=25	2×8=16	5×1=5
2×2=4	5×7=35	2×5=10
5×9=45	2×1=2	5×4=20
2×4=8	5×2=10	2×3=6
5×3=15	2×9=18	5×6=30

빈칸에 알맞은 수를 써넣으세요.

2 →(×2)→ 4
5 →(×7)→ 35
5 →(×9)→ 45
2 →(×3)→ 6

빈칸에 알맞은 수를 써넣으세요.

2 × 1 → 2, 5 → 10
5 × 5 → 25, 1 → 5
5 × 4 → 20, 3 → 15
2 × 8 → 16, 4 → 8
2 × 7 → 14, 6 → 12
5 × 6 → 30, 8 → 40

학습지② 139~140쪽

□ 안에 알맞은 수를 써넣으세요.

3×5=15	6×3=18	3×2=6
6×1=6	3×8=24	6×8=48
3×6=18	6×2=12	3×4=12
6×4=24	3×1=3	6×6=36
3×9=27	6×9=54	3×7=21

□ 안에 알맞은 수를 써넣으세요.

6×3=18	3×1=3	6×8=48
3×2=6	6×5=30	3×6=18
6×9=54	3×7=21	6×7=42
3×5=15	6×2=12	3×3=9
6×1=6	3×9=27	6×4=24

빈칸에 알맞은 수를 써넣으세요.

3 → ×3 → 9; 3 → ×9 → 27
6 → ×1 → 6; 6 → ×7 → 42
6 → ×2 → 12; 6 → ×5 → 30
3 → ×5 → 15; 3 → ×6 → 18

빈 곳에 알맞은 수를 써넣으세요.

6 × 6 = 36
3 × 4 = 12
3 × 8 = 24
6 × 9 = 54
6 × 3 = 18
3 × 7 = 21

학습지③ 141~142쪽

□ 안에 알맞은 수를 써넣으세요.

2×3=6	3×8=24	5×5=25
3×1=3	6×9=54	6×3=18
2×7=14	2×4=8	3×4=12
5×8=40	5×1=5	5×6=30
6×6=36	6×8=48	2×2=4

□ 안에 알맞은 수를 써넣으세요.

5×4=20	6×1=6	3×2=6
6×7=42	5×3=15	2×6=12
3×3=9	2×8=16	6×4=24
2×1=2	6×5=30	3×9=27
5×9=45	3×6=18	2×5=10

빈칸에 알맞은 수를 써넣으세요.

×9: 2 → 18, 3 → 27
×7: 3 → 21, 6 → 42
×8: 5 → 40, 2 → 16
×2: 5 → 10, 6 → 12

빈칸에 알맞은 수를 써넣으세요.

5, 3 ×5 → 15, 25
3, 6 ×8 → 48, 24
6, 2 ×6 → 12, 36
2, 5 ×3 → 15, 6

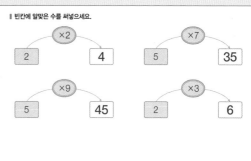

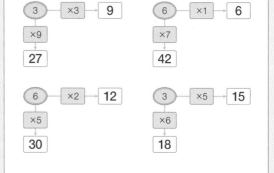

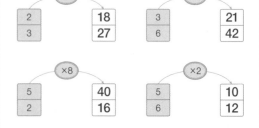

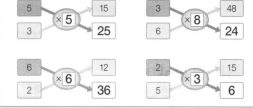

학습지 ④ 143~144쪽

▌□ 안에 알맞은 수를 써넣으세요.

4×6=24	8×2=16	4×8=32
8×5=40	4×1=4	8×7=56
4×9=36	8×9=72	4×5=20
8×4=32	4×3=12	8×1=8
4×7=28	8×8=64	4×4=16

▌□ 안에 알맞은 수를 써넣으세요.

8×6=48	4×6=24	8×8=64
4×1=4	8×5=40	4×2=8
8×3=24	4×3=12	8×9=72
4×4=16	8×1=8	4×7=28
8×7=56	4×8=32	8×2=16

▌빈 곳에 알맞은 수를 써넣으세요.

×2: 4 → 8
×3: 8 → 24
×9: 8 → 72
×7: 4 → 28

▌빈칸에 알맞은 수를 써넣으세요.

4 × 4 → 16, 4 × 8 → 32
8 × 6 → 48, 8 × 5 → 40
8 × 8 → 64, 8 × 2 → 16
4 × 1 → 4, 4 × 6 → 24
4 × 5 → 20, 4 × 9 → 36
8 × 7 → 56, 8 × 4 → 32

학습지 ⑤ 145~146쪽

▌□ 안에 알맞은 수를 써넣으세요.

7×7=49	9×6=54	7×8=56
9×3=27	7×2=14	9×1=9
7×1=7	9×9=81	7×4=28
9×8=72	7×6=42	9×5=45
7×9=63	9×4=36	7×3=21

▌□ 안에 알맞은 수를 써넣으세요.

9×1=9	7×7=49	9×5=45
7×3=21	9×2=18	7×1=7
9×6=54	7×9=63	9×7=63
7×6=42	9×4=36	7×4=28
9×8=72	7×5=35	9×9=81

▌빈칸에 알맞은 수를 써넣으세요.

7 ×7 → 49, 7 ×5 → 35
9 ×2 → 18, 9 ×8 → 72
9 ×7 → 63, 9 ×1 → 9
7 ×3 → 21, 7 ×9 → 63

▌빈 곳에 알맞은 수를 써넣으세요.

9 × 3 = 27, 7 × 4 = 28
7 × 2 = 14, 9 × 9 = 81
9 × 5 = 45, 7 × 8 = 56

학습지 ⑥ 147~148쪽

▌□ 안에 알맞은 수를 써넣으세요.

4×2=8	8×1=8	9×6=54
8×7=56	7×4=28	7×2=14
7×1=7	4×6=24	9×5=45
8×4=32	9×9=81	4×7=28
9×3=27	7×8=56	8×9=72

▌□ 안에 알맞은 수를 써넣으세요.

8×2=16	4×1=4	7×5=35
4×5=20	7×9=63	9×7=63
9×8=72	8×3=24	4×9=36
7×7=49	4×8=32	9×2=18
8×8=64	9×4=36	8×6=48

▌빈칸에 알맞은 수를 써넣으세요.

×5: 4 → 20, 8 → 40
×7: 7 → 49, 9 → 63
×9: 7 → 63, 4 → 36
×8: 9 → 72, 8 → 64

▌빈 곳에 알맞은 수를 써넣으세요.

8, 7 ×4 → 28, 32
4, 9 ×4 → 36, 16
9, 8 ×2 → 16, 18
7, 4 ×3 → 12, 21

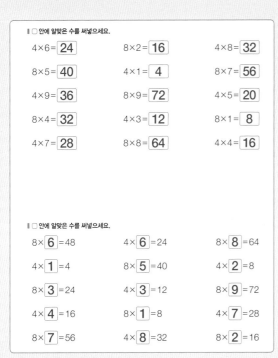

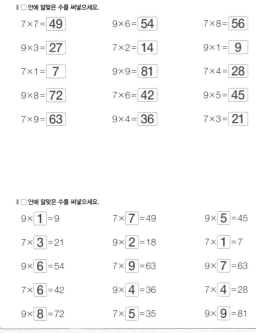

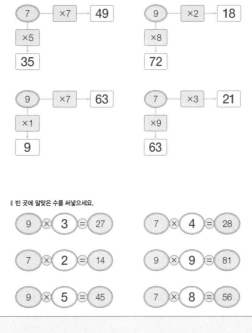

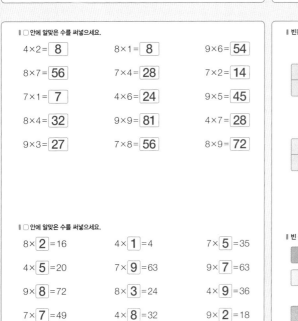

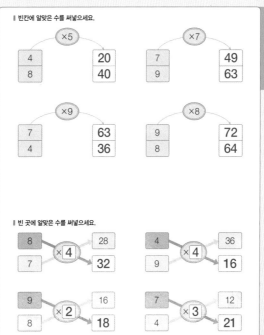

학습지 ⑦
149~150쪽

▮ □ 안에 알맞은 수를 써넣으세요.

3×6=18　2×2=4　5×4=20

6×5=30　8×6=48　7×6=42

4×7=28　7×5=35　4×2=8

8×9=72　5×3=15　3×7=21

9×3=27　6×8=48　9×6=54

▮ □ 안에 알맞은 수를 써넣으세요.

2×3=6　6×2=12　7×7=49

6×9=54　7×4=28　4×6=24

3×4=12　4×8=32　8×5=40

8×7=56　9×9=81　2×9=18

5×6=30　3×3=9　5×8=40

▮ 빈칸에 알맞은 수를 써넣으세요.

⊗		
6	7	42
4	9	36
7	8	56
8	2	16
9	5	45
3	9	27

▮ ○ 안에 알맞은 수를 써넣으세요.

3 × 5 → 15　5 × 7 → 35　4 × 5 → 20

2 × 8 → 16　9 × 4 → 36　7 × 9 → 63

학습지 ⑧
151~152쪽

▮ □ 안에 알맞은 수를 써넣으세요.

1×7=7　5×9=45　7×3=21

8×4=32　0×3=0　3×5=15

6×6=36　2×9=18　4×4=16

3×8=24　9×6=54　8×7=56

6×3=18　7×7=49　10×2=20

▮ □ 안에 알맞은 수를 써넣으세요.

4×7=28　5×5=25　8×3=24

1×9=9　7×2=14　2×6=12

4×3=12　9×7=63　6×4=24

7×8=56　3×9=27　9×5=45

8×9=72　10×4=40　6×7=42

▮ 빈칸에 알맞은 수를 써넣으세요.

×	1	5
2	2	10
4	4	20
6	6	30

×	7	9
3	21	27
9	63	81
10	70	90

×	8	2
8	64	16
5	40	10
7	56	14

×	6	8
0	0	0
1	6	8
4	24	32

▮ □ 안에 알맞은 수를 써넣으세요.

1: ×4 → 4, ×7 → 7

5: ×3 → 15, ×6 → 30

9: ×3 → 27, ×8 → 72

6: ×2 → 12, ×9 → 54

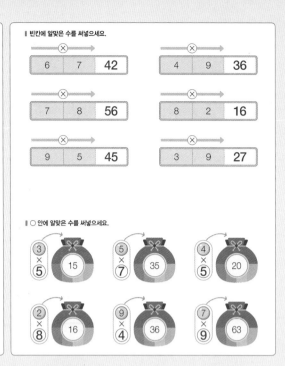

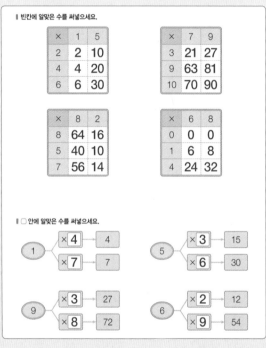

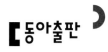

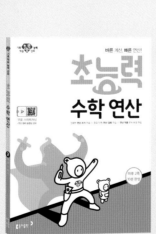

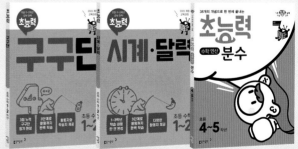

초능력

구구단 정답

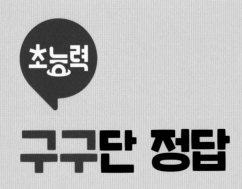

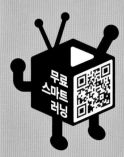

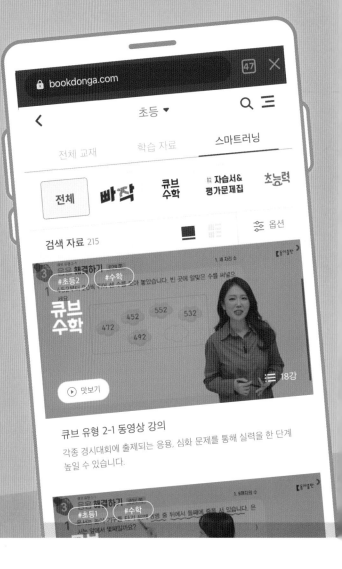

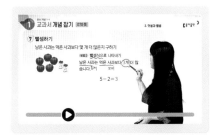

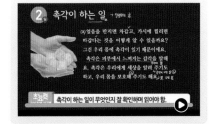

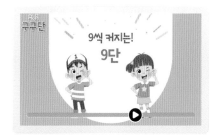

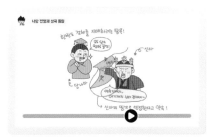

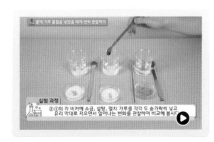

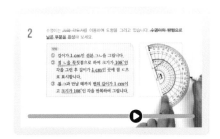